# 专利文献与
# 信息检索

国家知识产权局◎组织编写

国家知识产权局专利局专利文献部◎主编

知识产权出版社
全国百佳图书出版单位

图书在版编目（CIP）数据

专利文献与信息检索／国家知识产权局人事司，中国
知识产权培训中心组织编写．—北京：知识产权出版社，
2013.3（2021.2 重印）
　ISBN 978－7－5130－1871－5

　Ⅰ.①专… Ⅱ.①国… ②中… Ⅲ.①专利文献—情
报检索②专利文献—信息利用 Ⅳ.①G252.7

　中国版本图书馆 CIP 数据核字（2013）第 01891 号

内容提要

本教材由国家知识产权局专利局专利文献部专家汇集多年专利信息应用经验编写而成，是一部主要面向理工科高等院校学生、兼顾行政机构和企事业单位知识产权从业人员的知识产权教育培训的指导性教材。内容主要涉及专利文献基础知识、专利信息检索基本理论、几个主要国家/地区的专利文献及其政府网站专利检索系统、具有较高实用价值的免费专业性专利信息检索网站及系统、具有较强实操性的专利信息检索方法及具体应用等，是一本兼具理论性和实践性的教材。

责任编辑：孙　昕　王金之　　　　责任校对：韩秀天
封面设计：张　冀　　　　　　　　责任印制：刘译文

知识产权系列教材
专利文献与信息检索
国家知识产权局　组织编写
国家知识产权局专利局专利文献部　主编

出版发行：知识产权出版社 有限责任公司　　　网　　址：http：//www.ipph.cn
社　　址：北京市海淀区气象路 50 号院　　　　邮　　编：100081
责编电话：010－82000860 转 8176　　　　　　责编邮箱：qiziyi2004@qq.com
发行电话：010－82000860 转 8101/8102　　　发行传真：010－82000893/82005070/82000270
印　　刷：天津嘉恒印务有限公司　　　　　　经　　销：各大网上书店、新华书店及相关专业书店
开　　本：787mm×1092mm　1/16　　　　　印　　张：24
版　　次：2013 年 3 月第 1 版　　　　　　　印　　次：2021 年 2 月第 5 次印刷
字　　数：403 千字　　　　　　　　　　　　定　　价：59.00 元
ISBN 978－7－5130－1871－5

# 国家知识产权教材编委会

# 《专利文献与信息检索》

本册主编：曾志华　　王　强

编　　写：曾志华　　王　强　　刘勇刚　　吴泉洲

　　　　　仲　杰　　赵　欣　　盖　爽

审　　校：曾志华　　黄迎燕　　吴泉洲　　蔡小鹏

　　　　　贾丹明

# 序　言

当前，世界正处于大发展大变革大调整时期，世界多极化、经济全球化深入发展，科技进步日新月异，知识经济快速发展。知识产权制度在激励创新、推动经济社会发展中的支撑作用日益凸显；知识产权日益成为国家发展的战略性资源和核心要素。实现我国知识产权事业又好又快发展，关键在人才。知识产权人才是我国人才队伍中的一支新生力量，是我国经济社会发展急需的紧缺性战略人才，在国家经济社会发展中发挥着特别重要的作用。"十二五"期间，是国家知识产权战略实施的关键阶段，必须深刻认识我国知识产权事业的发展对人才建设工作提出的新任务和新要求，把知识产权人才培养工作摆在更加重要的位置。

知识产权教材建设是知识产权人才培养的基础工作，是开展和做好知识产权培训工作的重要环节，也是我国知识产权理论和实践成果的集中体现。一直以来，国家知识产权局对知识产权教材建设工作都非常重视，2012 年年初还制定了《知识产权教材建设工作实施方案（2012 - 2015 年)》。方案提出的总体目标是以实施知识产权战略和服务知识产权事业需求为导向，以提高知识产权应用能力为核心，重点围绕企业知识产权实践、知识产权实务技能、知识产权意识提升、知识产权法律基础等内容，组织编写出版一系列具有权威性、科学性、实用性和系统性的精品教材，逐步完善教材体系，并形成"统筹规划、协调配合、分工实施"的教材开发机制。教材开发要关注知识产权事业发展新趋势，从知识教育向能力培养转变，从理论教学向实务训练转变；要制定科学方案，抓住工作重点，提高质量内涵，完善使用管理，求真务实，不断扩大开发规模，为强化知识产权人才培训工作奠定基础。要以推进"十二五"时期知识产权教材建设工作为抓手，大力推动我国知识产权人才队伍建设事业，为实施国家知识产权战略和促进我国知识产权事业又好又快发展提供人才保证和智力支持。

在明确知识产权教材建设需求导向和意义的同时，要不断丰富教材内容，创新教材模式，注重使用效果。要把具有较高专业水平、较强教学能力和丰富实务经验的高水平编写人员充实到教材建设第一线，从根本上保证教材建设质量；还要借鉴发达国家和地区知识产权教材建设的成功经验，为我所用；最后，要建立定期的教材修订机制，及时把知识产权理论和实务最新成果充实到教材之中，推动我国知识产权教材建设不断取得新的突破。

按照《知识产权教材建设工作实施方案（2012－2015 年）》的部署，首批编写出版的八种教材主要面向企业人群，强调教材的实用性。我相信，这批教材的问世，对于不断加强我国企业知识产权工作，大幅提升企业知识产权人才的数量和质量，推进企业知识产权人才队伍的专业化、职业化、市场化和国际化，必将发挥重要的作用。

2012 年 12 月

# 目　　录

# 第一章　专利文献与信息

## 本章学习要点

了解专利文献及专利信息概念，了解专利文献信息特点及作用；了解专利文献结构；了解专利文献种类、编号、著录项目及其相关国际标准，了解专利引文及同族专利；了解国际专利分类，学习国际专利分类方法，了解其他专利分类，了解外观设计分类。

## 第一节　概　　述

### 一、专利文献信息概念

#### （一）专利文献

专利文献主要是指各专利管理机构（包括专利局、知识产权局及相关国际或地区组织）在受理、审批、注册专利过程中产生的记述发明创造技术及权利等内容的官方文件及其出版物的总称。

作为公开出版物的专利文献包括：

——各专利管理机构以单行本方式公开出版的描述发明创造内容和限定专利保护范围的专利文件，如专利申请、专利、实用新型、外观设计等单行本；

——各专利管理机构以公报方式出版的公告性定期连续出版物，如专利公报。

#### （二）专利信息

专利信息泛指人类从事一切专利活动所产生的相关信息的总和。

专利信息是专利活动的一种反映。专利作为一种客观事物，是人类社会的客观存在，专利信息是这种社会客观存在的表现形式。

专利信息是专利现象的表述。专利现象不能够自我显示和表述，信息在专利的发生、发展中同时发生，其主要目的是表达和显现专利作为客观事物的存在。

专利信息是人们认识专利的中介。人们在从事经济、技术等活动中都要接触和利用专利，而人们认识专利现象则必须通过显示专利存在方式的信息，专利信息是连接认识主体和客体的中介与桥梁。

### （三）专利文献信息

专利文献和专利信息原本是两个概念，它们相辅相成，既有区别又有联系。

专利信息包括文献型专利信息和非文献型专利信息，绝大部分专利信息是以文献型信息的形式存在，例如，他们存在于各种类型的发明专利单行本、实用新型单行本、外观设计单行本，以及各种类型的专利公报、文摘、索引等之中。因此，就有了"专利文献是专利信息的载体，专利信息是专利文献所承载的内容"的说法。

一直以来，人们在利用专利文献或专利信息的过程中，并不在意他所利用的是专利文献还是专利信息，而只关心通过利用专利文献或专利信息能否解决他们的实际问题。因此，为减少人们在利用专利文献或专利信息过程中不断出现的概念混淆和不解，下文中将两概念在特定场合下合称为"专利文献信息"。

## 二、专利文献信息的特点

### （一）数量巨大，定期连续公布

专利文献是世界上数量最大的信息源之一。据统计，全世界累积可查阅的专利文献已超过 8 000 万件。2000 年以来，专利文献的年度公布出版逐年上升，2006 年以后各专利机构每年公布约 300 万件。世界上每年发明创造成果的 90% ~95% 可以在专利文献中查到，有近 80% 的专利未在其他刊物上发表。

专利文献以连续报道的形式公布，各国、地区或组织专利机构在本国或本组织的官方网站上定期公布专利文献。国家知识产权局依据《中华人民共和国专利法实施细则》（以下简称《专利法实施细则》）第 90 条和第 91 条，定期连续出版中国专利公报，提供各种专利单行本的查询，并在政府网站上每周三公告最新专利申请和授权专利。

**（二）涉及所有技术领域，传播最新科技信息**

专利文献涵盖了几乎所有技术领域，除法律规定不受理的，如《中华人民共和国专利法》（以下简称《专利法》）第 25 条规定，从小到大，从简到繁，几乎涉及人类生活的各个领域。影响世界科技发展的重要发明，如瓦特的蒸汽机、爱迪生的留声机和电灯、贝尔的电话、莱特的飞机、贝尔德的电视机、奔驰的汽车、王选的激光照排等技术的发明创造内容都是第一时间在专利文献中予以披露的。

专利文献随时在传播最新技术信息。首先，申请人在一项发明创造完成之后总是以最快速度提交专利申请，以防竞争对手抢占先机；其次，发明创造通常首先以专利文献而非其他科技文献的形式向外界公布，以确保其专利的新颖性；最后，大多数国家实行了专利申请早期公开制度，加快了技术信息向社会的传播速度。

**（三）内容详尽，集多种信息于一体**

申请人必须按照专利法的有关规定，例如申请中国专利时需依《专利法》第 26 条规定，在专利申请的说明书中对发明创造作出清楚、完整的说明，并且这种说明以所属技术领域的技术人员能够实现为准，因此，专利文献对技术信息的揭示完整而详尽。

专利文献记载了人类取得的每一个技术进步，是一部活的技术百科全书；专利文献中的权利要求书用于说明发明创造的技术特征，清楚、简要地表述请求保护的范围，专利文献上还对专利的有效性、地域性予以即时报道，这些都是对专利实施法律保护的可靠依据；专利文献上的信息与经贸活动结合紧密。

**（四）形式统一，数据规范，便于检索**

专利单行本具有法定的文体结构，从发明创造名称、所涉及的技术领域和背景技术，到发明内容、附图说明和具体实施方式等，每项内容都有具体的撰写要求和固定的顺序，并严格限定已有技术与发明内容之间的界线；其独立权利要求从整体上反映发明创造的技术方案，记载解决技术问题的必要技术特征，使专利文献的阅读更加方便、易懂。

专利文献扉页上的专利文献著录项目有统一的编排体例，并采用国际统一的专利文献著录项目识别代码（INID 码），在一定程度上排除了在阅读专利文献著录项目时的语言障碍，为专利文献的信息化应用打开了方便之门。

各专利机构都统一使用分类法对专利文献依所属技术领域进行分类，超越了各种自然语言的禁锢，为实现计算机智能检索打下了良好的基础。

### 三、专利文献信息的作用

#### （一）传播技术信息

1. 提供技术参考

在创新活动中利用专利文献可以帮助研究人员解决遇到的技术难题，找出最佳解决方案。按照专利法规中有关"充分公开"的规定，在专利申请说明书中应对发明创造的技术方案进行清楚、完整的说明，并且以所属技术领域的一般技术人员能够实施为准。因此，专利说明书一般都对发明创造的技术方案进行完整而详尽的描述，并且列举具体的应用实例，大部分还附有详细的附图，对技术方案的理解有重要参考价值。另外，专利文献不仅详细说明本发明的内容，同时也对该技术领域的已知技术做简要介绍，从这一点来说，专利文献提供了一个对特定技术的发展进程进行探索的独特视角。例如，某医药企业看好一种兽用抗菌药市场，准备研制这种名为"氟苯尼考"兽药。项目攻关组在查阅了大量的非专利科技文献资料后，了解到基本的技术是利用 D – 对甲砜基苯丝氨酸乙酯作为原材料生产，但却没有找到具体的技术工艺的相关资料，成为技术攻关难题。后来在专家的指点下，项目攻关小组找到了专利文献，在专利文献中找到有关用 D – 对甲砜基苯丝氨酸乙酯生产氟苯尼考的详细参考资料，解决了所遇到的难题。

2. 启迪创新思路

在创新活动中通过查阅专利文献还可以开阔思路、激发灵感，在他人智慧成果的基础上作出新的发明创造。以联想集团为例，在金融危机爆发前的 2007 年，联想集团营业规模增长迅速，从单一的本土管理团队发展到多元化的国际管理团队，拥有了全球研发实力。然而，2008 年年底，国际金融危机的大背景下，联想集团出现巨额亏损。经过积极调整公司发展战略，制定更加主动的创新型战略，在大力控制成本的同时，调高研发费用，充分利用专利信息开展技术研究并瞄准行业变化趋势，积极研发全新一代产品。短短半年时间，到 2009 年 9 月 30 日，联想集团第二季度财报显示，公司已成功扭亏为盈；2009 年年底，三季盈利达到 8 000 万美元。联想集团第一次超越了所有的竞争对手，成为全球销量增长最快的厂商。

3. 避免重复研究

充分利用专利文献，可以避免重复走前人的路，缩短 60% 的科研周期，节约 40% 的科研经费。在较长的一个历史时期内，研究工作起点低，低水平的重复研究开发，是制约我国科技发展的一个重要因素。我国的科技投入原本不够充分，而低水平的重复研究开发，又进一步加剧了矛盾。例如国内某研究机构投入 4 000 万元，历时 4 年的努力，成功研究出一项具有市场前景的环保技术。但经检索专利文献，却发现日本已经在我国申请了该项专利，该技术一旦进入市场必将面临侵权诉讼，结果只能是白白浪费了宝贵的时间和经费。因此，充分利用专利文献在有效配置科技资源，提高研究开发起点和水平，避免人力、财力、物力的浪费方面具有特别重要的作用。

### （二）传播法律信息

1. 警示竞争对手

专利文献不仅向人们提供了发明创造技术内容，同时也向竞争对手展示了专利保护范围。

人们申请专利的目的是寻求对其发明创造的保护。绝大多数专利申请人是基于以下认识申请专利的：专利制度承认人们的智力劳动成果，承诺保护专利权人的专利权，因此他们可以在专利制度这把大伞保护下，通过实施其受专利保护的发明成果获得最大化商业利益。

然而，专利权人最担心的是竞争对手侵犯其专利权。所以专利权人寄希望于通过专利文献信息公布，向竞争对手传达一种警示信息。专利文献不仅向人们提供了发明创造技术内容，同时也向竞争对手展示了专利保护范围。甚至许多专利权人在其专利产品上注上专利标记，以便让使用该产品的人可以轻而易举地找到该专利的说明书，了解其专利保护的内容，从而达到保护知识产权的目的。

2. 防止侵权纠纷

任何竞争对手都要尊重他人的知识产权，杜绝恶意侵权行为，避免无意侵权过失，以形成良好的市场竞争氛围。专利文献可以起到这方面的借鉴作用。专利文献中含有每一件专利的保护范围信息（权利要求书）、专利地域效力信息（申请的国家、地区）、专利时间效力信息（申请日期、公布日期）。专利文献信息恰似一面镜子，只要随时照一照（检索专利的法律信息），就可以实现自我约束，避免纠纷发生。

例如：A 公司注重专利跟踪，日前经跟踪得到日本花王公司在中国申请公开的一件专利，如果授权可能会影响 A 公司产品的销售，因此有必要及时采取相应措施。为此进行了深入的相关技术的检索，确定该技术同时在日本、美国、欧洲、中国台湾等 18 个国家和地区进行了专利申请，在欧洲专利局网站浏览该专利申请在欧洲的审查审批程序，发现该专利申请在欧洲专利局的审查过程中进入了异议程序，异议由保洁公司提出，并且提供了若干对比文件，直接影响该专利申请的新颖性和创造性。据此 A 公司判断该专利申请不应该获得专利保护，也不会影响本公司的产品销售。

**（三）提供竞争情报**

**1. 了解竞争对手**

通过对专利信息的分析，可以获得竞争对手在不同地域或国家的主要竞争策略、市场经营活动，以及竞争企业间的技术合作、技术许可动向。某电子企业，主要为集成电路、太阳能和半导体照明企业提供国际先进水平的设备和工艺解决方案。经分析确定主要的竞争对手为爱发科集团，该集团的前身是 1952 年 8 月在日本成立的日本真空技术株式会社。1963 年 8 月，公司注册了 ULVAC 商标。自 1983 年 2 月在北京设立事务所至今，已经在中国大陆先后成立了 16 家公司。并于 2006 年 3 月成立爱发科（中国）投资有限公司。目前，爱发科集团拥有 PCT 申请 700 余件，可以预期的是，其在中国也必将有严密的专利布局。为此，该电子公司对爱发科集团进行了专利文献信息的检索和分析，一方面，了解了竞争对手主要的技术布局，避免了侵权风险的产生；另一方面，对竞争对手尚无相关专利申请的重要设备，该电子公司进行了相应领域重点突破研发，并实施紧密的专利布局，申请相关专利 33 项。

**2. 分析市场趋向**

通过专利族信息可以研究一个企业的专利申请模式、企业寻求专利保护的国家，可以绘制出它开拓市场的地域分布图，从而发现企业寻求商业利益的市场趋向。

目前，世界轮胎市场呈现亚太、北美和欧洲三足鼎立之势，且轮胎行业正逐步向亚太地区转移，中国已经形成了比较完整的轮胎行业体系，并已成为世界轮胎最大生产国和重要出口国。某研究机构开展了世界车用轮胎专利分析，通过检索获得子午线轮胎、斜交轮胎的相关中国专利申请及世界主要国家及组织的专利申请，进行了专利申请趋势分析、国际专利分类号分析、申请类型分析、重点研究领域分析、核心研发机构分析、专利保护国分析，以了解国内外相关领域的专利保护现状。获得了国内外子午线轮胎、斜交轮胎的生产技术历史发展趋势、应用范围及市场情况。同时重点分析了国际大型轮胎生产企业（普利司通、固特异、米其林）专利申请状况，获得了其技术研发路径、发展趋势，并对其在轮胎制造、胶料配方、关键工艺等方面的技术进行概述。此项研究报告对轮胎生产行业制定相关产业发展政策，促进其技术发展，寻找研发方向，规避知识产权风险，提高其创造与运用自主知识产权的能力等方面发挥了重要参考和指导作用。

3. 提供决策依据

通过专利信息分析，为国家制定产业政策提供参考；为企业决策者把握特定技术的开发、投资方向以及制定企业的专利战略等方面提供依据。"二战"后的日本，在政府的主导下，日本企业根据专利文献检索和分析的结果和国内发展需要，在 20 多年的时间里先后引进了两万多项专利技术。立足于对引进技术的消化、吸收，在国家的鼓励和指导下，日本企业勇于开发创新，一改技术落后、科技受制于人的窘境，迅速发展成为仅次于美国的技术经济强国。据计算，日本在这一阶段的技术引进投资约为35.37 亿美元，仅为相关技术研发投入的 2 000 亿美元的 1/56。

## 第二节 专利文献的结构

### 一、专利单行本

专利单行本，也被统称为专利说明书，是用以描述发明创造内容和限定专利保护范围的一种官方文件或其出版物。

目前各专利管理机构出版的每一件专利单行本基本包括以下组成部分：扉页、权利要求书、说明书、附图（如果有的话），有些专利管理机构出版的专利单行本还附有检索报告。

#### （一）扉页

扉页是揭示每件专利的基本信息的文件部分。

扉页揭示的基本专利信息包括：专利申请的时间、申请的号码、申请人或专利权人、发明人、发明创造名称、发明创造简要介绍及摘要附图（机械图、电路图、化学结构式等——如果有的话）、发明所属技术领域分类号、公布或授权的时间、文献号、出版专利文件的国家机构等。

在专利单行本扉页上，专利的基本信息是以专利文献著录项目形式来表达的。

### （二）权利要求书

权利要求书是专利单行本中限定专利保护范围的文件部分。

权利要求分为独立权利要求和从属权利要求。独立权利要求从整体上反映发明或者实用新型的技术方案，记载解决技术问题的必要技术特征。从属权利要求用附加的技术特征，对引用的权利要求作进一步限定。

### （三）说明书及附图

说明书是清楚完整地描述发明创造的技术内容的文件部分。附图用于补充说明书文字的描述。

说明书包括：技术领域、背景技术、发明内容、附图说明、具体实施方式等。

### （四）检索报告

检索报告是专利审查员通过对专利申请所涉及的发明创造进行现有技术检索，找到可进行专利新颖性或创造性对比的文件，向专利申请人及公众展示检索结果的一种文件。

出版附有检索报告的专利单行本的国家或组织有：欧洲专利局、世界知识产权组织国际局、英国专利局、法国工业产权局等。附有检索报告的专利单行本均为申请公布单行本，即未经审查尚未授予专利权的专利文件。

检索报告有两种出版方式：附在公开出版的专利单行本中，或单独出版。专利单行本中的检索报告以表格式报告书的形式出版。

## 二、专利公报

专利公报是各国专利机构报道最新发明创造专利的申请公布、授权公告等情况以及专利局业务活动和专利著录事项变更等信息的定期连续出版物。

### （一）专利公报的类型

专利公报的类型根据专利申请及授权的报道形式可分为题录型、文摘型和权利要求型专利公报。

### （二）专利公报的主要内容

各国专利公报主要内容分为以下三大部分，并有严格的编排格式。

（1）申请的审查和授权情况，包括：有关申请报道，有关授权报道，有关地区、国际性专利组织在该国的申请及授权报道，与所公布的申请和授权有关的各种法律状态变更信息等；

（2）其他信息，如专利文献的订购、获得信息，工业产权局专利图书馆服务的有关信息等；

（3）各类专利索引，包括：号码索引，分类索引，人名索引等。

**（三）专利公报的特点和作用**

专利公报是二次专利文献最主要的出版物。专利公报有连续出版、报道及时、法律信息丰富的特点。

专利公报可用于了解近期专利申请和授权的最新情况，也可用于进行专利文献的追溯检索，还可掌握各项法律事务变更信息。

# 第三节 专利文献中的专利信息表达

## 一、专利文献种类及代码

专利文献种类繁多，有的被称为发明说明书或单行本，有的被称为实用新型说明书或单行本；有的经过审查，有的未经过审查；有的没有授予专利权，有的授予专利权，而不同种类的专利文献表示了不同的法律信息。

**（一）各种专利文献产生的原因**

法律规定的专利保护客体和专利申请的审查制度及审批程序是产生各种专利文献的根源。

1. 不同专利保护客体产生不同种类的专利文献

——（发明）专利：发明专利申请（中国），欧洲专利申请，专利申请公开说明书（日本），美国专利；

——实用新型：实用新型专利（中国），注册实用新型说明书（日本），实用新型说明书（德国）；

——外观设计：外观设计专利（中国），美国外观设计；

——植物专利：美国植物专利申请公布，美国植物专利。

2. 专利审查制度及审批程序也导致产生不同种类的专利文献

（1）登记制产生一级公布专利文献。

一级公布：$\boxed{申请}$——$\boxed{注册}$

注册时公布专利文件，该文件属于未经实质审查注册的专利文件。

（2）初步审查制产生两级公布或一级公布的专利文献。

两级公布：$\boxed{申请}$——$\boxed{申请公告}$——$\boxed{授权}$

申请公告时公布专利文件，该文件属于<u>未经实质审查尚未授予专利权</u>的专利申请文件；授权时不再公布专利文件。

一级公布：$\boxed{申请}$——$\boxed{授权}$

授权时公布专利文件，该文件属于<u>未经实质审查授予专利权</u>的专利文件。

（3）半审查制（也称文献报告制）产生两级公布的专利文献。

两级公布：$\boxed{申请}$——$\boxed{申请公开}$——$\boxed{授权}$

申请公开时公布专利文件，该文件属于<u>未经实质审查尚未授予专利权</u>的专利申请文件；授权时也公布专利文件，该文件属于<u>经文献检索授予专利权</u>的专利文件。

（4）完全审查制产生一级公布的专利文献。

一级公布：$\boxed{申请}$——$\boxed{授权}$

授权时公布专利文件，该文件属于<u>经实质审查授予专利权</u>的专利文件。

（5）早期公开延迟审查制产生三级公布或两级公布的专利文献。

三级公布：$\boxed{申请}$——$\boxed{申请公开}$——$\boxed{审查公告}$——$\boxed{授权}$

申请公开时公布专利文件，该文件属于<u>未经实质审查尚未授予专利权</u>的专利申请文件；审查公告时再次公布专利文件，该文件属于<u>经实质审查尚未授予专利权</u>的专利申请文件；授权时如果还公布专利文件，该文件属于<u>经实质审查授予专利权</u>的专利文件。

两级公布：$\boxed{申请}$——$\boxed{申请公开}$——$\boxed{授权}$

申请公开时公布专利文件，该文件属于<u>未经实质审查尚未授予专利权</u>的专利申请文件；授权时再次公布专利文件，该文件属于<u>经实质审查授予专利权</u>的专利文件。

**（二）专利文献种类相关的国际标准**

为协调各局工业产权信息活动，同时规范化标识各工业产权局不同种类的专利文献，WIPO 制定了《ST. 16 用于标识不同种类专利文献的推荐标准代码》标准（以下简称 ST. 16）。该标准规定了几组字母代码，用它们简化标识各工业产权局公布的不同种类的专利文献。

1. ST. 16 的主要内容

第 1 组：用于在发明专利申请基础上形成的并作为基本或主要编号序列的文献

A——第一公布级，表示在公开阶段产生的发明专利申请说明书，它只受临时的法律保护；

B——第二公布级，表示已经过实质审查尚未授予专利权的发明专利文件；

C——第三公布级，表示已经过实质审查并授予专利权的发明专利文件。

第 2 组：用于编号序列不同于第 1 组的实用新型文献

U——第一公布级，表示未经实质审查尚未授予专利权的实用新型文件；

Y——第二公布级，表示未经实质审查授予专利权的实用新型文件；

Z——第三公布级，表示已经过实质审查并授予专利权的实用新型文件。

第 3 组：用于特殊系列的专利文献

M——药物专利文献；

P——植物专利文献；

S——外观设计文献。

第 4 组：用于未被 1～3 组所涵盖的，或由专利申请衍生或与之相关的特殊类型文献

R——单独公布的检索报告；

T——对其他工业产权局或机构已经公布的专利文献的全文或部分译文公布。

第 5～7 组：省略

2. 阿拉伯数字在代码中的应用

在各工业产权局出版的专利文献中，在字母标识代码之后常辅以一位阿拉伯数字作为补充信息。

0——为一些工业产权局的内部用法；

1～7——使用范围及含义由各工业产权局视其需要自行决定；

8——表示在专利文献扉页以及再版扉页上的著录项目、文中的某一部分、附图或化学式有更正；

9——表示在专利文献任意一部分有更正，这种更正导致该文献部分或完全再版。

**（三）国别代码相关的国际标准**

为便于各局工业产权以编码形式标识国家、其他实体及政府间组织时

使用，WIPO 制定了《ST. 3 用双字母代码表示国家、其他实体及政府间组织的推荐标准》（以下简称 ST. 3）（见表 1 – 3 – 1）。

表 1 – 3 – 1　主要国家、地区及组织代码

| 代码 | 名　　称 | 代码 | 名　　称 |
|---|---|---|---|
| AP | 非洲地区知识产权组织（讲英语国家） | HK | 中国香港特别行政区 |
| AT | 奥地利 | JP | 日本 |
| AU | 澳大利亚 | KR | 韩国 |
| CA | 加拿大 | MO | 中国澳门特别行政区 |
| CH | 瑞士 | OA | 非洲地区知识产权组织（讲法语国家） |
| CN | 中国 | RU | 俄罗斯 |
| DE | 德国 | SU | 苏联 |
| EP | 欧洲专利局 | TW | 中国台湾省 |
| ES | 西班牙 | US | 美国 |
| FR | 法国 | WO | 世界知识产权组织 |
| GB | 英国 | | |

## 二、专利文献编号

### （一）专利编号种类

专利编号包括申请号和文献号。

1. 申请号

申请号是各专利管理机构在受理专利（注册证书）申请时为每件申请编制的序号，它通常用于各专利管理机构内部各类申请和审批流程中的文档管理，也是申请人与其进行有关专利事务联系的依据。

申请号包括：

——申请号；

——临时申请号；

——优先申请号；

——分案申请号；

——继续或部分继续申请号；

——增补或再公告专利申请号；

——复审或再审查请求号。

2. 文献号

文献号是各专利管理机构在公布专利文献（包括公开出版和仅提供阅览复制）或授权、注册、登记时为每件专利文件编制的序号。它是对公布的专利文献进行管理的方式之一。

文献号包括：

——公开号、申请公开号、申请公布号；

——申请公告号；

——展出号、审定公告号；

——授权公告号、专利号、注册号、登记号。

**（二）申请号编号**

1. WIPO 标准

WIPO 为使各工业产权局在制定自己的申请号体系时采取统一标准，特制定《ST. 13 工业产权申请编号建议》的标准。标准中关于"申请编号建议"放在第 5 条，以下是第 5 条的全部内容。

5. 建议想要改变现行编号体系或有兴趣引入新的工业产权如专利、商标、实用新型、工业设计或其他工业产权申请编号的工业产权局，应使用符合以下七个部分要求的申请编号体系。

（a）总则

本标准覆盖所有类型的工业产权申请的申请编号，如专利、实用新型、设计和商标申请，不用于版权类知识产权。申请号不可或缺的部分应包括三个成分：工业产权类型代码，年代指示和序号。

申请号应为 15 位字符的固定长度，包括 2 位数字的类型，4 位数字的年代和 9 位数字的序号。见以下每部分详细说明。在申请号格式中这些不可或缺成分的顺序是 < 类型 >< 年代 >< 序号 >：

< 类型 > 工业产权类型　（2 位数字）　参见（b）部分

< 年代 > 年代指示　　　（4 位数字）　参见（c）部分

< 序号 > 序号　　　　　（9 位数字）　参见（d）部分

另外，以下规则作为可选或附加格式体系也予以推荐：

——申请地代码和管理号也可作为可选部分被包含在申请号中。既然如此，字母和数字字符两者均可用于申请地代码。

——WIPO 标准 ST. 3 国家/组织代码不是申请号组成部分，除在（e）部分已说明情形外。但在表达时，申请号前总应冠以对应局 ST. 3 代码。

——申请号和公布号（见 WIPO 标准 ST. 6）可用不同格式。

（申请号格式详例见列于本标准末位的"依据此建议的申请号例"）

（b）工业产权类型

工业产权类型代码构成申请号不可或缺部分。对不同类型工业产权采用混编号码系列的工业产权局，建议采用两位（仅用数字）表示工业产权类型，以避免与用两个字母表示的 WIPO 标准 ST. 3 国家代码混淆。以下列出的是每种两位数字字符的目录：

——专利

    10 – 19：专利申请

    10：    用于发明专利的申请

    11：    用于源于 PCT 申请的专利的申请（进入国家阶段的 PCT 申请）

    12 – 19：各局使用

——实用新型申请

    20 – 29：实用新型申请

    20：    用于实用新型的申请

    21：    用于源于 PCT 申请的实用新型的申请

    22 – 29：各局使用

——其他知识产权，如工业设计、商标、集成电路布图设计（拓扑图）、补充保护证书等

    30 – 89：各局使用

——WIPO 国际局留用

    90 – 99：WIPO 国际局留用

    91：    根据 PCT 在国际阶段递交的国际申请

（c）年代指示

年代指示构成申请号不可或缺部分。年代指示由四位数字组成，特指申请提交的年代，根据阳历。但是，在工业产权局不想提供年代指示的情形下，相应数字应设置为"0000"可用于计算机处理的格式，如用于电子存储、交换或识别。如果愿意，数字"0000"可以在显示或打印表达时省略。

（d）序号

序号构成申请号不可或缺部分且为准确识别不同个体申请的重要成分。序号应为九位数字的固定长度。但九位数字可依各局自行决定而使用。在连续的编号中允许有间隙。序号分配顺序无须反映注册顺序。另外，当提交地区的信息成为申请号的组成部分时，此信息需在序号的前两位位置上编码（参见（e）部分——内部使用代码）。

序号基本规则：

——要求九位数字长度更合适

——全部九位数字应用于电子存储、交换或识别（可用于计算机处理格式）

——用于文献或图象文献显示表达（可用于人工处理格式）时前导零可以省略

——每年不必从 1 号编起

提交地区的信息需在前两位位置上编码。

（e）内部使用代码

内部使用代码构成申请号可选部分。如果工业产权局想要使用某一特定代码指示申请提交地点，而在某一国家内或某一组织内的不同地区局在号码序列中有重叠，内部使用代码应被用于申请号可选部分。然而，当国别代码被用于标识政府间组织的不同成员局时，WIPO 标准 ST.3 适用。内部使用代码可依各局自行决定而使用。

内部使用代码基本规则：

——如果某局想要在申请号中对提交地区信息编码，局内信息可在九位数字的序号中编码（参见（d）部分）

——代码必须位于序号的前两位位置。既然如此，这两个位置也可是字符。

（f）控制号（校验位）

控制号构成申请号可选部分。控制号（校验位）被一些工业产权局用于内部控制目的与申请号关联使用。

控制号基本规则：

——控制号应由单个数字组成

——控制号应为可用于计算机处理的格式

——控制号应位于九位数字序号的最后位置（最右边）

（g）分隔符

应指出分隔符可用于区分申请号中的不同成分（工业产权类型，年代指示和序号)。分隔符不是可用于计算机处理格式的部分，且应仅被用于表达。以下成分可以用做分隔符：斜线"/"，连字符"－"，或空格" "。

2. 各国基本做法

(1) 按年编号。即申请号由年代和当年申请序号组成。表示年代的方式又分为：公元年、本国纪年以及用某一特定数字表示。

公元年表示：2003 年以前的中国，如 85 1 00463.6；

国际申请编号，如 PCT/DE 2003/003945；

本国纪年表示：2000 年以前的日本，如特愿昭 57 － 183216；

用某一特定数字表示：1995 年以前的德国，如 P 2514787.9 －41。

(2) 连续编号。即申请号的组成仅为连续编排的序号，包括按总顺序编号和多年循环编号。

总顺序编号：苏联，如 3276099/29 － 12；

多年循环编号：美国，如 06/463217。

### (三) 文献号编号

1. WIPO 标准

WIPO 为使各国在制定本国专利文献号体系时采取统一标准，特制定《ST.6 对公布的专利文献编号的建议》标准。标准基本内容如 13 ~ 14。

13. 下列建议用于向希望修改现有编号体系或启用新的公布专利文献编号体系的工业产权局提供指导：

(a) 公布号应当仅由数字组成；

(b) 数字总数量最多不超过 13 个，由各工业产权局根据需要确定；满足这些需求的数字位应尽可能短；

(c) 赋予公布的专利文献号码 (根据 WIPO 标准 ST.16 的第一公布级)，至少在一年或更长的时间内应按数字顺序递增；

(d) 赋予源自一件申请的第二次或其后公布的专利文献的号码，应与源自该申请第一次公布专利文献时所赋予的号码相同。例如，1/2002/000002 应当被用于第一公布级 (即一件申请满 18 个月公布)，授权专利的公布，以及源自同一件专利申请的任何修正文献的公布。要完整识别一件专利文献，参见 WIPO 标准 ST.1；

(e) 该号码应当仅用于源自同一件申请的专利文献。例如，当相同的编号序列被用于一种以上的工业产权种类 (如发明专利和实用新型)，或者一个国家或组织内的一个以上地区局时，相同的公布编号只能使用一次；

（i）为创建满足惟一性要求的文献号码，各局可能会使用一位或两位数字的附加标识符，例如，如果需要，用于指示工业产权的种类或地区局。任何附加标识符都必须在上述 13（b）段要求的最大数字位之内。WIPO 标准 ST. 16 代码，在按照 WIPO 标准 ST. 1 建议使用时，应遵照所建议的方式提供公布级信息。WIPO 标准 ST. 16 还提供了仅与专利文献有关的工业产权种类信息；

（ii）当一件申请衍生出若干附加申请时（如一件要求了国内优先权的申请，一件在先申请的继续申请，一件分案申请等），这些附加申请应被考虑为独立申请，因此应被赋予不同的公布号；

（f）如果认为适合，专利文献的公布年可以作为公布号的一部分；在这种情况下，该公布号可以由年、流水号和上述（e）段所说的附加标识符（如有必要）组成；

（i）关于年，年应当按照公历用 4 位数字表示并位于流水号之前；

（ii）关于流水号，按照上述（e）段的含义，用于所有专利文献公布的最大 7 位流水号应是惟一的；

（iii）各部分的构成顺序应为：

a 标识符（如需要）；

b 年（如认为适合）；

c 流水号；

（g）当公布号以可视形式表达时，为了提高易读性：

（i）标识符、年代指示和流水号可以用斜线或破折号相互分开；

（ii）流水号可以通过逗号、圆点、空格归并成数字组。

按照本建议，公布号的表达示例：

2001－12345　　2001/12345

2001/1234567　　2001/1，234，567　　2001/1.234.567　　2001/1 234 567

1234567890　　　1，234，567，890　　1.234.567.890　　1 234 567 890

如果不同种类的工业产权共用一个号码序列：

2003/123456　一件发明专利

2003/123457　一件实用新型公布

2003/123458　一件外观设计专利，等

或者，不同种类的工业产权之间的号码序列有交叠时，使用附加标识符进行识别（例如，10 表示发明专利，20 表示实用新型，30 表示外观设计专利）：

10/2003/123456　一件发明专利

20/2003/123456　一件实用新型公布

30/2003/123456　一件设计专利，等

或者，在一个国家或组织内的不同地区局之间号码序列有交叠时，并使用附加标识符以创建惟一性时：

1/2003/1234567　一件使用 1 作为标识符的 A 地区发明专利

2/2003/1234567　一件使用 2 作为标识符的 B 地区发明专利

14. 值得注意的是，关于 WIPO 标准 ST. 3 的双字母代码和 WIPO 标准 ST. 16 的专利文献种类代码都不是公布号的组成部分。然而，这两种代码连同文献出版日期（INID 代码（40）~（48），如果适用）一起与公布号组合，可以构成一个专利文献的完整标识。在这种情况下，应遵照 WIPO 标准 ST. 10/B 的规则。

2. 各国基本做法

（1）连续编号。美国从 1836 年第 1 号排起，如 US 6674332 B1；欧洲，如 EP 1123452 A1。

（2）按年编号。日本特许公开每年从第 1 号排起，如 JP 2004 - 103245 A。

（3）沿用申请号。如 1989 年前的中国：申请号为 85 1 00001，公开号为 CN 85 1 00001 A；再如德国：申请号为 10 2005 041 711.6，公开号为 DE 10 2005 041 711 A1。

### 三、专利文献著录项目

为了从不同角度揭示专利文献中载有的发明创造技术信息、向公众展示各种与专利有关的法律信息，各工业产权局对专利文献中的一些信息进行归纳提取，以专利文献著录项目的形式，记录在各种专利单行本扉页、专利公报中。简单地说，专利文献的著录项目就是表示各种专利信息特征的项目。

#### （一）著录项目中体现的各种专利信息

专利文献著录项目所表示的信息主要为：专利技术信息，专利法律信息和专利文献外在形式信息。

1. 专利技术信息

专利技术信息是通过专利文件中的说明书、附图等文件部分详细展示出来的。

为便于人们从各种角度便捷地了解该发明创造信息，通过发明创造名称、专利分类号、摘要等专利文献著录项目来揭示专利的技术信息。

2. 专利法律信息

专利法律信息包括专利保护的范围，专利的权利人、发明人，专利的生效时间，专利申请的标志等。

有关专利保护的范围的法律信息是通过专利文件的权利要求书展示出来的，能够表示专利保护范围信息特征的专利文献著录项目主要是代表发明信息的专利分类号。

其他法律信息则以法律信息特征的方式反映在专利文件的扉页上，用申请人、发明人、专利权人、专利申请号、申请日期、优先申请号、优先申请日期、优先申请国家、文献号、专利或专利申请的公布日期、国内相关申请数据等专利文献著录项目来揭示不同法律信息特征。

3. 专利文献外在形式信息

专利文献具有一般文献所拥有的所有文献外在形式，进而就有了表示专利文献外在形式的信息特征。

表示专利文献外在形式信息特征的专利文献著录项目主要是：文献种类的名称，公布专利文献的国家机构，文献号，专利或专利申请的公布日期。

**（二）发明和实用新型专利文献著录项目相关国际标准**

为了消除了专利文献用户在浏览各国专利文献时的语言困惑，WIPO制定了《ST.9 关于专利及补充保护证书著录项目数据的建议》标准，规定了专利文献著录项目识别代码，即 INID 码。该标准包括以下八大方面内容（参见附件 1）：

（10）专利、补充保护证书或专利文献的标识

（20）专利或补充保护证书申请数据

（30）巴黎公约优先权数据

（40）使公众获悉的日期

（50）技术信息

（60）与国内或前国内专利文献（包括其未公布的申请）有关的其他法律或程序参引

（70）与专利或补充保护证书有关的当事人标识

（80）（90）国际公约（不包括巴黎公约）的数据识别，以及补充保护证书法律事项的数据标识

**（三）外观设计专利文献著录项目相关国际标准**

为了标识外观设计专利文献著录项目，WIPO 还制定了《ST. 80 工业品外观设计著录数据推荐标准》，同样包括八大方面内容，用 INID 码表示有关著录项目。主要内容如下（参见附件 2）：

（10）注册/续展数据

（20）申请数据

（30）巴黎公约优先权数据

（40）公众可获得信息的日期

（50）其他信息

（60）有法律关系的其他申请和注册参引

（70）与申请或注册有关的当事人的标识

（80）按照"关于工业设计国际注册海牙协定"进行国际注册的工业设计的数据及与其他国际公约有关的数据标识

**四、专利引文**

专利引文是指在专利文件中列出的与本专利申请相关的其他文献，如专利文献以及科技期刊、论文、著作、会议文件等非专利文献。根据引用目的不同，专利引文可分为审查对比文件和说明书中的引用参考文献。

专利引文与申请专利的发明创造密切相关，它记录了专利审查员在专利审查过程中、发明人在进行发明创造时的智力活动，从而全面反映专利信息交流的现状与趋势。它内容丰富、新颖，使用者可以通过它，也就是通过专利审查员或发明人的力量，获取更丰富的信息资源。

**（一）审查对比文件**

专利审查员在审查专利申请时，根据申请的权利要求等文件进行专利性检索，找到的文献称审查对比文件。

1. 扉页上的审查对比文件目录

通常只有经过实质性审查出版的专利单行本的扉页上才刊出审查对比文件目录。

例如：中国发明专利单行本 CN 101377595 B（见图 1 - 3 - 1）。

美国将专利引文以目录的方式刊在专利单行本扉页上的专利文献著录项目"（56）引用参考文献"下。在美国专利单行本扉页上的（56）项下不仅包括审查对比文件，同时还包括引用参考文献，且两者混列在一起，其区别在于审查对比文件前标有"＊"。

```
（56）对比文件

US 5990857 A，1999.11.23，全文．

US 2003/0210220 A1，2003.11.13，全文．

CN 1873829 A，2006.12.06，说明书第 6 页第

5 段至第 11 页第 3 段、附图 1—7．

CN 1755765 A，2006.04.05，全文．

CN 1519630 A，2004.08.11，全文．

审查员　张华
```

图 1-3-1　中国发明专利单行本扉页上的著录项目（56）

美国专利单行本扉页的专利引文按照本国专利文献、外国专利文献、非专利参考文献的顺序编排。

例如：美国专利单行本 US 6753404 B2 扉页上的（56）引用参考文献（见图 1-3-2）。

```
（56）                    References Cited
                    U. S. PATENT DOCUMENTS
3，3030331 A    4/1962    Goldberg
3，169，121 A    2/1965    Goldberg
3，207，814 A    9/1965    Goldberg
3，220，976 A    11/1965   Goldberg
4，059，565 A    11/1967   Yoshizaki et al.
4，130，548 A    12/1978   Kochanowshi
4，286，083 A    8/1981    Kochanowshi
4，677，183 A    6/1987    Mark et al.
4，774，315 A    9/1988    Miller
4，788，275 A    11/1988   Miller
5，025，081 A    6/1991    Fontana et al.
5，286，834 A＊   2/1994    Sakahita et al.
5，321，114 A    6/1994    Fontana et al.
              OTHER PUBLICATIONS
Journal Of Polymer Science：polymer chemistry edition，vol.
18，pp. 75-90（1980）.
E. P. Goldgerg，S. F. Strause and H. E. Munro，Polym. Prepr.，
5. pp. 233-238（1964）.
Handbook Of Polycarbonate Science and Technology，pp.
80-83，Donald G. LeGrand and John T. Bendler，Marcel
drekker，Inc.
＊ cited by examiner
```

图 1-3-2　美国专利单行本扉页上的著录项目（56）

为推广将专利审查过程中引证的文献印刷在专利文献上的做法，使专利文献中的引证文献表示方法标准化，WIPO 制定了《ST. 14 关于在专利文献中列入引证参考文献的建议》标准。该标准对引证文献在专利文献中出现的优选位置、表示方式等提出建议。

2. 检索报告中的审查对比文件目录

与扉页上的审查对比文件目录相比，检索报告中的审查对比文件目录所提供的信息更详细。

例如：国际申请单行本 WO 87/07566 A1 检索报告中的审查对比文件目录（图 1 - 3 - 3）。

| III. DOCUMENTS CONSIDERED TO BE RELEVENT | | |
|---|---|---|
| Catagory | Citation of Document, with indication, whereappropriate, of the relevant passages | Relevant to Claim No. |
| X | EP, A, 0057909 (BISHOP) 18 August 1982<br>see claims; figures 1 – 14 | 1, 7 |
| X | DE, A, 2215973 (BAUER) 11 October 1973<br>see claims; figures a – c | 1 |
| A | FR, A, 1305738 (DAIMLER-BENZ)<br>27 August 1962<br>see the whole document | 1, 2, 6, 7 |
| A | FR, A, 2128994 (FAURE) 27 October 1972<br>see the whole document | 1 |
| A | FR, A, 1220978 (CALTHORPE) 30 May 1960<br>see the whole document | 1 |

图 1 - 3 - 3    国际申请单行本检索报告

3. 检索报告中对比文件相关性表达

在 WIPO 标准《ST. 14 关于在专利文献中列入引证参考文献的建议》中，针对引证文献相关性表达有如下规定：

14. 建议在上述第 7 段中提及的和检索报告中引证的任何一篇文献用下列字母或标记指明，并紧位于被引证的上述文献之后：

（a）表示特别相关的引证文献类型：

"X"类：仅考虑该文献，权利要求所记载的发明不能被认为具有新颖性或创造性；

"Y"类：当该文献与另一篇或多篇此类文献结合，并且这种结合对于本领域技术人员是显而易见时，权利要求所记载的发明不能认为具有创造性；

（b）表示其他与现有技术相关的引证文献类型：

"A"类：一般现有技术文献，无特别相关性；

"D"类：由申请人在申请中引证的文献，该文献是在检索过程中要参考的，代码"D"始终与一个表示引证文献相关性的类型相随；

"E"类：PCT 细则第 33 条 1（c）中确定的在先专利文献，但是在国际申请日当天或之后公布的；

其他略。

**（二）说明书中的引用参考文献**

专利发明人在完成本专利申请所述发明创造过程中参考引用过并被记述在申请文件中的文献称引用参考文献。

在大多数国家的专利文献中，引用参考文献主要记述在专利文件的说明书部分中，通常由申请文件撰写者以文字描述方式写入"背景技术"部分中。

例如：中国发明专利申请单行本 CN 1322765 A 的说明书背景技术中的描述（图 1 - 3 - 4）。

---

目前，制备超低聚合度 PVC 树脂的链转移剂较常用的主要有巯基醇类、巯基酯类和三氯乙烯等，如中国专利 99107855 所公开的技术。

---

**图 1 - 3 - 4　中国发明专利申请单行本说明书背景技术**

**（三）专利引文的作用**

（1）利用专利引文扩大专利信息检索的范围；

（2）研究专利引文的被引程度从而确定核心技术；

（3）研究专利技术相互引用揭示技术发展阶段；

（4）研究专利引文与其所有者之间的关系，发现专利申请人的技术实力。

**五、同族专利**

**（一）基本概念**

由于专利保护的地域性，相同的发明创造专利申请需由不同的专利管理机构批准才能在不同地域获得保护，以及由于各专利管理机构的专利审批制度不同，形成专利多级公布，从而出现一组组有着类似于家族的特殊关系的专利文献，人们把其称为专利族或同族专利。

1. 专利族

由至少一个共同优先权联系的一组专利文献，称一个专利族（Patent

Family）。

该定义中包含两个要素：一是专利族成员要素，二是专利族成员之间的联系要素。专利族成员要素是针对构成专利族的对象而言，按照 WIPO 的定义是指专利文献，欧洲专利局的解释也是指专利文献，但欧洲专利局的检索系统却将专利申请作为专利族的对象；而专利族成员之间的联系要素则是指优先权，包括条约优先权、双边优先权、多边优先权和国内优先权。

2. 同族专利

按照 WIPO 的定义，在同一专利族中每件专利文献被称做专利族成员（Patent Family Members），同一专利族中每件专利互为同族专利（见图 1 - 3 - 5）。

3. 基本专利

在同一专利族中，由其他成员共享优先权的最早申请的专利文献称基本专利。

——优先权：

　　优先申请国家——US，优先申请日期——1985.1.14，优先申请号——690915

——专利族：

US 4588244（申请日：1985 年 1 月 14 日）←—基本专利⎫

JP 61 - 198582 A（申请日：1985 年 11 月 30 日）　　⎬互为同族专利

GB 2169759 A（申请日：1986 年 1 月 3 日）　　　　　⎪

CA1231408A1（申请日：1986 年 1 月 7 日）

FR 2576156 A（申请日：1986 年 1 月 13 日）

图 1 - 3 - 5　同族专利例

**（二）专利族种类**

WIPO《工业产权信息与文献手册》将专利族分为六种：

在同一个专利族中，专利族成员以共同的一个或共同的几个专利申请为优先权，这样的专利族为简单专利族（Simple patent family）。

在同一个专利族中，专利族成员至少以一个共同的专利申请为优先权，这样的专利族为复杂专利族（Complex patent family）。

在同一个专利族中，每个专利族成员与该组中的至少一个其他专利族成员至少共同以一个专利申请为优先权，他们所构成的专利族为扩展专利族（Extended patent family）。

本国专利族（National patent family）是指在同一个专利族中，每个专利族成员均为同一工业产权局的专利文献，这些专利文献属于同一原始申请的增补专利、继续申请、部分继续申请、分案申请等，但不包括同一专利申请在不同审批阶段出版的专利文献。

内部专利族（Domestic patent family）指仅由一个工业产权局在不同审批程序中对同一原始申请出版的一组专利文献所构成的专利族。

人工专利族（Artificial Patent Family）也称智能专利族、非常规专利族，即内容基本相同，但并非以共同的一个或几个专利申请为优先权，而是根据专利文献的技术内容，人为地进行归类，组成的一组由不同工业产权局出版的专利文献构成的专利族，但实际上在这些专利文献之间没有任何优先权联系。

### （三）同族专利的作用

同族专利文献的分布状况，反映了该发明创造潜在的国际技术市场和该申请人在全球的经济势力范围。分析同一发明所拥有的同族专利数量，有助于评价一项发明的重要性。利用同族专利可以帮助阅读者克服语言障碍，可以解决专利文献的资源不足问题，可以提供有关该相同发明技术主题的最新技术进展、法律状态和经济情报，还可以为各工业产权局审批专利提供参考。

## 第四节　专利文献分类

由于各工业产权局每年要受理数目可观的专利申请和出版大量的专利文献，为了管理和再次利用这些专利文献，需要制定一种专利文献的管理办法，即按规定的方案将文献进行归档，以后又采用一个合理的程序将它们查找出来，该方案就是专利文献的分类系统。

对于发明专利和实用新型申请（包括发明专利单行本、发明人证书、实用新型单行本和实用新型证书等），大多数工业产权局采用国际专利分类，而美国、日本、欧洲等局同时在其文献中标有其各自的专利分类号。

对于工业品外观设计申请，大多数工业产权局采用工业品外观设计国际分类（也称洛迦诺分类），一些工业产权局则采用自己的外观设计分类体系，同时标注工业品外观设计国际分类，如日本、美国等局。

### 一、国际专利分类

#### （一）IPC 概述

1. IPC 的建立与版次

1954 年 12 月 19 日，欧洲理事会主要国家：法国、德国、英国、意大利、瑞士、荷兰、瑞典等签订了《关于发明专利国际分类法欧洲公约》，根据该公约制定了《发明的国际（欧洲）分类表》，并于 1968 年 9 月 1 日出版生效。1971 年 3 月 24 日《巴黎公约》联盟成员国在法国斯特拉斯堡召开全体会议，通过了《国际专利分类斯特拉斯堡协定》，于 1975 年 7 月 10 日正式生效。截至 2012 年，该协定已有 61 个成员国。中国于 1997 年 6 月 19 日正式成为其成员国。

国际专利分类表（International Patent Classification，IPC）的建立使各工业产权局获得了统一的分类，以便于按照相同的原则编排各自出版的专利文献，从而实现对专利信息的高效传播利用。

从建立至今，国际专利分类表各版次使用时间为：

第 1 版：1968 年 9 月 1 日至 1974 年 6 月 30 日；

第 2 版：1974 年 7 月 1 日至 1979 年 12 月 31 日；

第 3 版：1980 年 1 月 1 日至 1984 年 12 月 31 日；

第 4 版：1985 年 1 月 1 日至 1989 年 12 月 31 日；

第 5 版：1990 年 1 月 1 日至 1994 年 12 月 31 日；

第 6 版：1995 年 1 月 1 日至 1999 年 12 月 31 日；

第 7 版：2000 年 1 月 1 日至 2005 年 12 月 31 日；

IPC 改革：

2006.01：2006 年 1 月 1 日至 2006 年 12 月 31 日；

2007.01：2007 年 1 月 1 日至 2007 年 9 月 30 日；

2007.10：2007 年 10 月 1 日至 2007 年 12 月 31 日；

2008.01：2008 年 1 月 1 日至 2008 年 3 月 31 日；

2008.04：2008 年 4 月 1 日至 2008 年 12 月 31 日；

2009.01：2009 年 1 月 1 日至 2009 年 12 月 31 日；

2010.01：2010 年 1 月 1 日至 2010 年 12 月 31 日；

2011.01：2011 年 1 月 1 日至 2011 年 12 月 31 日；

2012.01：2012 年 1 月 1 日至当前。

IPC - 2006.01 版将与发明创造有关的全部技术领域概括成 8 个部，129 个大类，739 个小类，约 70 000 个组，其中约 10% 为大组。

2. 分类号的编排

国际专利分类表由高至低依次排列分类号，设置的顺序是：部，分部，大类，小类，大组，小组。

（1）部。部是分类表等级结构的最高级别。用大写英文字母 A ~ H 表示 8 个部的类号，每个部有部的类名，如：

A 人类生活必需

B 作业；运输

C 化学；冶金

D 纺织；造纸

E 固定建筑物

F 机械工程；照明；加热；武器；爆破

G 物理

H 电学

部内有由信息性标题构成的分部，分部有类名，没有类号。

例如：C 部设 3 个分部：

分部：化学

分部：冶金

分部：组合技术

（2）大类。每个部都被细分成若干大类，大类是分类表的第二等级。每个大类的类号由部的类号及其后的两位数字组成。每个大类的类名表明该大类包括的内容。

例如：A44 服饰缝纫用品；珠宝

某些大类带有一个索引，该索引是对该大类内容的总括信息性概要。

（3）小类。每个大类都包括一个以上小类，小类是分类表的第三等级。每个小类类号是由大类类号加上一个大写字母组成。

例如：A21B 食品烤炉；焙烤用机械或设备

小类的类名尽可能确切地表明该小类的内容。大多数小类都有一个索引，该索引是对该小类内容的总括信息性概要。

在小类中大部分涉及共同技术主题的位置设置了指示该技术主题的导引标题。

（4）组。每一个小类被细分成若干组，可以是大组（分类表的第四等级），也可以是小组（依赖于分类表大组等级的更低等级）。每个组的类号由小类类号加上用斜线分开的两个数组成。

① 大组。每个大组的类号由小类类号、1 位到 3 位数字、斜线及 00 组成。大组类名在其小类范围以内确切限定了某一技术主题领域。大组的类号和类名在分类表中用黑体字印刷。

例如：A43B 5/00 运动鞋。

② 小组。小组是大组的细分类。每个小组的类号由其小类类号、大组类号的 1 位到 3 位数字、斜线及除 00 以外的至少两位数字组成。任何斜线后面的第 3 位或随后数字应该理解为其前面数字的十进位细分数字。小组类名在其大组范围之内确切限定了某一技术主题领域。该类名前加一个或几个圆点指明该小组的等级位置，即指明每一个小组是它上面离它最近的又比它少一个圆点的小组的细分类。

例如，E21B 43/11    ·射孔器；渗透器。

E21B 43/112    ··带可伸长射孔件的射孔器，例如，液体驱动的

解读时，小组类名必须依赖并且受限于其所缩排的上位组的类名。

再如，H01S 3/00 激光器。

H01S 3/14·按所用激活介质的材料区分的。

H01S 3/14 的类名读作：按所用激活介质的材料区分的激光器。

（5）完整的分类号。

一个完整的分类号由代表部、大类、小类、大组或小组的类符号结合构成。例如，A01B 33/00，A01B 33/08。

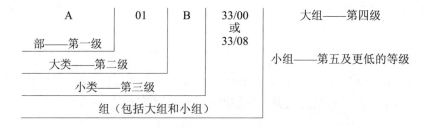

3. 分类表的等级结构

国际专利分类表是一种等级分类系统。较低等级的内容是其所属较高等级内容的细分。

国际专利分类表按部、大类、小类、大组、小组由大到小的递降次序排列类目。但在小组间的等级结构是由各小组类名之前的圆点数来确定的，而不是根据小组的编号确定。根据此等级原则，小组的技术主题范围是由它前面级别比它高的组共同确定的（用 T 至 $T^6$ 代表各组的类名，见图 1-4-1）。

上述例中，小组 3/06 的技术范围是由等级较高的组 3/00、3/02、3/04 确定的；小组 3/10 是由 3/00、3/08 确定的。

上面图形还表示：当一个技术主题没有包括在 3/02 至 3/12 任何一个

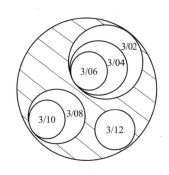

3/00 T（大组）

3/02 ·T$^1$（一点组）

3/04 ··T$^2$（二点组）

3/06 ···T$^3$（三点组）

3/08 ·T$^4$（一点组）

3/10 ··T$^5$（二点组）

3/12 ·T$^6$（一点组）

**图 1 - 4 - 1　用 T 至 T$^6$ 代表的各组等级关系**

组中，或者 3/02、3/08、3/12（一点组）之一的组都包括不了时，该主题应分入 3/00 大组；对一点组也一样，例如：如果一个技术主题内容没有在 3/04 或 3/06 中被说明，或 3/04 或 3/06 包括不了时，则应分入 3/02 组中；对其他二点组、三点组技术主题等级结构的理解也一样。

在分类表的设置中，为了避免小组类名的重复，圆点也用来替代那些等级直接比它高一级的组的类名。

例如：

A47B 13/00　桌子或写字台的零件（抽屉入 A47B 88/00：一般家具的腿入 A47B 91/00）

A47B 13/02　·底架

A47B 13/04　··木制的

A47B 13/06　··金属制的

A47B 13/08　·桌面，其桌边（不限定于桌面的入 A47B 95/04）

A47B 13/10　··除圆形或四边形外的其他形状的桌面

A47B 13/12　··透明的桌面 A47B 13/14　··可拆卸的服务桌

A47B 13/16　··成为桌子部件的玻璃板、烟灰缸、灯、蜡烛等物的支座

**（二）IPC 使用**

**1. 发明技术主题的分类**

分类的主要目的是便于技术主题的检索。同一的技术主题都分到同一分类位置上，从而应能从同一的分类位置检索到，这个位置是检索该技术主题最相关的。

（1）发明信息与附加信息。专利文献中可以找到两种类型的信息。它们是"发明信息"和"附加信息"。分类号的选择规则对两种类型的信息

是相同的。

发明信息是某专利文献全部公开文本（例如，说明书、附图、权利要求书）中代表对现有技术的贡献的技术信息。就现有技术背景而言，发明信息是利用专利文献的权利要求所提供的指引来确定，并且应当关注说明书和附图。"对现有技术的贡献"是指专利文献中明确披露的所有新颖的和非显而易见的技术主题，该技术主题不代表现有技术的那部分，即专利文献中的技术主题与已经公知的所有技术主题集合之间的差异。

附加信息是非微不足道的技术信息，它本身不代表对现有技术的贡献，但对检索者而言却有可能构成有用的信息。附加信息通过确定，例如，组合物或混合物的构成部分、或者方法或结构的要素或组成部分、或者已经分类的技术主题的用途或应用，来补充发明信息。

（2）发明的技术主题。发明的技术主题可以指方法、产品、设备或材料（或它们的使用方法或应用方式）。

① 方法。包括：聚合、发酵、分离、成形、运送、纺织品处理、能量传递和转换、建筑、食品制备、试验、操作机器的方法及其作用方式、信息处理和传输。

② 产品。包括：化合物、组合物、织物、制造的物品。

③ 设备。包括：化学或物理工艺设备、各种工具、各种器具、各种机器、各种执行操作的设备。

④ 材料。包括：混合物的组分。

应当注意的是：一个设备，由于它是通过一种方法来制造的，可以看作是一件产品。但术语"产品"只是用来表示某一方法的结果，而不管该产品（例如某化学或制造方法的最终产品）其后的功能如何，而术语"设备"是与其某种预期的用途或目的联系在一起的，例如，用于产生气体的设备、用于切割的设备。材料本身就可以构成产品。

（3）发明技术主题的分类位置。国际专利分类力图保证与某发明实质上相关的任何技术主题都尽可能地作为一个整体来分类，而不是将它们的各组成部分分别分类。

专利文献中所涉及的发明的技术主题，或者是与某物的本质特性或功能相关，或者是与某物的使用方法或应用方式有关。

① 功能分类位置。一个"一般"的物，即以其本质特性或功能为特征；该物或者不依赖某一特定应用领域，或者即使忽略对应用领域的说明，在技术上也无影响，即该物不专门适用于在该领域的应用。

例1：F16K 包括以结构或功能方面为特征的各种阀，其结构或功能不依赖于流过的特定流体（例如，油）的性质，也不依赖于可能由该阀构成部件的任何系统的性质。

例2：C07 包括特征在于其化学结构而不在于其应用的有机化合物。

例3：B01D 包括一般过滤器。

② 应用分类位置。"专门适用于"某一特定用途或目的的物，即为给定用途或目的而改进或专门制造的物。例如：A61F 2/24 是专门适用于嵌入人体心脏中的机械阀的分类位置。

某物的特定用途和应用：例如，专门用于特定目的或与其他装置结合的过滤器分类在应用分类位置（例如，A24D 3/00，A47J 31/06）。

把某物合并到一个更大的系统中：例如，B60G 包括把板簧合并到车轮的悬架。

一些分类位置，例如小类，相对于分类表中其他分类位置并不总是绝对功能性或绝对应用性。例如：虽然 F16K（阀门等）和 F16N（润滑）两者都是功能性小类，但是 F16N 包括某些专门适用于润滑系统的阀门的应用性位置（F16N 23/00——单向阀的专门应用）。而反过来，F16K 也包括闸阀或滑阀润滑特性的应用性位置（F16K 3/36——与润滑有关的特性）。

此外，词语"功能分类位置"和"应用分类位置"并非绝对。所以一个特定位置可能比另一个位置更多具有功能性，但却比再另一个位置较少具有功能性。例如：F02F 3/00 涉及一般燃烧发动机的活塞，因而比明确指示燃烧发动机中的旋转式活塞的 F02B 55/00 更多具有功能性，但却比有关一般活塞的 F16J 较少具有功能性。

（4）发明技术主题的分类。准确认定与每一个发明实质相关的技术主题非常重要。发明信息经常仅涉及某一特定应用领域，应用分类位置旨在完全包括这类主题的分类。

当对一技术主题是应按功能分类还是按应用分类拿不定主意时，应注意下述几点：

（a）如果提到了某种特定的应用，但没有明确披露或完全确定，如果有功能位置的话，分类入功能位置。在宽泛地讲述了若干种应用的时候，也可以这样处理。

（b）如果主题的实质技术特征既与某物的本质属性或功能有关，又与其特定应用或与其专门适用于某较大系统或合并到某较大系统中有关，如果既有功能位置又有应用位置，则应既按功能位置分类又按应用位置分类。

（c）如果不能使用在上述（a）和（b）的指引，则既分类入功能位置也分类入相关的应用位置。

当对一较大系统（组合体）作为整体进行分类时，要注意新颖的和非显而易见的部件或零件。对该系统以及这些新颖的和非显而易见的部件和零件这二者都进行分类是必要的。

① 国际分类表类名没有明确包括的主题类别。如果对于这些类别之一，分类表类名并没有确定特定技术主题的准确分类位置，则使用现用于其他类别的最适当分类位置来进行分类。在这些情况下，尽管那些分类位置的类名没有直接指明该技术主题类别的适当位置，但是可以通过其他方式（诸如参见、附注、定义或分类表其他组所提供的类似主题）指明。在分类定义出现之处，对于分类表类名中没有指定的相关主题类别的适当分类位置，应当提供具体信息。

② 化学元素周期表。所有 IPC 的部没有相反指示时，所指化学元素周期系统是下表列出的八个族系。例如，C07F3/00 "含周期系统第 II 族元素的化合物"，所指的是表中 IIA 和 IIB 列的元素（见图 1-4-2）。

| Period | 1 IA | 2 IIA | 3 IIIB | 4 IVB | 5 VB | 6 VIB | 7 VIIB | 8 | 9 VIIIB | 10 | 11 IB | 12 IIB | 13 IIIB | 14 IVB | 15 VA | 16 VIA | 17 VIIA | 18 VIIIA |
|---|---|---|---|---|---|---|---|---|---|---|---|---|---|---|---|---|---|---|
| 1 | H | | | | | | | | | | | | | | | | | He |
| 2 | Li | Be | | | | | | | | | | | B | C | N | O | F | Ne |
| 3 | Na | Mg | | | | | | | | | | | Al | Si | P | S | Cl | Ar |
| 4 | K | Ca | Sc | Ti | V | Cr | Mn | Fe | Co | Ni | Cu | Zn | Ga | Ge | As | Se | Br | Kr |
| 5 | Rb | Sr | Y | Zr | Nb | Mo | Tc | Ru | Rh | Pd | Ag | Cd | In | Sn | Sb | Te | I | Xe |
| 6 | Cs | Ba | Lanthanides | Hr | Ta | W | Re | Os | Ir | Pl | Au | Hg | Ti | Pb | Bi | Po | Al | Rn |
| 7 | Fr | Ra | Actinides | Rf | Db | Sg | Bh | Hs | Mt | Ds | Rg | | | | | | | |

| | | | | | | | | | | | | | | | | | |
|---|---|---|---|---|---|---|---|---|---|---|---|---|---|---|---|---|---|
| Lanthanides | La | Ce | Pr | Nd | Pm | Sm | Eu | Gd | Tb | Dy | Ho | Er | Tm | Yb | Lu |
| Actinides | Ac | Th | Pa | U | Np | Pu | Am | Cm | Bk | Cf | Es | Fm | Md | No | Lr |

图 1-4-2 化学元素周期系统

③ 化合物。当发明主题涉及化合物本身（有机、无机或高分子）时，应根据其化学结构分类在 C 部。当它还涉及某一特定应用领域时，如果该应用领域构成发明主题的必要技术特征，还应将它分类在包括该应用领域的分类位置。但是，当化合物是已知的而发明主题仅涉及这种化合物的应用时，它仅分类在包括该应用领域的分类位置。

④ 化学混合物或组合物。当发明主题涉及化学混合物或组合物本身时，如果存在其化学组合物的分类位置，则根据化学组合物进行分类，例如，C03C（玻璃）、C04B（水泥，陶瓷）、C08L（有机高分子化合物的组合物）、C22C（合金）。如果不存在这样的分类位置，则根据它的用途或应

用来分类。如果用途或应用也构成发明主题的必要技术特征，则混合物或组合物根据其化学组成和其用途或应用二者进行分类。但是，当化学混合物或组合物是已知的并且发明的主题仅仅涉及其用途，那么只分类在包括用途领域的位置。

⑤ 化合物的制备或处理。当发明主题涉及化合物制备或处理的方法时，分类在该化合物的制备或处理方法的位置。如果不存在这样的位置，则分类在该化合物的位置。当从这种制备方法得到的化合物也具备新颖性的时候，则该化合物还要根据其化学结构进行分类。涉及多种化合物制备或处理的一般方法的发明主题，这种位置存在时，分类入所使用方法的各组中。

⑥ 设备或方法。当发明主题涉及设备时，如果存在该设备的分类位置，分类在该设备的分类位置。如果不存在这样的分类位置，将该设备分类在该设备所执行方法的分类位置。当发明主题涉及产品制作或处理方法时，分类在所执行方法的分类位置。当不存在这样位置时，分类在执行该方法的设备的分类位置。如果不存在产品制造的分类位置，则制造设备或方法分类在该产品的分类位置。

⑦ 制造的物品。当发明主题涉及物品时，将它分类在该物品的分类位置，如果不存在该物品本身的分类位置，则将它分类在适当的功能分类位置（即根据该物品所执行的功能），或者如果这样做不行，则根据其使用领域来分类。例如：当被分类的物品是专用于装订书本的胶水分配器时，它被分类在 B42C 9/00，它包括"上胶或涂专用于装订的黏合剂"。因为没有针对装订的胶水分配器的专有位置，所以被分类在其功能分类位置上，即"上胶"。

⑧ 多步骤方法、工厂设备。当发明主题涉及多步骤方法或工厂设备，且方法或工厂设备分别由多个处理步骤或装置的组合体组成时，应作为一个整体进行分类，即分类在包括这种组合体的分类位置，例如，小类 B09B。如果不存在这样一个分类位置，将它分类在由这种方法或工厂设备所获得的产品的分类位置。当发明主题也涉及该组合体的一种要素时，例如该方法的一个单独步骤或该工厂设备的机器，该要素也单独分类。

⑨ 零件、结构部件。当发明主题涉及技术主题的（例如，装置的）、结构的或功能的零件或部件时，应用下列规则：

I. 如果存在只适用于或专门适用于一种技术主题的零件或部件的位置，则分类在这种技术主题的零件的分类位置。

II. 如果不存在这样的分类位置，这些零件或部件分类在该技术主题的分类位置。

III. 如果存在可应用于一种以上不同技术主题的零件或部件的位置，分类在更一般性的零件位置。

IV. 如果不存在这样更一般性的分类位置，则这些零件或部件将按照其明确应用于所有种类的技术主题进行分类。

⑩ 一般化学式。大批有关联的化合物经常用一般化学式表达或要求专利权。一般化学式是以化合物的属的形式来表示，其中化学式的至少一个组成部分是从可选的特定集合中任意选择而来（例如，"马库什"型化合物权利要求）。当大量化合物在这些化学式的范围内并且可以独立地分类在大量分类位置时，使用一般化学式会造成分类问题。当这种情形发生时，仅仅对检索最有用的那些单个化合物进行分类。如果这些化合物是使用一般化学式说明的，遵循以下的分类程序：

步骤1：对所有新颖的和非显而易见的"完全确定"的化合物进行分类，如果它们是：本身明确要求专利权的或在组合物中的，或要求其方法专利权的产品，或上述两种化合物中任何一个的衍生物。被认为是"完全确定"的化合物是指：（a）结构是由准确的化学名称或化学式确定，或能够从其制备的指定反应物推导而来，而且从可选列表的选择不多于一种，和（b）该化合物以其物理性质为特征（例如：其熔点），或者通过提出了实际细节的实施例来描述其制备过程。仅由经验式确定的化合物不认为是"完全确定"的。

步骤2：如果没有公开"完全确定"的化合物，一般化学式分类在包括所有或大部分可能实施例最明确的组（组群）中。分类应当被限制在单一的组或非常少数的组中。

步骤3：除了上述强制分类以外，当该一般化学式范围内的其他化合物是有用的，可以进行非强制分类。

⑪ 组合库。对由许多化合物、生物实体（entities）或其他物质构成的集合可以用"库"的形式给出。一个库通常会包含极大数量的成员，因此如果分别分类到大量分类位置，将会不必要地增加检索系统的负担。所以仅将那些被认为是"完全确定"的单个成员，以与一般化学式化合物同样的方式，强制分类到最明确包括它们的组中，例如：C部中的化合物。将库作为一个整体分类到小类C40B的一个合适的组内。除了上述的强制分类，如果库的其他成员是重要的，也要进行非强制分类。

2. 多重分类与混合系统

根据专利文献的内容，其中所揭示的信息可能要求给出一个以上的分类号：例如，当不同类别的技术主题（即分类表提供了专门分类位置的方法、产品、设备或材料）构成发明信息时；当发明主题的基本技术特征涉及功能分类位置和应用分类位置二者时，需要对文献多重分类。当专利文献中的附加信息对检索有用时，为了指明这些附加信息，也推荐多重分类或结合引得分类。

（1）技术主题的多方面分类。多方面分类是多重分类的一种特殊类型。多方面分类应用于以其性质的多个方面为特征的技术主题，例如以其固有的结构和其特殊的应用和特性为特征的，只依据一个方面对这类技术主题分类将会导致检索信息的不完全。所给出的分类号不应当限于只包括被确定技术主题一个方面在分类表中一个或几个分类位置，还应当注意将可能需要分类的技术主题的其他并非微不足道的方面分类到分类表中更多的分类位置。

IPC 用附注来指明特别希望采用多方面分类的位置。按照所涉及技术主题的性质，这样的附注根据所指明的各个方面指定了该技术主题的强制分类；或者当希望增加专利检索的效率时，这样的附注包含了多方面分类的建议。

（2）二级分类表。对于一些技术主题，IPC 中提供了二级分类表。这些二级分类表用于根据本身已经强制分类在其他分类位置上的主题的另一方面进行强制补充分类。用于二级分类的这类分类表的例子有小类 A01P（化合物或制剂的杀生，害虫驱避，害虫引诱或植物生长调节活性）、A61P（化合物或药物制剂的治疗活性）、A61Q（化妆品或类似梳妆用配制品的使用）和 C12S（使用酶或微生物的方法）。

（3）混合系统及引得表。为了提高分类表的效力，在分类表中的特定区域内引入了混合系统的概念。混合系统只存在于 IPC 的高级版。

每一个混合系统由分类表和与其结合的补充引得表组成。引得表指明了分类位置未包括的方面。在混合系统内分类时，首先给出适合技术主题的所有分类号。然后，如果能够确定对检索目的有用的信息要素，可以添加与这些分类号中的一个或多个分类号结合使用的、引得表中的任何合适的引得码。

引得码具有与分类号类似的格式。在有分类表的小类中，引得表放置在分类表之后而其编号通常以数码 101/00 开始。某些 IPC 小类只用于引得的目的，与一个或几个小类的分类号结合使用，这是在它们的类名中指出的。引得小类所采用编号体系，通常与在分类表小类的引得码表中所使用的编号体系相同（见小类 F21W 和 F21Y）。但是有时其编号体系所包含的组号（例如 1/00），可能与那些标准分类号的组号相似（见小类 C10N、C12R、B29K、B29L）。

引得码只能结合分类号使用，在分类表中每一处可以用引得码的地方均由附注指明。同样，在每一个引得码表前面的附注、类名或导引标题指明这些引得码与哪些分类号结合。

为了便于表达，引得表尽可能以等级方式安排，某些表的这种编码方式使执行数据库检索时可以截断引得码。

例如，小类 C04B 中的部分引得表：

C04B103/00　　有效组分的作用或特性

C04B103/10　　·加速剂

C04B103/12　　··促凝剂

C04B103/14　　··速硬剂

C04B103/20　　·阻滞剂

C04B103/22　　··缓凝剂

C04B103/24　　··缓硬剂

C04B103/30　　·减水剂

（4）引得码的使用。引得码用于确定已经分类的发明技术主题的信息要素。

在对技术主题的两个或更多的信息要素进行引得时，应当使用包括该要素等级最低的引得码组。

在引得表大组中剩余主题的引得，限于对检索有用时使用。范围非常宽泛；一般的大组仅作为信息性标题使用，不应作为引得使用。

3. 选择分类位置的规则

（1）选择小类。首先确定相关的部，然后确定分部和大类。在选定的大类下，可以确定最令人满意的包括该主题的小类。

确定了小类后，可参考该小类类名之后出现的参见和附注以及其分类定义（如果有的话），核对其范围是否足够宽泛，是否足以包括待检索的技术主题。

（2）选择组。检查在所选定的小类中使用了下述 3 个一般分类规则（通用规则、最先位置规则和最后位置规则）中的哪一个，以及在其局部是否应用了任何特殊分类规则。

当（a）许多技术主题完全包括在小类表中的一个组中，将主题分入这个组而不考虑在小类中使用的一般分类规则；（b）如果专利文献中公开了两个或多个发明主题，则分别应用小类中使用的一般分类规则对每个主题进行分类；（c）如果发明主题的子组合体本身就是新颖的和非显而易见的，则按照小类中使用的一般分类规则对它单独进行分类。

只有技术主题被包括在小类中的两个或更多组的情况下，小类中使用的一般分类规则对于确定相关组或组群才是重要的。

（3）通用规则。通用规则是 IPC 分类表中的"默认"分类规则，并且应用在 IPC 没有指定优先分类规则或特殊分类规则的所有区域。

在 IPC 分类表中应用通用规则的区域不采用一般优先规则。但是，为了限制不必要的多重分类和选择最充分代表待分类技术主题的组也会采用优先原则，如技术主题复杂性较高的组优先于技术主题复杂性较低的组；技术主题专业化程度较高的组优先于技术主题专业化程度较低的组。

当对特征在于几个方面的技术主题进行分类时或当指定对检索有用的信息附加分类号时，采用多重分类原则。选定了适当小类后，（a）通过检查所有的组，确定是否它们中只有一个组包括待分类技术主题，如果是的话，应该对这个组实施步骤（c）；（b）确定了两个或更多的组包括待分类技术主题：如果指明了组之间的优先顺序，那么必须选择给予了优先的组；如果认为对检索有用，也可以选择其他具有较低优先级别的组来分类，然后应该对每个选定的组单独实施步骤（c）；（c）对每个其后等级的分类位置重复步骤（a），如有必要重复步骤（b），直到在下一等级没有一个小组包括该技术主题时为止。

如果分类表采用通用规则的区域没有包括用于组合体的特定分类位置，就根据它的子组合体进行分类。未被选定用于分类的子组合体应该考虑作为附加信息进行分类。

（4）优先规则。优先分类规则的目的是提高分类的一致性。与通用规则相反，优先规则在指定区域所有组之间给出一般优先规则。在适用这些分类规则的区域的第一位置前或较高等级位置，用附注明显地标示出如下内容。

① 最先位置规则。采用最先位置规则的区域，给出附注，如"在本小类/大组/小组中的每一等级，如无相反指示，分类入最先适当位置"。

根据这一规则，通过依次在每一缩排等级查找包括该技术主题任何部分的最先组的位置，直到在最低等级的合适缩排等级为分类选定小组，来为发明技术主题进行分类。当一篇专利文献中公开了多个特定的技术主题时，它们中的每个都分别应用最先位置规则。

当为发明主题选定合适小类位置后，使用下述程序用以确定更细的分类位置：（a）确定小类中至少部分包括该发明技术主题的最先大组；（b）确定该大组之下至少部分包括该发明主题的最先一点组；（c）经由连续缩排的各个等级的小组，重复前面步骤，直到确定包括该发明主题的最低等级的合适的（即带有最多数目的圆点）最先小组为止。

如果在分类表应用最先位置规则的区域没有提供组合体的专门分类位置，那么该组合体分类在至少包括其子组合体之一的最先组。

② 最后位置规则。采用最后位置规则的区域，给出附注，如"在本小类/大组/小组中的每一等级，若无相反指示，分入分类表中最后的适当位置"。

根据这一规则，通过依次在每一缩排等级查找包括该主题的任何部分的最后组，直到在最低等级的合适的缩排等级位置为分类选定小组，来为发明技术主题进行分类。当专利文献中公开了几个特定的技术主题时，它们中的每个都分别应用最后位置规则。

当选定合适的小类后，使用下述程序用以确定更细的分类位置：（a）确定在小类中至少部分包括该发明主题的最后大组；（b）确定该大组下面至少部分包括发明主题的最后一点组；（c）经由连续缩排的各个等级的小组，重复前面的步骤，直到确定了该包括发明主题的最低等级的合适的（带有最多数目的圆点）最后小组为止。

如果在分类表应用最后位置规则的区域没有提供组合体专门分类位置，那么该组合体分类在至少包括其子组合体之一的最后组。

（5）特殊规则。凡是使用特殊分类规则的区域，都在相关分类位置用附注清楚地指明，如小类 C08L 类名（高分子化合物的组合物）后面的附注 2（b）指明：在本小类中，组合物依据高分子组分或以最高比例出现的组分分类；若所有这些组分以相同的比例出现，该组合物按照这些组分中的每一种组分进行分类。

4. 专利文献中分类号和引得码的表示

分类号和引得码的顺序如下：

（a）代表发明信息的分类号，将其中那个最充分代表该发明的分类号列于首位。

（b）代表附加信息的分类号。

（c）引得码。

将分类号和引得码以一列或更多列的表格形式表示，而一列的各行只有一个分类号或引得码。

当使用 IPC – 2006 版以后版本的高级版分类表对同一篇文献进行分类时，IPC 分类号和版本号表示的示例如下：

Int. Cl.

***B60K 5/00*** （2006.01）（斜体表示高级版，黑体表示发明信息）；

***B60K 6/20*** （2007.10）（斜体表示高级版，黑体表示发明信息）；

*H04H 20/48* （2008.01）（斜体表示高级版，普通字体即非黑体表示附加信息）。

对于 IPC 第七版之前的早先版本，通常在 "Int. Cl." 缩写之后，以阿拉伯数字上标的方式指明。因此，对按照第七版分类的文献，缩写为 Int. Cl.[7]。但对按照第一版分类的文献，并没有阿拉伯数字上标显示，仅仅标识为 Int. Cl.。

## 二、其他专利分类法

尽管大多数国家在其公布的专利文献上都采用国际专利分类号，但是在审查专利申请进行专利文献检索中，为了提高检索工作的有效性，有些专利局仍然沿用本局的内部分类系统，并且还在不断地研究、发展。现概要介绍最具代表性的几个内部分类系统。

### （一）欧洲专利局专利分类系统

欧洲专利局内部用于检索的分类系统有：

——ECLA（EPO Classification）分类系统，基于在 IPC 分类系统下细分的系统。

——IdT（Indeling der Techniek）分类系统，即前荷兰专利局的分类系统。

——ICO 引得码（indexing codes）系统，仅用于计算机检索。

这里将着重介绍 ECLA 分类系统，可通过网址 http：//v3. espacenet. com/eclasrch? classification = ecla&locale = en-EP 对分类系统进行浏览和检索。

1. ECLA 的建立

1968 年以前，前国际专利研究所 IIB（Institut International des Brevets），后被 EPO 接收，采用荷兰专利局的 IdT 分类系统。IdT 分类系统主要是根据德国专利局的分类系统建立。

1968 年 9 月 1 日，当 IPC 第 1 版生效后，IIB（后来 EPO 继续做）决定将其检索文档的分类系统从 IdT 系统转入在 IPC 系统之下继续细分，建立了 ECLA 系统。

由于 IdT 系统与 IPC 系统有很大的不同，但为了保证检索文档的分类质量，决定在一定时间内，对不同的技术领域，逐步关闭 IdT 系统。即逐步将 IdT 系统的文献按 ECLA 系统重新分类。从那时起，新专利文献就根据 ECLA 进行分类，（除 IdT 未关闭部分的技术领域）。多年来，已组织审查员对大量的文献重新分类，或者审查员在检索工作中逐步对文献重新分类，现在 90% 以上的 IdT 文献都已经根据 ECLA 分类。从 1991 年起，全部新专利文献只根据 ECLA 系统分类（即意味着 IdT 系统全部关闭）。

2. ECLA 的编排及等级结构

ECLA 系统的分类原则是以国际专利分类（IPC）为基础的，分类位置的编排设置与 IPC 基本相同，ECLA 的八个部与 IPC 一样，ECLA 的类名、类号、参见、附注、分类规则、分类方法等都可引用 IPC 的相关定义。例如：

部　　　　A
大类　　　A01
小类　　　A01B
大组　　　A01B1/00
小组　　　A01B1/02

分类的目的是为了检索方便，分类系统必须适应高效检索工具的需要。IPC 修订周期较长，不能适应科学技术的发展，在某些活跃的技术领域集中了过多的文献，所以 ECLA 随着技术的发展不断修改，从而形成一个动态的分类体系。ECLA 系统一般是每组的专利文献保持在 100 件以内，否则就对这个小组细分。其次是对有些分类位置的技术主题概念定义不清或定义过时、不利于有效检索的分类条目，需经调整后再使用或者完全不使用。

例如：

A01D25/00 挖掘甜菜类作物的机械

A01D25/00B 　　·［N：起重机的辅助装置］

A01D25/02 　　·带刚性工作部件的机械

A01D25/04 　　·带移动式或旋转式工作部件的机械

A01D25/04B 　　··［N：带驱动工作部件］

A01D25/04B1 　　···［N：带驱动旋转工作部件］

A01D25/04B2 　　···［N：带振荡工作部件］

A01D25/04B3　···〔N：带循环链的〕

从上例中可以看出，ECLA 分类表中，内部细分，增设的小组符号由英文字母顺序（一个字母）和数字（最多三位数字）组成。方括号中的短语是该小组的类名，并用"N："表示 ECLA 的内部细分类。

在 ECLA 系统中，对 IPC 的某些组增加了内容，指出了包括哪些主题，不包括哪些主题，所增加的技术主题内容也放在符号〔N：〕内。

例如：

A01B17/00　带专用附属装置的犁，如带土下施肥工具、碎土器的（A01B49/00 优先；耕整底土的犁入 A01B13/08）〔N：破碎下层土壤的装置〕

ECLA 系统中也可增加参见，其作用与 IPC 中参见作用相同，可以用于指示优先、指引有关技术主题等。

例如：

E06C1/00　一般梯子（安装在底架或车辆上的入 E06C5/00；永久性地装在固定结构上的入 E06C9/00）

E06C1/02　·有纵向固定部件的或杆件的

E06C1/34　··可以装设在建筑物构件，如窗，挑檐，支杆或类似物上的梯子（〔N：（E06C9/12 优先）〕；永久性固定在结构物上的梯子入 E06C9/00）

E06C1/36　···用钩子或其他类似物悬挂的梯子〔N：（梯钩入 E06C7/50）〕

ECLA 系统也增加内部的附注，也放在符号〔N：〕中表示。

例如：

A01N 49/00　杀生剂、害虫驱避剂或引诱剂，或植物生长调节剂……

〔N：附注：A01N 49/00 组也含昆虫激素〕

再如：

A23L 1/00　食品或食料；它们的制备或处理（一般保存入 A23L 3/00；〔N：机械方面入 A23P〕）

A23L 1/03　·含有添加剂（A23L1/05，A23L1/30，A23L1/308 优先）

〔N：附注：本组中若无相反的指示，分类入最后适当位置〕

3. ECLA 与 IPC 的不同与修订

（1）ECLA 系统中没有 IPC 的某些类目。

（2）有极少数的 IPC 小组没有在 ECLA 系统中使用，在 ECLA 系统指出这些小组的技术主题由下列的 ECLA 小组所包括，例如：A61L33/10 包含在 A61L33/00H2，A61L33/14 包含在 A61L33/00H2，A61L33/16 包含在 A61L33/00H3。

（3）ECLA 有极少数组也未在当前 IPC 本版中使用。这样的组都用符号［N：IPCn］表示。

例如：

E21C 43/00［N：IPC4］用于地下煤气化的制备方法（产生气体的方法入 C10B）；

A01B 76/00［N：IPC8］在组 A01B 51/00 至 A01B 75/00 中不包含的农业机械或农具的其他部件、零件或附件［N0509］；

［N0509］表示该大组是 2005 年 9 月在 ECLA 系统中新建立的组，并已开始使用。［N：IPC8］表示此大组将在 IPC8 版中被采用，成为新的大组，而在当时的 IPC7 版没有此大组。

（4）ECLA 的修订日期的表示。

例如：

F28F 1/00　管件；管件的组件

F28F 1/02　·非圆形界面的管件（F28F 1/08，F28F 1/10 优先）

F28F 1/02B　··［N：带有多个通路的］［N9912］［C0509］

［N9912］　表示 1999 年 12 月新建立的小组。

［C0509］　表示于 2005 年 9 月最后变化确定。

（5）ECLA 中的修订信息。

例如，从下面指示的日期开始，下列组将从分类表中删除，这些组中的文献将转入相应的新组中：

G06F11/14B 转入 G06F11/14S 及下位组［2010.02］

G06F11/14B2 转入 G06F11/14T［2010.02］

### （二）美国专利分类法

1830 年前，美国的专利文献按年代顺序排列，1831 年首次颁布了专利分类法。当时只是将不同的技术领域分成 16 个组，将所有的专利文献按 16 组分类，并在文献上标上分类号，直到 1837 年才制定了新的分类表，设置 22 个大类。180 多年以来，随着技术的发展，分类表不断修改完善，逐渐形成一套仅用于美国专利与商标局的分类体系。按照该分类体系，编排分类检索文档，供审查检索使用。直到 1969 年 1 月 7 日，美国专利与商标局在其出版的专利说明书及公报上标注与本国专利分类相对应的国际专利分类号。

1. 分类表

分类表的设置在实践中得到不断的发展，形成按技术主题功能分类的分类系统。以前，曾经根据应用技术行业和设备的用途划分技术主题的分类位置。将一定技术领域的全部相关设备分类到一个合适的分类位置。一些最早的大类就基于这个原理，那些大类号一直沿用至今，例如养蜂业，屠宰业等等。

目前的分类表有 450 个大类，设定大类序号从 002 至 987，其中有许多空缺号码。全部小类约 15 万个，是目前世界上较详细的分类系统之一。可通过网址 http：//www. uspto. gov/web/patents/classification 获得分类表及相关电子资料。

分类系统共分两个等级——大类，小类。

大类——将类似的技术范围设置成大类，有大类类名和类目。

小类——在大类下的继续细分，即根据不同的技术主题又划分成不同级别的小类，并以缩位点表示，在每一个大类中，小类的排列由大类表确定。在其下的任何小类的类目和定义进一步地被大类标题和定义所限定。

美国分类号的等级：美国分类号为"大类号/小类号"形式，单从这种形式看不出分类等级和上下位关系，而分类等级和上下位关系只有通过查看详细分类表才能了解，现举例说明（见表 1 - 4 - 1）。

表 1 - 4 - 1　美国专利分类表

| 大类 | 5 | 床 |
|---|---|---|
| …… | | |
| 二级小类 | 12.1 | 沙发床 |
| 三级小类 | 12.2 | ·可拆卸沙发床（Knockdown sofa bed） |
| …… | | |
| 三级小类 | 17 | ·可伸展的（Extension） |
| 四级小类 | 18.1 | ··滑动部件（Slidable section） |
| 五级小类 | 19 | ···前后都可滑动（Front and back extension） |
| 五级小类 | 20 | ···带旋转的滑动（Slide with rotation） |
| 五级小类 | 21 | ···水平面的改变（Change of level） |

在大类 5 "床"下面的细分是小类，其中没有圆点的称为二级小类如 12.1，有一个圆点的称为三级小类，有两个圆点的称为四级小类，依次类推。

下位类从属于离它最近的上位类，下位类的含义要结合离它最近的上位类的类名来考虑。小类 19 从属于小类 18.1，而小类 18.1 从属于小类 17。如美国专利分类号 5/19 的完整含义应该是 5（大类）＋12.1（二级小类）＋17（三级小类）＋18.1（四级小类）＋19（五级小类）共五级组成，应理解的类名是"前后都有滑动部件的可伸展的沙发床"。

随着技术的发展，技术内容的增加，美国的分类原则逐渐改为优先考虑"最接近的功能"的分类原则。"最接近的"表示基本的、直接的、或必要的功能。因此"最接近的功能"意味着通过类似的自然法则，作用于类似的物质或物体，可以获得类似的效果的工艺方法、产品装置等集中在同一类目中。也就是说，这种分类原则不管被分类的对象的用法如何，只要能得到一个相似结果的装置或工艺过程，都分在同一类中。例如，将热交换装置设置成一个分类位置。牛奶冷却器、啤酒冷却器等都在这个类目中。在这个热交换技术范围内，再根据热交换的其他技术特征再进行进一步的细分类。在这样的功能分类位置就可对该技术主题本身进行完整的检索。

2.《专利分类表定义》

美国专利分类定义是对分类表的补充说明，详细描述其分类体系中所有大类及小类所包括的技术范围，并通过附注对使用者指出相关的分类位置。

小类的分类定义必须根据大类的定义，任何原始小类的分类定义都从属于它上一等级小类的分类定义，分类定义的作用与 IPC 中的各种参见、附注的作用近似，但分类定义更为全面。

例如：美国专利分类的 26 大类，其类名是：纺织品、织物的整理；其分类定义是："本类为纺织品纤维的处理以及其后续，使其有良好的市场效果。由于在整理皮毛的过程中，皮毛修整与织物的表面纤维或纱线的处理，特别是绒毛纤维的处理类似，因此皮毛修整设置在本大类的 15 小类及其下属小类中。另外拉伸塑料薄膜的设备，与纤维的拉伸设备，在功能上是类似的，前者也被置于本大类的 54 小类及其下属小类中。然而拉伸塑料薄膜的过程，应分入 264 大类（塑料及非金属制品的成型及处理）。纺织品及纤维的漂白、染色、洗涤及化学处理过程入 8 大类。染色及漂白，纺织品及纤维的水处理及化学处理，织物纤维的水处理设备入 68 大类，等等。"

在许多分类定义中都设置有附注，这些附注一般通过解释词或举例来补充分类定义。

3.《分类索引》

为了帮助使用者尽快地查阅分类表，在分类表的相关位置准确地确定分类号，《分类索引》起到了辅助分类工具的作用。

分类索引的组成：在索引的前部有一个按英文 26 个字母顺序排列的大类表，正文部分是分类索引。分类索引是由 65 000 多个按英文字母顺序排列的技术名词，在这些技术名词之下，将有关的类目列出。《分类索引》只起引导作用，使用者根据主题词尽快查到相关技术主题的分类位置，然后再查阅美国专利分类表，确定准确的分类号。索引将相关的技术主题类号归结在一起，以便使用者了解相关技术主题的所有类号，便于选择。

4.《分类表修正页》

分类表的修正页在一年中随时都可以公布，它是一个关于美国专利分类系统修改变化的报告，其报告内容如下：

* 报告分类表的变化情况，修改的部分如删除、转走的大类、小类、新建立的大类等。

* 小类分类定义的变化，以支持大类、小类的变化所引起的分类位置的变化，如建立新的分类定义，或者对原有分类定义作进一步修改、补充、完善。

* 告知删除小类的文献已经转入新建立的小类或已有的小类中。列出新建立的小类和 IPC 相关小类的对照表。

**（三）日本专利分类法**

日本专利分类法是日本专利局的内部分类系统。审查员用其分类系统对专利申请分类或检索，也将其分类号公布在日本的专利文献上。公众可以从互联网上进入日本专利局数字图书馆（英文版分类表的网址为 http：//www. ipdl. inpit. go. jp/homepg_e. ipdl），用日本专利分类检索日本专利文献，为此在这里仅概要介绍日本专利分类法的基本情况，日本专利分类法分为 FI（File Index）系统和 F-term（File Forming Term）系统。

1. FI 分类系统

FI 系统是基于在 IPC 分类下的继续细分类系统，FI 系统共计有 19 万多个细分类（其中包括 IPC 小组约 6.9 万个，在 IPC 下的内部细分类 12 万多个）。

FI 系统分类号的构成如下。

（1）细分号。在 IPC 小组下的细分类，称为细分号，由三位数字组成。

例如：

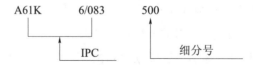

（2）文档细分号。将 IPC 的某些小组细分或对细分号的再次细分类号称为文档细分号，文档细分号用一个英文字母表示。

例如：

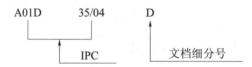

例如：H04B 1/034 · · 便携式发射机

A 一般的

B 用于无线麦克风

C 用于遥控（主要在 H04Q 9/00）

L 用于事故或营救

Z 其他

FI 文档细分号

细分号和文档细分号都存在。

例如：

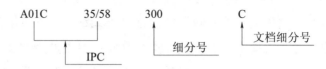

（3）方面分类号。在某些 FI 小类中，从技术主题的不同技术特征设置了分类号，与该小类中的若干组联用，该类分类号，称为方面分类号，它由三个英文字母组成，其中第一个字母与其适用的"部"的分类号一致。

例如，G01N 是有关"借助于测定材料的化学或物理性质来测试或分析材料"的小类，在 FI 中指出了与 G01N30/00 至 G01N31/22 各组联用的方面分类号，包括：

GAA　无机物质的检测

GAB　有机物质的检测

GAD　·碳的

GAE　·氮的

GAF　··氨

GAG　··氧化氮

GAH　·硫磺的

GAJ　·氧、臭氧、过氧化物

GAK　·金属离子

GAL　·卤素

有些方面分类号可以适用于所有部，将这种分类号称为“广泛方面分类号”（Broad-Facet），这种分类号以字母“Z”开头。例如：

ZAA　超导性

ZAB　环境保护技术

FI 在日本专利文献上的表示如图 1－4－3 所示。

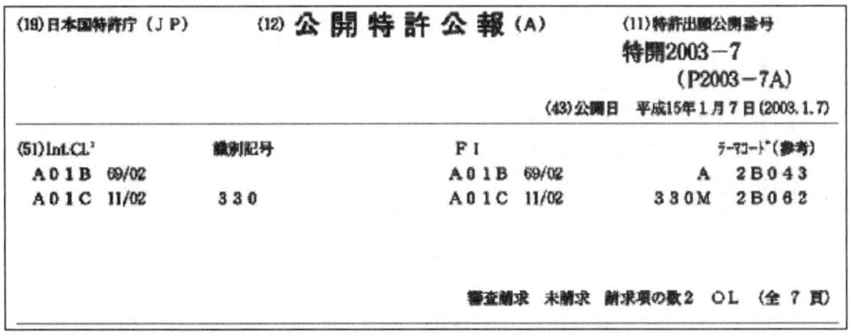
(19)日本国特許庁（JP）　(12)公開特許公報(A)　(11)特許出願公開番号
特開2003－7
(P2003－7A)
(43)公開日　平成15年1月7日(2003.1.7)

| (51)Int.Cl.7 | 識別記号 | FI | テーマコード(参考) |
| --- | --- | --- | --- |
| A01B 69/02 | | A01B 69/02 | A 2B043 |
| A01C 11/02 | 330 | A01C 11/02 | 330M 2B062 |

審査請求　未請求　請求項の数2　OL　(全 7 頁)

图 1－4－3　FI 在日本专利文献上的表示

2. F-term

F-term 是专门用于计算机检索的分类系统，是从技术主题的多个角度考虑分类类目，也从多个角度限定需检索单位的文献量。例如：从技术主题的多个技术观点，如用途、结构、材料、方法、类型等。至今 F－term 已归类有 2 900 个左右技术主题范围。这些技术主题对应于 IPC 分类中相同的技术领域，并设置一个主题属于 F-term 的一个组，称为 F－term 主题表。例如，3B033（糖果点心类）部分主题表见表 1－4－2。

表 1 - 4 - 2　F-term 主题表

4B014：糖果点心类 对应于 A23 G1/00 - 9/30

| GB | GB00<br>类型 | GB01<br>·巧克力 | GB02<br>··用于涂层 | GB03<br>···用于冰冻食品 | GB04<br>·巧克力蛋糕 | …… |
| GE | GE00<br>形状（即外观和形状），内部结构和包装容器 | GE01<br>·外观和结构 | GE02<br>··多层的 | GE03<br>···整个涂层的 | GE04<br>··中空的 | …… |
| GG | GG00<br>材料 | GG01<br>·谷类 | GG02<br>··面粉 | GG03<br>··米粉 | GG04<br>··玉米（包括玉米面和蜡质玉米淀粉） | …… |
| GK | GK00<br>使用添加剂 | GK01<br>·调味品 | GK02<br>··咸味调料 | GK03<br>··甜味调料 | GK04<br>··酸味调料 | …… |
| GL | GL00<br>添加物 | GL01<br>·无机化学材料 | GL02<br>··无机的 | GL03<br>·有机化合物 | GL04<br>··有机酸的 | …… |
| GP | GP00<br>常规处理 | GP01<br>·搅拌、混合以及添加 | GP02<br>··搅拌 | GP03<br>··旋转或柔捏被压在漏斗或制作台上的材料 | GP04<br>··加入泡沫 | …… |
| GQ | GQ00<br>成型处理 | GQ01<br>·切断 | GQ02<br>·分层 | GQ03<br>·表面处理 | GQ04<br>··装饰 | …… |

……

　　F-term 的应用是从专利文献中取出有关的词语输入计算机系统中，检索时，再用 F-term 的检索词进行检索，得到命中的所需文献信息。

　　如下用图形表示 IPC、FI 和 F-term 的关系（见图 1 - 4 - 4）。

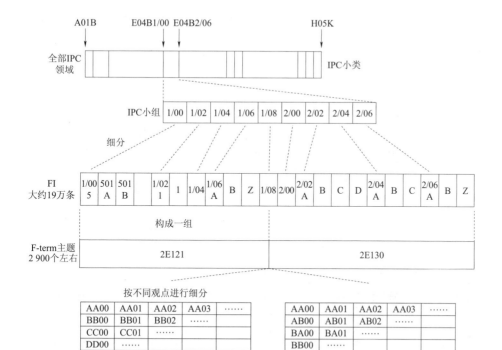

图 1 - 4 - 4 IPC、FI 和 F-term 之间的关系示意图

## 三、外观设计分类法

### （一）国际外观设计分类法

1. 国际外观设计分类法的产生

1968 年 10 月 8 日，在瑞士洛迦诺举行的巴黎公约成员国外交会上，通过了《建立工业品外观设计国际分类协定》，也称《洛迦诺协定》，从而建立了国际外观设计分类体系，制定了国际外观设计分类表。该协定于1971 年 4 月 27 日生效。目前共有 52 个国家实施《洛迦诺协定》，另有 8个国家签署了《洛迦诺协定》，如表 1 - 4 - 3 所示。

表 1 - 4 - 3 《洛迦诺协定》国家签署或实施表

| 国 家 | 状态 | 生效日期 |
|---|---|---|
| 阿尔及利亚（Algeria） | 签署 | — |
| 阿根廷（Argentina） | 实施 | 2009.5.9 |
| 亚美尼亚（Armenia） | 实施 | 2007.7.13 |

续表

| 国　　家 | 状态 | 生效日期 |
|---|---|---|
| 奥地利（Austria） | 实施 | 1990. 9. 26 |
| 阿塞拜疆（Azerbaijan） | 实施 | 2003. 10. 14 |
| 白俄罗斯（Belarus） | 实施 | 1998. 7. 24 |
| 比利时（Belgium） | 实施 | 2004. 6. 23 |
| 波斯尼亚和黑塞哥维那（Bosnia and Herzegovina） | 实施 | 1992. 3. 1 |
| 保加利亚（Bulgaria） | 实施 | 2001. 2. 27 |
| 中国（China） | 实施 | 1996. 9. 19 |
| 克罗地亚（Croatia） | 实施 | 1991. 10. 8 |
| 古巴（Cuba） | 实施 | 1998. 10. 9 |
| 捷克斯洛伐克共和国（Czech Republic） | 实施 | 1993. 1. 1 |
| 朝鲜民主主义人民共和国（Democratic People's Republic of Korea） | 实施 | 1997. 6. 6 |
| 丹麦（Denmark） | 实施 | 1971. 4. 27 |
| 爱沙尼亚（Estonia） | 实施 | 1996. 10. 31 |
| 芬兰（Finland） | 实施 | 1972. 5. 16 |
| 法国（France） | 实施 | 1975. 9. 13 |
| 德国（Germany） | 实施 | 1990. 10. 25 |
| 希腊（Greece） | 实施 | 1999. 9. 4 |
| 几内亚（Guinea） | 实施 | 1996. 11. 5 |
| 罗马（Holy See） | 签署 | — |
| 匈牙利（Hungary） | 实施 | 1974. 1. 1 |
| 冰岛（Iceland） | 实施 | 1995. 4. 9 |
| 伊朗（伊斯兰共和国）（Islamic Republic of Iran） | 签署 | — |
| 爱尔兰（Ireland） | 实施 | 1971. 4. 27 |
| 意大利（Italy） | 实施 | 1975. 8. 12 |
| 哈萨克斯坦（Kazakhstan） | 实施 | 2002. 11. 7 |
| 肯尼亚（Kenya） | 签署 | — |
| 吉尔吉斯坦（Kyrgyzstan） | 实施 | 1998. 12. 10 |
| 拉托维亚（Latvia） | 实施 | 2005. 4. 14 |
| 列支敦士登（Liechtenstein） | 签署 | — |
| 卢森堡（Luxembourg） | 签署 | — |

续表

| 国　　家 | 状态 | 生效日期 |
|---|---|---|
| 马拉维（Malawi） | 实施 | 1995. 10. 24 |
| 墨西哥（Mexico） | 实施 | 2001. 1. 26 |
| 摩纳哥（Monaco） | 签署 | —— |
| 蒙古（Mongolia） | 实施 | 2001. 6. 16 |
| 黑山（Montenegro） | 实施 | 2006. 6. 3 |
| 荷兰（Netherlands） | 实施 | 1977. 3. 30 |
| 挪威（Norway） | 实施 | 1971. 4. 27 |
| 葡萄牙（Portugal） | 签署 | —— |
| 韩国（Republic of Korea） | 实施 | 2011. 4. 17 |
| 摩尔多瓦共和国（Republic of Moldova） | 实施 | 1997. 12. 1 |
| 罗马尼亚（Romania） | 实施 | 1998. 6. 30 |
| 俄罗斯（Russian Federation） | 实施 | 1972. 12. 15 |
| 塞尔维亚（Serbia） | 实施 | 1992. 4. 27 |
| 斯洛伐克（Slovakia） | 实施 | 1993. 1. 1 |
| 斯洛文尼亚（Slovenia） | 实施 | 1991. 6. 25 |
| 西班牙（Spain） | 实施 | 1973. 11. 17 |
| 瑞典（Sweden） | 实施 | 1971. 4. 27 |
| 瑞士（Switzerland） | 实施 | 1971. 4. 27 |
| 塔吉克斯坦（Tajikistan） | 实施 | 1991. 12. 25 |
| 前南斯拉夫（The former Yugoslav Republic of Macedonia） | 实施 | 1991. 9. 8 |
| 特立尼达和多巴哥（Trinidad and Tobago） | 实施 | 1996. 3. 20 |
| 土耳其（Turkey） | 实施 | 1998. 11. 30 |
| 土库曼斯坦（Turkmenistan） | 实施 | 2006. 6. 7 |
| 乌克兰（Ukraine） | 实施 | 2009. 7. 7 |
| 英国（United Kingdom） | 实施 | 2003. 10. 21 |
| 乌拉圭（Uruguay） | 实施 | 2000. 1. 19 |
| 乌兹别克斯坦（Uzbekistan） | 实施 | 2006. 7. 19 |

《洛迦诺协定》旨在对巴黎公约成员保护的外观设计，在分类管理上进行统一的规范管理，以便于分类定题查找，更有效地利用外观设计专利文献，也避免在国际交换外观设计文献时，因各国分类体系不同而带来的

重新分类问题。因此，根据《洛迦诺协定》，要求各缔约国的工业产权局在其所公布的外观设计保存或注册的官方文件上以及在正式公布这些文件时在有关刊物上标明国际外观设计分类号。

《洛迦诺协定》建立了一个专门联盟——"洛迦诺联盟"，由加入该协定的所有国家组成。该联盟还组成"专家委员会"，由专家委员会定期修订国际外观设计分类表。

国际外观设计分类表用英文和法文两种文本出版，两种文本具有同样的权威性，根据《洛迦诺协定》规定，分类表的正式版本还可以用其他文种出版，如中文版的外观设计分类表。现在使用的是第9版，已于2009年1月1日生效。

2. 各国应用的情况

中国于1996年6月17日向WIPO申请加入《洛迦诺协定》，并于1996年9月19日正式批准生效，之后国家知识产权局专利局一直采用洛迦诺分类法对外观设计专利申请进行分类，给出合适的分类号，并标示在公开的外观设计专利文献上。分类号的表示形式是：大类号、小类号、英文版产品系列号。

例如，"汽车"的分类号是12—08—A0224，其中：

"12"表示大类号，类名是：运输或提升工具；

"08"表示小类号，类名是：汽车、公共汽车和货车；

"A0224"表示在此小类下的英文版产品系列号，类名是：汽车

目前外观设计专利文献上，只标出大类号和小类号。

有的国家在采用洛迦诺分类法时，在分类号的表示方法上略有不同。例如：法国、捷克、挪威、日本、美国只用大类号和小类号表示，汽车的分类号只用12—08表示。但有的则在大类号和小类号后面跟上一个英文版产品系列号的一个英文字母，例如：汽车的分类号用12—08A表示，这样的国家如澳大利亚。

根据《洛迦诺协定》，洛迦诺联盟的每一国家保留将洛迦诺分类法作为主要的或作为辅助的分类体系使用的权利。这意味着洛迦诺联盟国家有自由采用洛迦诺分类法作为工业品外观设计分类或仍然维持本国现有关于工业品外观设计的分类法，而把洛迦诺分类法作为辅助分类法，一并记载在外观设计的文献上。

专利局收藏的外观设计文献，如奥地利、澳大利亚、瑞士、捷克、德国、法国、英国、日本、挪威、俄罗斯（苏联）、泰国都采用洛迦诺分类

号标注在外观设计的文献上。日本在意匠文献上除用本国外观设计分类号外，于 1998 年 4 月也开始采用洛迦诺分类号，美国于 1997 年也开始采用洛迦诺分类号标注在美国外观设计文献上，同时也标注本国的外观设计分类号。

3. 分类表的编排、等级结构、表示方法

洛迦诺分类表的编排结构采用两级分类制，即由大类和小类组成。用阿拉伯数字按顺序编排，并有英文版产品系列号及法文版产品系列号。

第 9 版外观设计分类表由 32 个大类，223 个小类，7 024 个条目组成。每一个大类分成若干个小类。

例如：17 类　　　　　乐器

　　　大类号：17 类

　　　大类类名：乐器

例如：17—03　　　　　弦乐器

　　　小类号：17—03

　　　小类类名：弦乐器

　　　"洋琴"的产品系列号：

　　　D0356　　　英文版产品系列号

　　　T0462　　　法文版产品系列号

洛迦诺分类号的表示方法是用符号"Cl."表示，例如：Cl. 01—02。

也可以用缩写符号"LOC"（Locarno 洛迦诺）表示，并用圆括号内的阿拉伯数字表示分类号所在的版次。例如：LOC（9）Cl. 08—05。

**（二）欧洲共同体外观设计分类法（欧洲洛迦诺分类）**

对于任何一件注册式共同体外观设计的申请和注册，主要并且强制性的部分是为外观设计所使用或组合的产品定名（清晰地指明产品的自然属性，且每一项产品应属于同一类别）。必要时，这些信息交由位于卢森堡公国的欧盟翻译中心进行翻译。OHIM（Office for Harmonization in the Internal Market，内部市场协调局）需等待大约两个月的时间收到翻译，这与外观设计注册程序相冲突，因为外观设计注册程序必须快捷，以尽早提供有效保护。为了缓解这一问题，OHIM 使用一种被命名为欧洲洛迦诺分类（EUROLOCARNO）的产品术语表。

欧洲洛迦诺分类实际上是 OHIM 的一个外观设计分类数据库，在洛迦诺分类的基础上形成，不改变其分类结构，只是扩展了洛迦诺分类表中的产品名称（共 32 个大类，88 000 个术语）。因此，该数据库实际上是按照洛迦诺分类的一个附加产品术语表，但稍有区别。

例如：

洛迦诺分类"03—04 扇子"下的产品只有 1 项：个人使用的扇子。

欧洲洛迦诺分类下有两项产品：手扇，个人使用的扇子。

而且在数据库中每种产品共有 22 种语言的术语表，例如"个人使用扇子"的术语表（见表 1 - 4 - 4）。

表 1 - 4 - 4　"个人使用扇子"的术语表

| 序号 | 语言 | 产品指示 |
|---|---|---|
| 1 | Bulgarian | Ветрила |
| 2 | Spanish | Abanicos |
| 3 | Czech | Vějíře k osobnímu použití |
| 4 | Danish | Vifter til personlig brug |
| 5 | German | Fächer |
| 6 | Estonian | Lehvikud isiklikuks kasutamiseks |
| 7 | Greek | Βεντάλιε (ριπί δια) |
| 8 | English | Fans for personal use |
| 9 | French | éventails |
| 10 | Italian | Ventagli |
| 11 | Latvian | Personīgās lietošanas vēdekļi |
| 12 | Lithuanian | Asmeninio naudojimo Asmenines vduokls |
| 13 | Hungarian | Legyezök személyes használatra |
| 14 | Maltese | Fannijiet għall-użu personali |
| 15 | Dutch | Waaiers |
| 16 | Polish | Wentylatory do osobistego użytku |
| 17 | Portuguese | Leques |
| 18 | Romanian | Evantaie de uz personal |
| 19 | Slovak | Vejáre pre osobné použitie |
| 20 | Slovene | Ventilatorji za osebno uporabo |
| 21 | Finnish | Viuhkat henkilökäyttöön |
| 22 | Swedish | Solfjädrar |

申请人在递交申请时可使用这一术语表，指出产品所属类目，以避免翻译的时间延误。

**（三）美国外观设计分类法**

1842 年，美国通过一项对工业品外观设计保护的专利法案，成为专利法的一个组成部分。并在每周公布的公报上公告授权的外观设计专利，也记录在光盘载体中供大家查阅。其中的著录项目有涉及主题的分类号，在1997 年 5 月 6 日之前，美国只采用本国的外观设计分类号（US. C1）表示，在此之后，既采用 US. C1，又采用洛迦诺分类号。

美国专利商标局对外观设计专利申请要进行形式审查和实质审查，如外观设计的产品具有装饰性、新颖性和非显而易见性，根据美国专利法的规定，授予外观设计专利。因此，为了向审查员提供一个有效的外观设计专利文献的检索手段，科学地管理大量的外观设计专利文献而制定的外观设计分类法显得尤为重要。

美国为了鼓励发展装饰艺术，专利法规定，可获专利权的外观设计必须具有装饰性，具有该物品或其构成部分的外观设计的功能性，外观设计分类法正是基于这种功能性的内容分类，或对外观设计的用途进行分类。将具有相同功能的外观设计主题分在同一个类目里，以便从这一类目中检索到相关主题的外观设计专利文献。

例如，座椅的外观设计专利文献分在大类 D6（家具）中，不管那些座椅是用于家庭、工作场所、车辆中等，而具有相同功能的外观设计再进一步根据其特殊的功能特征，有特色的装饰性外观或表面形状等，根据需要再进行不断地细分。

美国外观设计分类表根据不同的主题分成 33 个大类。33 个主题的大类的排列顺序与洛迦诺分类法类似，下面列举几个大类号及类名的排列表。

D1　食用的产品

D2　服装和服饰用品

D3　旅行用品，个人物品和贮藏箱或携带物品

D4　刷子

D5　纺织品或纸按码出售的织物；片材类

D6　家具

每一个大类分成若干个小类，以便对外观设计特定的类型进行有效的检索。因此小类的主题范围从属于特定的功能性、特殊的功能特征或有特

色装饰性的外观和形状。

例如，大类 D6 的主题类名是"家具"，又根据不同家具的类型分成许多小类，例如座椅，桌子，贮藏柜，家具的部件及元件等小类，若同一个小类里有许多文献，必须将此小类更进一步地分类成"下属的"或叫"缩格位"的小类，以便有效地检索到特定类型的外观设计文献。

在大类 D6 家具中，有关座椅的外观设计专利文献量大，为了便于检索，设置了单独的小类，把座椅的一些不同特征分成不同"缩格位"的小类：

大类 D6　　　家具

334·座椅

335··被结合或可变换的

336···有工作面或贮藏单元的

337····有复数面的座位

338····在座位的前面有定位的工作面的

339·····青少年用的高椅

340·····可叉开腿坐的

341·····有不对称的附件，例如陪艺术衬物等

342····在前面有附件的座椅

343···有服饰物支撑件的，例如"衣物架"

344··可旋转或可摇动的

345···模拟的

346···有复数面的座位

347···悬挂的

348···接触地板的弧形转轮

从上述分类位置可以看出，从属小类包含大量外观设计文献时，这个主题的小类可再进一步细分成另外的从属小类。例如 D6/344 旋转或摇动的座椅分类已经被展开成几个从属小类，根据功能性类型，装饰性外观或形状，分成小类 D6/345 到 D6/348。

再如：

大类 D26　　　照明

1 光源

2·电灯泡

3··荧光的

4··仿真的

5···蜡烛或火焰

6·蜡烛

7··仿真的

8·火炬

9 蜡烛座

10·与各种物品结合的

在分类表中设置的附注也是用来澄清、阐明每一个大类的技术主题所包含的范围，附注编排在每一个大类的前面，当分类或检索时，必须考虑附注的内容。

例如，大类 D10 包含了测量，测试或信号仪器，设置了钟的位置。然而 D10 的附注指出与收音机或电视机结合的钟的外观设计专利应分类在 D14 包含在录音，通讯或信息再现仪器的大类中。附注进一步指出与标示或显示设备结合的外观设计专利应分类入 D20 销售和广告设备的大类中。

**（四）日本外观设计分类法（意匠分类法）**

日本外观设计分类法专门对日本的外观设计（意匠）进行分类，并标注在所公布的外观设计的文献上。日本 1998 年 4 月开始启用洛迦诺分类法，将洛迦诺分类号标注在外观设计文献上，同时本国的分类法仍然沿用。介绍意匠分类法的目的是在读者使用日本老文献时有所帮助。

日本外观设计分类表主要的设置思想是根据物品的用途分类，必要时考虑产品的功能特征，若再继续细分时，则根据产品的外型进行分类。

分类表的编排结构依次是：部，大类，小类，外形分类，共分成四级。

部：以物品的用途进行分类，共分成 13 个大部，以英文字母 A—N 表示，每一个字母代表部。

例如：

A 部　制造食品及嗜好品

B 部　衣服及随身用品

C 部　生活用品

D 部　住宅设备用品

E 部　趣味娱乐用品及体育比赛用品

F 部　事务用品及销售用品

G 部　运输及搬运机械

H 部　电气、电子元件及通信机械器具

J 部　一般机械器具

K 部　产业用机械器具

L 部　土木建筑用品

M 部　不属 A—L 部的其他基础产品

N 部　不属于其他部的物品

大类：在部的类名下，按物品的用途主题范围划分大类，如下例中的 A1 大类。

小类：在大类类名下，按物品的用途主题范围划分小类，例如 A1—15

外型分类：在小类下面的继续细分，根据物品外型进行分类。不同于从部到小类按物品用途主题分类。

附注（见表 1 - 4 - 5）：为了在分类表中明确分类范围，在分类的每个分类类目中加了"附注"，对分类类目的解释、运用；对分类类目特定用词的说明；与其他分类类目的界线，解释其他分类项目的注意事项；分类时考虑的分类规则；分类时的优先规则；分类的其他注意事项等。

例如，A 部的分类表的设置：

大类 A1　加工的食品及嗜好品

表 1 - 4 - 5　附注　对各种材料加工的食品和嗜好品的分类

| 分 类 号 | 分 类 类 名 | 此分类里所含物品名称 |
|---|---|---|
| A1 - 00 | 加工的食品及嗜好品 | |
| A1 - 100 | 加工的食品 | 固体咖喱，固体汤 |
| A1 - 111 | 加工畜产品 | 火腿，香肠，熏肉，咸肉 |
| A1 - 111A | 有形加工 | |
| A1 - 12 | 乳制品 | 奶油，奶酪 |
| A1 - 12A | 有形加工 | |
| A1 - 130 | 加工水产品 | 鱼糕，海带，海苔等 |
| A1 - 130A | 有形加工 | |
| A1 - 140 | 加工农作物 | 豆腐，魔芋等 |
| A1 - 140A | 有形加工 | |
| A1 - 1410 | 加工谷物 | 饺子，章鱼丸子，包子等 |
| A1 - 1410A | 有形加工 | |
| …… | | |

**本章思考与练习**

1. 什么是专利文献及专利信息？
2. 专利文献信息有哪些特点和作用？
3. WIPO 标准 ST. 9 和 ST. 80 的内容和作用是什么？
4. WIPO 标准 ST. 16 的内容和作用是什么？
5. 专利文献编号的构成、编号特点和作用是什么？
6. 什么是 IPC 及类目？
7. 如何理解 IPC 的等级结构？

# 附 件 1

**《ST. 9 关于专利及补充保护证书著录项目数据的建议》** (2004 年 2 月版)

**（10）专利、补充保护证书或专利文献标识**

（11）补充保护证书或专利文献号

（12）文献种类文字释义

（13）WIPO 标准 ST. 16 规定的文献种类代码

（15）专利修正信息

（19）WIPO 标准 ST. 3 规定的代码，或公布文献的局或组织的其他标识

**（20）专利或补充保护证书申请数据**

（21）申请号

（22）申请日期

（23）其他日期，包括临时说明书提出之后完整说明书受理日期和展览日期

（24）工业产权权利生效日期

（25）原始申请公布的语种

（26）申请公布的语种

**（30）巴黎公约优先权数据**

（31）优先权号

（32）优先权日期

（33）WIPO 标准 ST. 3 的代码，标识给出优先权号的工业产权局，或给出地区优先权号的组织；对于按照 PCT 程序受理的国际申请，应使用代码"WO"

（34）对于依地区或国际协定提交的优先权，用 WIPO 标准 ST. 3 代码标识至少一个受理地区或国际申请的巴黎公约成员国的代码

**（40）使公众获悉的日期**

（41）未经审查的专利文献，对于该专利申请在此日或日前尚未授权，通过提供阅览或经请求提供复制的方式使公众获悉的日期

（42）经过审查的专利文献，对于该专利申请在此日或日前尚未授权，通过提供阅览或经请求提供复制的方式使公众获悉的日期

（43）未经审查的专利文献，对于该专利申请在此日或日前尚未授权，

通过印刷或类似方法使公众获悉的日期

（44）经过审查的专利文献，对于该专利申请在此日或日前尚未授权或仅为临时授权，通过印刷或类似方法使公众获悉的日期

（45）此日或日前已经授权的专利文献，通过印刷或类似方法使公众获悉的日期

（46）仅使公众获悉专利文献权利要求的日期

（47）此日或日前已经授权的专利文献，通过提供阅览、或经请求提供复制的方式使公众获悉的日期

（48）修正的专利文献出版日期

**（50）技术信息**

（51）国际专利分类，对于工业品外观设计专利而言为工业品外观设计国际分类

（52）内部分类或国家分类

（54）发明名称

（56）单独列出的现有技术文献清单

（57）文摘或权利要求

（58）检索领域

**（60）与国内或前国内专利文献（包括其未公布的申请）有关的其他法律或程序参引**

（61）较早申请的申请号和申请日（如果可能的话）、或较早公布的文献号、或较早授权的专利号、发明人证书号、实用新型或类似文献号，当前的专利文献为其增补申请。

（62）较早申请的申请号及申请日（如果可能的话），当前的专利文献为其分案申请

（63）较早申请的申请号及申请日，当前的专利文献为其继续申请。

（64）较早公布的文献号，该文献是其再版

（65）与同一申请有关的在先公布的专利文献号

（66）由当前的专利文献所取代的较早申请的申请日及申请号，即就同一发明而言，在放弃较早的申请之后，提出的新申请

（67）专利申请号及申请日，或授权专利号，当前的实用新型申请或登记（或一种类似的工业产权，诸如实用证书或实用创新）以此为基础提交

（68）就补充保护证书而言，基本专利号和/或专利文献公布号

**（70）与专利或补充保护证书有关的当事人标识**

（71）申请人名称或姓名

（72）发明人姓名，如果是已知的

（73）权利人、持有者、受让人或权利所有人名称或姓名

（74）律师或代理人姓名

（75）发明人兼申请人姓名

（76）发明人兼申请人和权利人姓名

**（80）（90）国际公约（巴黎公约除外）的数据，以及补充保护证书法律事项的数据标识**

（81）依据专利合作条约的指定国

（83）微生物保存信息，例如根据布达佩斯条约

（84）依据地区专利条约的缔约国

（85）按照 PCT 第 23 条（1）或第 40 条（1）进入国家阶段的日期。

（86）PCT 国际申请的申请数据，即国际申请日，国际申请号，以及如果需要，还包括最初受理的国际申请的公布语言；或者对于工业品外观设计专利而言，海牙协定下的国际申请注册数据，即国际注册数据和国际注册号

（87）PCT 国际申请公布数据，即国际公布日期，国际公布号，及国际申请公布语言

（88）检索报告的延迟公布日期

（91）根据 PCT 提出的国际申请，在该日期由于未进入国家或地区阶段而在一个或几个指定国或选定国失效，或者已经确定该申请不能进入国家或地区阶段的日期

（92）就一件补充保护证书而言，第一次国家批准以药品形式将产品投放市场的日期及号码

（93）就一件补充保护证书而言，第一次批准以药品形式将产品投放地区经济共同体市场的号码、日期，以及如果需要，还包括原产国

（94）补充保护证书的届满计算日期，或者补充保护证书的有效期

（95）受基本专利保护并申请了补充保护证书，或已授予补充保护证书的产品名称

（96）地区申请数据，即申请日、申请号，还可以包括提交的原始申请公布的语种

（97）地区申请（或已经授权的地区专利）的公布数据，即公布日、

公布号、还可包括申请（或专利）的公布语种

# 附　件　2

《**ST. 80 工业品外观设计著录数据推荐标准**》（2004 年 2 月版）

**（10）注册/续展数据**

（11）注册序号和/或设计文献号

（12）公布的文献种类名称

（14）与初始注册号不同的续展号

（15）注册日/续展日

（17）注册/续展的预计期限

（18）注册/续展的预计终止日

（19）公布或注册该工业设计的机构标识，WIPO 标准 ST. 3 规定的双字母代码

**（20）申请数据**

（21）申请号

（22）申请日

（23）展览名称和地点，以及该工业设计首次展出的日期（展览优先权日期）

（24）工业设计权利生效日

（27）申请或保存种类（开放/密封）

（28）包含在申请中的工业设计号

（29）工业设计申请提交形式的指示，例如，以工业设计的复制品或者以其样品

**（30）巴黎公约优先权数据**

（31）优先权号

（32）优先权日

（33）WIPO 标准 ST. 3 规定的双字母代码，标识该优先权提出的机构

**（40）公众可获得信息的日期**

（43）审查之前以印刷或类似方法，以及任何其他可使公众获悉的方法公布该工业设计的日期

（44）审查之后注册之前以印刷或类似方法，以及任何其他可使公众获悉的方法公布该工业设计的日期

（45）以印刷或类似方法，以及任何其他可使公众获悉的方法公布该注册工业设计的日期

（46）期限延长的届满日期

**（50）其他信息**

（51）工业设计的国际分类

（52）国家分类

（53）包含在一项组合（成套）申请或注册里的工业设计标识，该组合申请或注册受一项特定和解协议的影响，但不是所有情况都如此

（54）工业设计所涵盖的物品或产品的名称，或者工业设计名称

（55）工业设计的再现（图片、照片）和与再现相关的解释

（56）现有技术文献目录，如果能够从描述正文中分离

（57）包含色彩指示的工业设计实质特征的描述

（58）在注册簿中的任何修改的日期记录（权利人变更、名称或地址变更，国际保存放弃、保护期届满）

**（60）有法律关系的其他申请和注册参引**

（62）与分案有关的申请号和申请日（如可以获得的话），或文献的注册信息

（66）由本工业设计申请派生的设计申请号或注册号

（68）转让部分的注册号

（69）因（企业）合并产生的注册号

**（70）与申请或注册有关的当事人的标识**

（71）申请人的姓名和地址

（72）设计人的姓名，如果是已知的

（73）权利人的名称和地址

（74）代表人的名称和地址

（78）当权利人变更时，新权利人的名称和地址

**（80）按照"关于工业设计国际注册海牙协定"进行国际注册的工业设计的数据及与其他国际公约有关的数据标识**

关于指定签约方/相关文本签约方的信息

（81）相关文本签约方

I　按照 1934 年文本指定的签约方

II　按照 1960 年文本指定的签约方

III　按照 1999 年文本指定的签约方

（82）包含于国际申请中的声明

（83）关于是否有复议或上诉的标识

（84）按照地区性公约指定的缔约国

**关于权利人信息**

（85）权利人经常居住地

（86）权利人国籍

（87）权利人住所

（88）权利人拥有真实有效的工业或商业场所的所在国

（89）申请人所属的签约方

# 第二章 专利信息检索理论

## 本章学习要点

了解专利信息检索概念及专利信息特征；了解专利信息检索种类及适用范围；了解专利信息数据库及检索软件；了解常用专利信息检索技术。

## 第一节 专利信息检索概述

### 一、专利信息检索概念

专利信息检索是指使用者根据需要，借助一定的检索工具，从专利信息集合中找出符合特定要求的专利信息的过程和行为。

目前的专利信息检索主要是在计算机或计算机检索网络的终端机上进行，因此专利信息检索可理解为根据某一（些）专利信息特征从各种专利数据库中找出符合特定要求的专利文献或信息的过程。

上述专利信息检索概念中包含三个方面的含义：线索、工具和目的。

根据某一（些）专利信息特征，即专利信息检索的线索；从各种专利数据库中找，即专利信息检索的工具；找出符合特定要求的专利文献或信息，即专利信息检索的目的。

也就是说，专利信息检索概念是根据"要达到的目的、掌握的线索和选择的工具"概括而成的。

### 二、专利信息特征

专利信息特征，也称专利信息检索依据，是指检索专利信息时依据的检索线索。

专利分类号和主题词是从技术主题角度检索专利文献的主要信息特征。

人们可以从某一专利分类号入手检索出同属于该分类号所代表的技术领域或具体技术范围甚至是某一具体技术特征的一组专利文献。人们可以利用计算机从主题词入手检索包含该主题词的专利文献。主题词包括：关键词（从某一技术主题或技术方案中抽取的特定词汇），同义词（该特定词汇的同义表达），缩略语（该特定词汇的缩略表达）等形式。

申请号、文献号和专利号是从专利的号码角度检索专利文献和信息的信息特征。人们可以从某一专利的申请号、公开号或申请公告号、审定公告号、授权公告号、专利号入手，直接调阅专利文献，或检索同族专利，或查询该专利的法律状态，或查询专利引用与被引用信息。

专利申请人、专利受让人、专利权人、专利出让人（包括自然人和法人），以及发明人、设计人、专利代理人等的名字名称是从与专利有关的人的角度检索专利信息的信息特征。人们可以从某一专利申请人或专利受让人、专利权人、专利出让人、发明人、设计人、专利代理人等入手检索出属于该专利申请人或专利受让人、专利权人、专利出让人、发明人、设计人的一件或一批专利文献。

公布日、申请日也是检索专利信息的信息特征。多数情况下这些信息特征不单独使用，通常作为限定性检索项在检索中使用，主要与其他信息特征进行组配检索。

## 第二节　专利信息检索种类

### 一、专利技术主题检索

#### （一）专利技术主题

专利技术，从狭义角度解释，指具有专利属性（新颖性、创造性、实用性、排他性、地域性、时间性等）的发明创造技术；从广义角度解释，泛指所有提出过专利申请并被公布了的发明创造技术。

技术主题，一般是指具有相同技术属性的一个以上技术方案的集合。相同技术属性可指某一相同特定技术领域，也可指某一相同特定技术领域内相同特定技术范围。它与技术方案的关系是：每一特定技术主题可包含一项以上技术方案。

专利技术主题则是指某一相同特定技术领域或某一相同特定技术领域

内相同特定技术范围的申请专利的发明创造技术方案的集合。

## (二)专利技术主题检索概述

专利技术主题检索是指从某个技术主题角度对专利文献进行的检索，其目的是找出与被检索技术主题相关的参考文献。

1. 检索对象

针对特定专利技术主题。

2. 检索目的

查找可供参考的相关技术主题的专利文献。

3. 检索要求

检全。

4. 别称

专利技术信息检索，专利参考文献检索。

5. 检索线索

主题词，IPC 号。

## (三)适用范围

1. 产业技术分析及技术发展趋势预测

检索所有与准备分析的产业或准备预测的技术的所属技术领域相关的专利文献，作为分析依据的基础数据。

2. 科研立项

检索专利中已有的所有与准备立项研究的技术主题相关的专利文献，以供全面了解该技术领域技术现状，为确定研究方向、避免重复研究提供参考。

3. 技术创新及新产品研发

检索与准备进行的技术创新及新产品研发技术主题相关的专利，以供全面了解该技术领域技术现状，为分析该技术领域的技术热点和空白点提供参考，同时提高创新起点。

4. 解决技术难题

检索与遇到的技术难题相同技术主题的专利文献，为找出能够解决该技术问题的各种技术方案提供参考。

5. 先进技术引进

检索与准备引进的技术相关的专利，为判断准备引进的技术的水平提供参考。

## 二、专利技术方案检索

### （一）专利技术方案

技术方案一般是指在某一特定技术领域中采用特定技术手段解决特定技术问题的一种具体技术应用方案。它与技术主题的关系是：每项技术方案根据其所属技术领域或其所属技术领域及技术范围都可归属到某一特定技术主题范围内。

专利技术方案则是指某一相同特定技术领域或某一相同特定技术领域内相同特定技术范围的申请专利的发明创造技术的一种具体技术应用方案。

### （二）专利技术方案检索概述

专利技术方案检索是指从某个技术方案角度对包括专利文献在内的全世界范围内的各种公开出版物进行的检索，其目的是找出与被检索技术方案可进行新颖性或创造性对比的文件。

1. 检索对象

针对特定技术方案。

2. 检索结果

查找可进行专利新颖性或创造性判断的对比文件。

3. 检索要求

检准。

4. 别称

专利新颖性或创造性检索，专利对比文件检索。

5. 检索线索

主题词，IPC 号。

### （三）适用范围

1. 申请专利

检索与准备申请专利的技术方案相同或相似的专利对比文件，检准，供判断申请专利的技术方案新颖性或创造性。

2. 产品出口

检索与准备出口的产品所涉及的技术方案相同或相似的专利，检准，供判断是否会侵权。

3. 专利预警

检索与准备采用的技术方案相同或相似的专利，检全，供分析经营风险及制定规避预案。

4. 成果鉴定

检索与申报发明成果的技术方案相同或相似的专利对比文件，检准，供判断成果的新颖性或创造性。

5. 侵权应诉

检索与被诉侵权的产品所涉及的专利技术方案相同或相似的对比文件，检准，供判断被诉侵权专利的新颖性或创造性以便作为提出无效请求的依据。

6. 评价专利权

检索与被评价的未经实质审查授予专利权的专利技术方案相同或相似的对比文件，检准，供评价专利权的稳定性。

### 三、同族专利检索

#### (一) 同族专利检索概述

同族专利检索是指以某一专利或专利申请为线索，查找与其同属于一个专利族的所有成员的过程。

1. 检索对象

特定专利或专利申请。

2. 检索目的

找出同属于一个专利族的其他成员。

3. 检索要求

检全。

4. 别称

专利地域性检索。

5. 检索线索

专利编号，专利相关人，主题词。

#### (二) 适用范围

1. 科研立项/技术创新

检索所有已找到的与科研或创新项目技术主题相关的专利的同族信息，检全，以便掌握现有技术的专利地域性信息。

2. 技术引进

检索准备引进的专利技术的同族信息，检全，了解该专利技术在其他国家是否也提出专利保护，以便于进一步了解其在其他国家的审批情况。

3. 产品出口

检索出口产品所涉及的专利的同族信息，检全，了解该专利在产品出口目的地国及其他国家、地区的地域效力。

4. 专利预警

检索已找到可能被侵权专利的同族信息，检全，了解该专利在其他国家、地区的地域效力，以便于制定规避方案。

5. 侵权应诉

检索被诉侵权的专利的同族信息，检全，以便于了解该专利还在哪些国家申请了专利，进而了解在其他国家的审批情况，以及是否得到不同审批结果。

6. 产业分析/趋势预测

检索已找到的特定技术领域的所有专利的同族信息，检全，以便于去除重复的技术方案，使产业技术分析和技术发展趋势预测更加准确。

## 四、专利法律状态检索

### （一）专利法律状态种类

1. 专利权有效

在检索当日或日前，被检索的专利已获权，并且至检索日之后的下一个交费日前专利是有效的。

2. 专利权有效期届满

在检索当日或日前，被检索的专利已获权，但至检索当日或日前专利权有效期已超过专利法规定的期限（包括超过扩展的期限）。

3. 专利申请尚未授权

在检索当日或日前，被检索的专利申请尚未公布，或已公布但尚未授予专利权。

4. 专利申请撤回或被视为撤回

在检索当日或日前，被检索的专利申请被申请人主动撤回或被专利机构判定视为撤回。

5. 专利申请被驳回

在检索当日或日前，被检索的专利申请被专利机构驳回。

6. 专利权终止

在检索当日或日前，被检索的专利虽已获权，但由于未缴纳专利费而在专利权有效期尚未届满时提前失效。

7. 专利权无效或部分无效

在检索当日或日前，被检索的专利曾获权，但由于无效宣告理由成立，专利权被专利机构判定为无效。

8. 专利权转移

在检索当日或日前，被检索的专利或专利申请发生专利权人或专利申请人变更。

### （二）专利法律状态检索概述

专利法律状态检索是指对一项专利或专利申请当前所处的状态所进行的检索，其主要目的是了解专利申请是否授权，专利是否有效等信息。

1. 检索对象

检索特定专利或专利申请。

2. 检索结果

专利或专利申请当前所处的状态，专利审查过程文件。

3. 检索要求

检准。

4. 别称

专利有效性检索。

5. 检索线索

专利编号。

### （三）适用范围

1. 技术引进

技术引进前，检索准备引进的专利技术的法律状态，以获得专利是否有效和专利保护期剩余时间信息。

2. 产品出口

已经确定准备出口的产品利用了国外专利技术且产品还将出口到专利所在国，产品出口前，检索该专利法律状态，以确定该专利是否在该国仍然有效。

3. 专利预警

当准备采用一项新技术并对此开展专利预警分析时，不仅要进行专利技术方案检索和专利相似性对比，同时还要对找到的相似专利的法律状态进行检索，以获得专利有效性信息，为判断潜在的侵权可能性提供依据。

4. 侵权应诉

当被告知侵犯他人专利权时，可马上进行专利法律状态检索，以确定被诉侵权的专利的有效性。

5. 市场监管

执法部门在技术交易会展中，针对被举报有假冒欺骗行为的专利技术进行专利法律状态检索，以核实其真实性、有效性。

6. 审查意见参照

当需要参照针对专利族成员的他国审查意见时，通过专利法律状态检索，找出他国专利审查意见通知书等审查过程文件，以获得参照信息。

## 五、专利引文检索

### （一）专利引文检索概述

专利引文检索是指查找特定专利所引用或被引用的信息的过程，其目的是找出专利文献中刊出的申请人在完成发明创造过程中曾经引用过的参考文献和/或专利审查机构在审查过程中由审查员引用过并被记录在专利文献中的审查对比文件，以及被其他专利作为参考文献和/或审查对比文件所引用并记录在其他专利文献中的相关信息。

1. 检索对象

检索特定专利申请或专利。

2. 检索结果

审查员在审查过程中引用过并被记录在专利文献中的对比文件，审查员在审查过程中引用过并被记录在审查意见通知书中的对比文件，申请人在完成发明创造过程中曾经引用过并被记录在专利文献中的参考文献，被其他专利作为参考文献或对比文件所引用。

3. 检索要求

检全。

4. 检索线索

专利编号。

### （二）适用范围

1. 科研立项/技术创新

在专利技术主题检索的基础上，检索已命中专利的引用文献，通过搜索检索命中目录中未列出专利来扩大专利技术主题检索结果命中范围。

2. 侵权应诉

在检索被诉侵权专利的专利族成员的基础上，检索其美日欧专利族成员的审查对比文件，通过比较，了解美日欧专利审查员审批被诉侵权专利的同族申请的依据及审查结果，寻求更多对应诉有益的依据。

3. 技术发展轨迹分析

在专利技术主题检索的基础上，检索已命中专利之间的引用关系，通过排列引用顺序来分析技术发展轨迹。

4. 核心专利技术分析

在专利技术主题检索的基础上，检索已命中专利的被引用信息，通过比较被引用频率来分析核心专利技术。

5. 专利技术生命周期分析

检索特定专利的引用文献，通过计算所有被引用专利与该特定专利之间的时间差的平均值来分析该专利技术生命周期。

## 六、专利相关人检索

### （一）专利相关人种类

1. 专利权人

拥有发明创造专利所有权的人。包括法人（机构）和自然人（个人）。英文表达为 patentee，专利文献著录项目代码为（73）。

2. 受让人

以权利转移方式获得发明创造专利申请权或所有权的人（仅在美国专利中使用）。包括法人（机构）和自然人（个人）。英文表达为 assignee，专利文献著录项目代码为（73）。

3. 申请人

提出发明创造专利申请的人。法人（机构）和自然人（个人）。英文表达为 applicant，专利文献著录项目代码为（71）。

4. 发明人

完成发明创造的人。仅包括自然人（个人）。英文表达为 inventor，专利文献著录项目代码为（72），美国专利中使用（75）。

5. 代理人

代理专利申请的人，仅包括自然人（个人）。英文表达为 attorney 或

agent，专利文献著录项目代码为（74）。

6. 代理机构

代理专利申请的人所在机构。英文表达为 agency，专利文献著录项目代码为（74）。

**（二）专利相关人检索概述**

专利相关人检索是指查找某申请人或专利权人或发明人拥有的专利或专利申请的过程。

1. 检索对象

特定专利相关人。

2. 检索结果

专利相关人拥有的专利申请或专利，专利代理人代理的专利申请或专利。

3. 检索要求

检全。

4. 别称

专利申请人/专利权人（受让人）检索，发明人检索，代理人检索。

5. 检索线索

专利申请人/专利权人名字/名称/代码，发明人名字，代理机构名称/代码。

**（三）适用范围**

1. 关注竞争对手

检索竞争对手拥有的专利或专利申请，可以了解竞争对手的研发实力和最新研发动态，以及时做好应对竞争对手的预案。

2. 挑选合作伙伴

检索与本企业同属相同技术领域的其他公司拥有的专利或专利申请，可以了解并挑选未来开展合作的伙伴。

3. 挖掘技术人才

检索某产品所属技术领域的专利及专利申请，关注其中属于非职务发明的专利或专利申请，找出其发明人，再检索其发明人的专利或专利申请，可以了解发明人的研发能力，从而判断能否成为企业可挖掘的人才。

## 第三节　专利信息检索系统选择

专利信息检索是一项复杂的工作，专利信息检索效果如何，会受到来自客观因素和主观因素的制约和影响。影响专利信息检索的客观因素主要指专利信息检索系统，包括专利信息数据库和专利信息检索软件。不同专利信息检索系统收集的专利数据不同，采用的检索软件也不同，因此在进行不同种类的专利信息检索时会产生不同的效果。

### 一、专利信息数据库

专利信息数据库是构成专利信息检索系统的最重要的组成部分，是专利信息检索的物质基础，因此成为影响专利信息检索效果的第一客观因素。

#### （一）专利信息数据

专利信息数据库中的数据大体可以分为两类：专利著录数据和专利全文数据。专利著录数据是指基于专利文献著录项目而建立的数据；专利全文数据则是指基于专利说明书全文而建立的数据。专利著录数据是为便于检索而建立的，因此专利著录数据是编码型数据，是可检索数据。而专利全文数据主要是为浏览而用，因而专利全文数据，特别是早期专利全文的数据，是图像型数据，是不可检索的数据；随着数据加工技术的不断进步，特别是 OCR 技术的应用，专利全文数据亦被加工成编码型数据，用于全文检索。因此专利全文数据被处理成两类：图像型数据和编码型数据。

虽然编码型专利著录数据的数据库是基于专利文献著录项目而建立的，但数据库加工者并不会把每件专利的所有专利文献著录项目收录到一个数据库中。数据库加工者会根据检索需要，把专利著录数据的数据库分别处理成专利检索数据库、专利法律状态数据库、同族专利数据库、专利引文数据库、专利权转移数据库等。

专利检索数据库通常包括：专利号或文献号、申请号、申请人或专利权人、发明人或设计人、专利分类号、优先权信息、发明名称、文摘等专利数据；专业化的专利检索数据库还会包括经过标引的关键词、细分的专利文摘等数据，特别是专利文摘数据会进一步细分成新颖性、用途、有益效果、技术描述等若干个子字段。专利检索数据库主要供人们查询专利对比文件或参考文献。

专利法律状态数据库通常包括：不同公布级别的公布时间和公布类型等数据。专利法律状态数据库主要供人们查询专利当前是否授权，是否有效等状态，以及失效原因。

同族专利数据库通常包括：同一专利族中各个同族专利的文献号，公布种类，公布时间等数据。同族专利数据库供人们查询同一专利族的专利数量，所属同族专利种类等信息。

专利引文数据库通常包括：引用的参考文献和/或审查对比文件，及其被引用的相关信息。专利引文数据库供人们查询专利引用与被引用关系。

专利权转移数据库通常包括：专利号，专利出让人名称，专利受让人名称，专利权转移生效时间等数据。专利权转移数据库供人们查询专利权转移信息。

### （二）专利记录与字段

在以编码型专利文献著录项目构成的专利著录数据的数据库中，每件专利被处理成一个记录。专利信息数据库根据检索需要，将其所收录的每个专利记录的专利文献著录项目处理成若干字段，每个字段设有字段名称和字段代码，供编制检索软件时设立检索入口。

专利检索数据库中的专利记录常设字段有：文献号，申请号，申请人，发明人，专利分类号，发明名称，文摘，申请日，公布日等。其中文献号、申请号字段为数字型数据；申请人、发明人、发明名称、文摘字段为文本型数据；专利分类号为代码型数据；申请日、公布日为日期型数据。专业化的专利检索数据库中的专利记录还设有关键词字段，关键词字段为关键词型数据。

## 二、专利信息检索软件

专利信息检索软件是供人们运行专利信息数据库、实施专利信息检索的计算机应用软件。当它与专利数据库结合到一起时，就组成了完整的专利信息检索系统。因此，它与专利数据库一起构成专利信息检索的物质基础，是影响专利信息检索效果的重要客观因素。

公众了解一种专利信息检索系统时，主要通过专利信息检索系统所配备的检索软件，特别是通过检索软件中设置的检索方式、检索入口、检索功能来认识和使用它。

### （一）检索方式

为适应不同用户对专利信息检索的需求，一般检索软件采用以下检索方式中的一种或多种：命令检索方式，格式化检索方式，辅助检索方式。

命令检索方式是指由检索者直接输入检索命令代码、检索字段代码和检索提问字符串并执行检索的方式。在命令检索方式的检索界面上，没有提示性语句，检索者需熟悉检索命令，熟知专利数据库中的检索字段及其代码，了解检索系统设置的各种检索功能；同时对于检索者来说，命令检索方式自由度大，可在检索系统规定的范围内任意组织检索提问式，并进行多逻辑关系的复杂检索，因此它比较适合在专业化专利信息检索系统中使用，更适于专业检索人士使用。

格式化检索方式是指检索系统为检索者设置了固定的检索提问式输入窗口及各检索窗口之间固定的逻辑关系选项的检索方式。在格式化检索方式的检索界面上，检索者只能按照固定设置进行检索，无法任意组织检索提问式，也无法进行多逻辑关系的复杂检索，因此它比较适合在大众化专利信息检索系统中使用，更适于普通公众使用。

辅助检索方式是指根据检索提示进行专利信息检索的检索方式。在辅助检索方式的检索界面上，检索系统为检索者不仅设置了固定的检索提问式输入窗口、检索字段代码选项和检索词索引选项，还设置了执行检索步骤的提示，检索者可根据一步步提示来完成检索，因此它比较适合在大众化专利信息检索系统中使用，更适于初学者使用。

### （二）检索界面

检索界面是专利信息检索系统根据检索方式设置的供检索者实施检索的一种互动平台。检索者可以在这个互动平台上组织检索提问式，实施检索。

由于检索界面是根据检索方式来设置的，一种专利信息检索系统如果仅设置一种检索方式，通常也只设置一种检索界面；如果设置两种以上检索方式，则同时会设置两种以上检索界面。

通常，命令检索方式和辅助检索方式所设置的检索界面都较为固定，只有格式化检索方式的检索界面会根据不同需要来变化式样。如一些检索系统根据需要设置了格式化检索方式的多检索入口的检索界面，同时还设置了格式化检索方式的单一主要检索入口的检索界面。如美国专利商标局网站上的美国授权专利检索系统既设置了命令检索方式又设置了格式化检索方式，因此既有适应命令检索方式的高级检索界面（Advanced Search），也有适应格式化检索方式的快速检索界面（Quick Search）和专利号检索界面（Patent Number Search）。

### （三）检索入口

检索入口是专利信息检索系统为专利数据库中的、用于检索的字段设置的检索项。通常专利数据库中有哪些检索字段，检索软件就可设置哪些检索入口。

作为专利检索数据库的检索软件通常设置的专利检索入口有：文献号，申请号，申请人，发明人，专利分类号，发明名称，文摘，申请日，公布日等。作为专业化的专利检索数据库的检索软件还会设置更多的检索入口，如关键词、专利权人代码、化学代码等检索入口。

作为格式化检索方式的检索界面上设置的检索入口通常是以固定的窗口模式设计的，检索者在检索时先选择检索入口名称，再在检索入口名称对应的检索窗口输入检索提问字符串，即可进行检索。

作为命令检索方式的检索界面上设置的检索入口通常是开放式的，检索者在检索时除了要输入检索提问字符串，还要输入检索字段代码，以确定检索是在特定字段中进行，才可进行检索。

### （四）检索功能

检索功能是指专利信息检索系统为使检索软件满足检索者需求、使专利数据库中的各种相关信息能够被有效地检索出来而做的特殊设置。

通常检索软件在检索专利数据库中的数据时，通过将一个个检索字符串和特定字段中的字符串进行比较，将含有相同字符串的记录作为检索结果提取出来，从而实现检索目的。然而，无论是在单一字段中检索，还是在多字段中检索，总有许多信息需要经过特殊组织或较为复杂的比较才能找到。因此许多检索软件设置了能够满足各种检索需求的检索功能，如：逻辑组配检索，通配检索，范围检索，位置检索等功能。

当人们进行专利信息检索时，首先要从专利数据范围角度考虑能否满足需要，然后还要考虑专利检索数据库中是否包含相关专利记录的字段；此外还要考虑检索软件采用哪种检索方式，设置了哪种检索界面，具有哪些检索字段和具备哪些检索功能。只有了解清楚所使用的专利信息检索系统的上述因素，充分利用这些因素，才能提高检索的效率。

## 第四节　常用信息检索技术

### 一、布尔逻辑检索

布尔逻辑检索，简称逻辑检索，是指利用逻辑"或、与、非"等运算符将同一个字段内两个以上被检索词进行逻辑组配，组成逻辑检索提问式进行的检索。

#### （一）逻辑"或"检索

用逻辑"或"运算符将同一个字段内两个被检索词（A 或 B）进行组配并检索的检索方式称逻辑"或"检索，其检索结果将包括所有带有 A 或 B 两个检索词中任意一个检索词的记录。逻辑"或"检索有助于扩大检索范围，提高查全率。

#### （二）逻辑"与"检索

用逻辑"与"运算符将同一个字段内两个被检索词（A 与 B）进行组配并检索的检索方式称逻辑"与"检索，其检索结果将包括所有同时带有 A 和 B 两个检索词的记录。逻辑"与"检索有助于增强检索专指性，缩小检索范围，提高检准率。

#### （三）逻辑"非"检索

用逻辑"非"运算符将同一个字段内两个被检索词（A 非 B）进行组配并检索的检索方式称逻辑"非"检索，其检索结果将包括所有带 A 检索词而不带 B 检索词的记录。逻辑"非"检索有助于缩小检索范围，增强检索的准确性。

### 二、通配检索

通配检索是指在某一检索字段内用"截断符、强制符、选择符"等通配符替代某一检索字符串中的字符，构成通配检索式进行的检索。通配检索功能可以起到扩大检索范围、提高查全率、减少检索词的输入量、节省检索时间等作用。

#### （一）截断检索

用截词符通配的字符串构成检索词并进行检索称截断检索，截断检索可分为前截断检索和后截断检索，前截断检索还可称为后方一致检索，后截断检索还可称为前方一致检索。通常在一个检索词中只能出现一个截词符，或前截断，或后截断，该截词符通常代表任意数量的字符。

### （二）强制检索

用强制符通配的字符串构成的检索词进行的检索为强制检索。通常在一个检索词中可以使用一个以上强制符，一个强制符代表一个字符。

### （三）选择检索

用选择符通配的字符串构成的检索词进行的检索为选择检索。在一个检索词中可以使用一个以上选择符，一个选择符代表 0 到一个字符。

## 三、位置检索

位置检索功能是针对主题词或关键词检索设置的，是指检索软件设置了用"位置算符"将两个被检索词进行逻辑"与"组配，且表明两词之间的位置关系，组成位置检索提问式的检索功能。位置检索功能可以消除逻辑"与"运算所产生的歧义，提高检准率。"位置算符"可分为代表相邻关系的"邻词算符"和代表同在关系的"同在算符"，并分别形成邻词检索和共存检索。

### （一）邻词检索

邻词检索是指利用表示"与"且能限定被检索词之间相邻关系（如主题词 A 和主题词 B 之间可插入 0 ~ N 个词）的"邻词算符"将同一个字段内两个检索词进行逻辑组配，组成检索提问式所进行的检索。邻词检索还可分为：邻词有序检索，邻词无序检索。邻词有序检索是指在进行邻词检索时两个被检索词在被检索到的专利记录中出现的词顺（主题词 A 在前，主题词 B 在后）与检索式中的词顺相一致（主题词 A 在前，主题词 B 在后）；邻词无序检索是指在进行邻词检索时两个被检索词在被检索到的专利记录中出现的词顺（主题词 A 在前，主题词 B 在后）可以与检索式中的词顺相一致（主题词 A 在前，主题词 B 在后），也可以与检索式中的词顺不相一致（主题词 B 在前，主题词 A 在后）。

### （二）共存检索

共存检索是指在利用表示"与"且限定两个被检索词同时存在于同一句话或同一段落内的"同在算符"将两个被检索词进行逻辑组配，组成检索提问式所进行的检索。共存检索还可分为：共存有序检索，共存无序检索。共存有序检索是指在进行共存检索时两个被检索词在被检索到的专利记录中出现的词顺（主题词 A 在前，主题词 B 在后）与检索式中的词顺相一致（主题词 A 在前，主题词 B 在后）；共存无序检索是指在进行共存检索时两个被检索词在被检索到的专利记录中出现的词顺（主题词 A 在前，主题词 B 在后）可以与检索式中的词顺相一致（主题词 A 在前，主题词 B 在后），也可以与检索式中的词顺不相一致（主题词 B 在前，主题词 A 在后）。

## 四、限制检索

### （一）范围检索

范围检索是指在某一数值或日期检索字段内可使用"从……到……"、"大于"、"大于等于"、"小于"、"小于等于"等运算符号组织检索提问式进行的检索。

范围检索可以减少数值或日期字符串的输入量、节省检索时间。

### （二）二次检索

二次检索是指检索软件设置了在前一检索结果中再次进行限定检索。

二次检索可以减少重复输入，节省检索时间。

## 本章思考与练习

1. 什么是专利信息检索？
2. 专利信息检索有哪些种类及适用范围？
3. 专利文献与专利数据库、专利记录及字段之间有什么联系？
4. 专利信息检索效果受专利检索软件中的哪些因素影响？
5. 专利信息检索常用技术有哪些？

# 第三章　中国专利文献与信息检索

## 本章学习要点

了解中国专利文献的特点和结构，了解中国专利文献种类、编号、著录项目及其相关标准，掌握互联网中国专利主要检索工具使用方法；了解香港特别行政区和台湾地区的专利文献种类、编号、著录项目，掌握互联网香港特别行政区专利主要检索工具使用方法。

## 第一节　中国专利文献

本节具体介绍 1985 年 4 月 1 日新中国第一部《专利法》实施以后有关的专利文献，以及香港特别行政区和台湾地区的专利文献，主要包括专利文献类型、主要内容、编排格式、编号体系等。

### 一、中国专利制度与专利文献

1978 年 7 月，中央作出了"我国应建立专利制度"的决策。根据这一决策，原国家科委开始筹建我国专利制度，从 1979 年 3 月开始着手制定专利法。1984 年 3 月 12 日，六届全国人大常委会第四次会议通过了《中华人民共和国专利法》。1985 年 4 月 1 日，即我国专利法实施的第一天，原中国专利局就收到来自国内外的专利申请 3 455 件，被世界知识产权组织誉为创造了世界专利历史的新纪录。随着我国市场经济的发展、完善，逐步顺应国际专利制度发展趋势，专利法先后于 1992 年和 2000 年、2008 年三次修订，分别于 1993 年 1 月 1 日和 2001 年 7 月 1 日、2009 年 10 月 1 日施行。

《专利法》规定，对发明、实用新型和外观设计实行专利保护，随之产生的专利文献主要是中国专利公报和专利单行本（2010 年 4 月 7 日前称为专利说明书）。

三次专利法修改对专利文献出版的影响主要体现在如下几个方面。

（1）1985 年专利法规定对发明专利申请实行早期公开、延迟审查制度，并在专利申请经实质审查后到授予专利权期间设异议程序；对实用新型、外观设计专利申请实行初步审查制，专利申请经初审公告到授予专利权期间设异议程序。因此，中国专利文献中有了虽经过专利性审查但尚未授予专利权的专利文献——发明专利申请审定说明书，以及既没经过专利性审查也尚未授予专利权的实用新型专利申请说明书。

（2）1992 年专利法取消了三种专利的异议程序，改为授予专利权后 6 个月内的撤销程序和 6 个月后的无效程序。因此，1993 年起停止出版发明专利申请审定说明书和实用新型专利申请说明书，改出版发明专利说明书和实用新型专利说明书。

（3）2008 年专利法对专利文献出版物名称进行规范，不再使用发明专利申请公开说明书、发明专利说明书和实用新型专利说明书称谓，改为发明专利申请、发明专利和实用新型专利称谓，统称专利单行本。

## 二、中国专利单行本

自 1985 年 9 月开始出版，中国各种专利单行本随专利审批程序的变化不断变化。现将不同阶段出版的专利单行本汇总如下。

### （一）1985～1992 年出版的各类专利单行本

1. 发明专利申请公开说明书，文献种类标识代码 A

专利法规定，发明专利申请提出后，经形式审查合格，自申请日或优先权日起满 18 个月即行公布，出版发明专利申请公开说明书单行本。这是一种未经实质性审查、尚未授予专利权的单行本。1985～2006 年均以此名称出版。

2. 发明专利申请审定说明书，文献种类标识代码 B

1985 年《专利法》规定，发明专利申请自申请日起 3 年内，专利局可根据申请人随时提出的请求，对其申请进行实质性审查。经实审合格的，予以审定公告，出版发明专利申请审定说明书单行本。这是一种经过实质性审查、但尚未授予专利权的说明书。自公告日起 3 个月内为异议期，期满无异议或异议理由不成立，对专利申请授予发明专利权。仅在 1985～1992 年出版。

3. 实用新型专利申请说明书，文献种类标识代码 U

我国专利法对实用新型专利申请实行初步审查制，申请提出后，初步审查合格即行公告，出版实用新型专利申请说明书单行本。自公告日起 3 个月内为异议期，期满无异议或异议理由不成立，对专利申请授予实用新型专利权。仅在 1985～1992 年出版。

4. 外观设计申请公告，文献种类标识代码 S

外观设计专利申请同样实行初步审查制。申请提出后，初步审查合格即行公告。由于外观设计仅由简要说明、图片或照片组成，因而不出版单行本，只在专利公报上进行公告。自公告日起 3 个月内为异议期，期满无异议或异议理由不成立，对专利申请授予外观设计专利权。

为减少重复出版，对上述授权的三种专利申请授权时一般不再出版专利单行本，而是分别以发明专利申请审定说明书、实用新型专利申请说明书和外观设计申请公告作为授权依据的文件。如果经异议，对发明专利申请审定说明书单行本或实用新型专利申请说明书单行本作出较大修改，才出版相应的修改后的发明专利说明书单行本或实用新型专利说明书单行本。在此阶段这两种单行本只出过若干件。

以上各类专利单行本的产生过程见图 3－1－1。

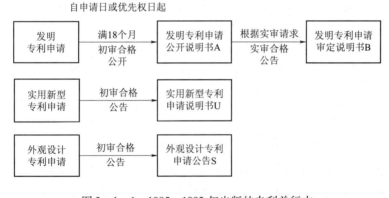

图 3－1－1　1985～1992 年出版的专利单行本

**（二）1993～2010 年 3 月间各种专利单行本**

1993 年第一次修改后的专利法，由于取消了三种专利申请授权前的异议程序，专利单行本的出版出现新的变化。

1. 发明专利申请公开/布说明书，文献种类标识代码 A

2007 年 1 月发明专利申请公开说明书单行本更名为发明专利申请公布说明书，法律性质和公布级均未变化。

2. 发明专利说明书，文献种类标识代码 C

发明专利申请经实审合格即可授予专利权，自 1993 年 1 月 1 日起开始出版发明专利说明书单行本，取代了发明专利申请审定说明书单行本。

3. 实用新型专利说明书，文献种类标识代码 Y

实用新型专利申请经初审合格即可授予专利权，自 1993 年 1 月 1 日起开始出版实用新型专利说明书单行本，取代了实用新型专利申请说明书单行本。

4. 外观设计授权公告与外观设计专利单行本，文献种类标识代码 D

外观设计专利申请经初审合格即可授予专利权，自 1993 年 1 月 1 日起开始在外观设计公报中登载外观设计授权公告，取代了外观设计申请公告。

自 2006 年起，除在外观设计公报中登载外观设计授权公告之外，同时还出版外观设计专利单行本。外观设计专利单行本由扉页和外观设计图片或照片页构成。图片或照片按申请人提交的原稿色彩出版（见图 3 - 1 - 4）。

以上各类专利单行本的产生过程见图 3 - 1 - 2。

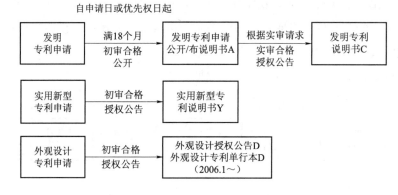

图 3 - 1 - 2    1993 ~ 2010 年 3 月出版的专利单行本

### （三）2010 年 4 月以后出版的各类专利单行本

2010 年 4 月，所有中国专利单行本随新专利法实施细则的生效，其单行本名称及扉页上的专利文献著录项目及出版格式也做了相应的调整。

发明专利申请公布说明书单行本更名为发明专利申请（见图 3 - 1 - 5），文献种类代码仍为 A；发明专利说明书单行本更名为发明专利（见图 3 - 1 - 6），文献种类代码更改为 B；实用新型专利说明书单行本更名为实用新型专利（见图 3 - 1 - 7），文献种类代码更改为 U；外观设计专利单行本的文献种类代码更改为 S。

以上各类专利单行本的产生过程见图 3 - 1 - 3。

### 三、中国专利编号

在中国专利文献的查阅和使用过程中，应注意专利文献的编号提供给

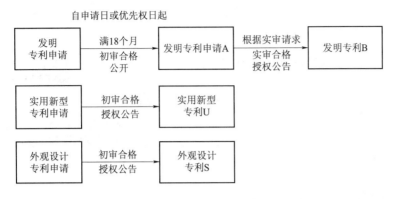

图 3 - 1 - 3　2010 年 4 月出版的专利单行本

我们很多有用的信息。中国专利编号主要有申请号、专利号和以及在不同公布/公告阶段出版的专利文献号，其中：

申请号：是在提交专利申请时给出的编号；

专利号：是在授予专利权时给出的编号；

申请公布号：也称申请公开号，简称公开号或公布号，是对发明专利申请单行本的编号；

审定公告号：简称审定号，是对发明专利申请审定说明书单行本的编号；

申请公告号：简称公告号，是对实用新型专利申请说明书单行本和外观设计专利申请公告的编号；

授权公告号：是对发明专利单行本、实用新型专利单行本、公告的外观设计专利和外观设计专利单行本的编号。

中国专利编号在 1989 年、1993 年、2003 年、2007 年和 2010 年做过几次调整。因此中国专利编号的发展变化可分为四个阶段：1985～1988 年，1989～1992 年，1993～2010 年 3 月（其中 2003 年 10 月 1 日申请号升位和 2007 年 7～8 月文献号升位），2010 年 4 月至今。

**（一）1985～1988 年的专利编号**

1985～1988 年的专利编号见表 3 - 1 - 1。

表 3 - 1 - 1　1985～1988 年的专利编号

| 申请种类 | 申请号 | 申请公开号 | 申请公告号 | 审定公告号 | 专利号 |
|---|---|---|---|---|---|
| 发明 | 85100001 | CN 85100001 A | | CN 85100001 B | ZL 85100001 |
| 实用新型 | 85201109 | | CN 85201109 U | | ZL 85201109 |
| 外观设计 | 86399425 | | CN 86399425 S | | ZL 86399425 |

(19) 中华人民共和国国家知识产权局

(12) 外观设计专利

(10) 授权公告号 CN 301266346 S
(45) 授权公告日 2010.06.23

(21) 申请号 200930296386.6

(22) 申请日 2009.10.26

(73) 专利权人 江苏陈荣大服饰有限公司
    地址 216500 江苏省常熟市南三环路(立交
    桥旁)

(72) 设计人 陈均票

(74) 专利代理机构 常熟市常新专利商标事务所
    32115
    代理人 朱伟平 何凯

(51) LOC(8)Cl.
    02-02

图片或照片3幅 简要说明1页

(54) 使用外观设计的产品名称
    裤子(1)

主视图

CN 301266346 S

图3-1-4 外观设计专利单行本扉页

(19) 中华人民共和国国家知识产权局

**(12) 发明专利申请**

(10) 申请公布号 CN 101692094 A
(43) 申请公布日 2010.04.07

(21) 申请号 200910162680.6

(22) 申请日 2009.08.18

(71) 申请人 刘维甲
地址 102218 北京市昌平区天通苑东 一区
57 号楼 1804 室
申请人 土新华

(72) 发明人 刘维甲 土新华

(74) 专利代理机构 北京方韬法业专利代理事务
所 11303
代理人 岳亚

(51) Int. Cl.
*GO1N 37/00* (2006.01)

权利要求书 1 页 说明书 4 页 附图 1 页

(54) 发明名称
一种物质分析方法和仪器系统

(57) 摘要
本发明公开了一种物质分析方法和仪器系统，前端设备对被检测物质进行采样，取得被检测物质的物理化学数据、曲线或者图象；前端设备将物理化学数据、曲线或者图象进行数字化并压缩；前端设备将数字化的物理化学数据、曲线或者图象通过网络传输给网络中心服务器；网络中心服务器对数字化的物理化学数据、曲线或者图象进行分析，获得分析结果；然后网络中心服务器将分析结果通过网络传输给前端设备；前端设备显示或者发表分析结果。采用本发明的技术方案，能够提高物质分析仪器的分析处理水平和能力，降低每台物质分析仪器的成本，而且分析仪器的操作极为简单。

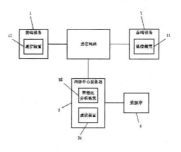

图 3 - 1 - 5 发明专利申请单行本扉页

(19) 中华人民共和国国家知识产权局

(12) 发明专利

(10) 授权公告号 CN 1655197 B
(45) 授权公告日 2010.04.28

(21) 申请号 200510056076.7

(22) 申请日 2003.03.13

(30) 优先权数据
  2002-068022 2002.03.13 JP

(62) 分案原申请数据
  03120541.0 2003.03.13

(73) 专利权人 欧姆龙株式会社
  地址 日本京都府

(72) 发明人 赤木哲也

(74) 专利代理机构 隆大国际知识产权代理有限
        公司 72003
  代理人 高龙鑫 王玉双

(51) Int. CI.
  G08B 13/194 (2006.01)
  F16P 3/14 (2006.01)

(56) 对比文件
  JP 2000182165 A, 2000.06.30, 说明书第
  2 - 5 栏及附图 1.
  CN 2265526 Y, 1997.10.22, 全文.
  CN 1056574 A, 1991.11.27, 全文.
  JP 200199615 A, 2001.04.13, 全文.

审查员 何毅

权利要求书 1 页 说明书 22 页 附图 36 页

(54) 发明名称
  监视装置
(57) 摘要
  本发明涉及一种例如在适用于人体进入危险
区域的监视或者人体接近危险物体的监视时,无
论进入路径如何,都可以确实监视其进入或者接
近的监视装置。该监视装置包括在三维区域中检
测侵入物体输出对应的检测信息的检测装置;用
于设定对成为监视对象的三维区域内的侵入物体
的位置和动向进行监视所必要的信息的设定装
置;根据上述检测装置生成的检测信息和上述设
定装置设定的设定信息、生成有关在上述成为监
视对象的三维区域内上述侵入物体的位置和动向
的监视信息的监视信息生成装置;向外部输出与
有关由上述监视信息生成装置生成的侵入物体的
位置和动向的监视信息相对应的控制输出和显示
输出的外部输出装置。

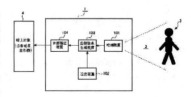

图 3 - 1 - 6  发明专利单行本扉页

(19) 中华人民共和国国家知识产权局

(12) 实用新型专利

(10) 授权公告号 CN 201442161 U
(45) 授权公告日 2010.04.28

(21) 申请号 200920016912.2

(22) 申请日 2009.08.25

(73) 专利权人 沈阳元生电气有限公司
地址 110144 辽宁省沈阳市于洪区沙岭街道
沙河路 H 区 1 号

(72) 发明人 李兴云 李富住

(74) 专利代理机构 沈阳科威专利代理有限责任
公司 21101
代理人 张述学

(51) Int. Cl.
B23K 37/04 (2006.01)
B23K 37/00 (2006.01)
B23K 37/047 (2006.01)
B23K 26/42 (2006.01)

权利要求书 1 页 说明书 5 页 附图 20 页

(54) 实用新型名称
连续焊上料侧齿条机构

(57) 摘要
一种连续焊上料侧齿条机构,它包括底座、超
薄气缸,其特征是:底座上固定连接守柱,在守柱
上滑动组装带内齿条的齿条滑动座,齿条滑动座
设置作用底板,在作用底板的上表面设置作用斜
面,在作用斜面的上方留有作用轴承运行空间,超
薄气缸的活塞杆连接吊耳,在吊耳上通过连接轴
连接作用轴承,在齿条滑动座的下面组装顶起弹
簧。本实用新型能实现对不等厚两块短板、多组进
行输送定位,也能对板长超过 3.5M 的不等厚两块
钢板实施连续输送定位,从而满足精密导轨输送
定位机的使用要求。

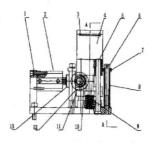

图 3-1-7 实用新型专利单行本扉页

此阶段编号的特点是：

（1）发明、实用新型和外观设计三种专利申请号均由 8 位数字组成，按年编排，如：85100001。其中，前两位数字表示受理专利申请的年代；第三位数字表示专利申请的种类：1——发明，2——实用新型，3——外观设计；后五位数字表示当年申请的顺序号。

（2）所有文献号沿用申请号，也称一号多用。一号多用的编号方式突出的优点是方便查阅，易于检索；不足之处是由于专利审查过程中的撤回、驳回、修改或补正，使申请文件不可能全部公开或按申请号的顺序依次公开，从而造成这段时间中国专利文献的缺号和跳号（号码不连贯）现象，给中国专利文献的收藏、管理与使用带来诸多不便。因此，1989 年中国专利文献编号体系进行了调整。

（3）专利号也沿用申请号，前两位用 ZL 表示，为汉语"专利"的声母组合。

**（二）1989～1992 年的专利编号**

1989～1992 年的专利编号见表 3-1-2。

表 3-1-2 1989～1992 年的专利编号

| 申请种类 | 申请号 | 申请公开号 | 申请公告号 | 审定公告号 | 专利号 |
|---|---|---|---|---|---|
| 发明 | 89100002. X | CN1044155A | | CN1014821B | ZL 89100002. X |
| 实用新型 | 89200001. 5 | | CN2043111U | | ZL 89200001. 5 |
| 外观设计 | 89300001. 9 | | CN3005104S | | ZL 89300001. 9 |

此阶段编号的特点是：

（1）自 1989 年开始出版的专利文献中三种专利申请号和专利号开始显示校验位了，如：89200001. 5 和 ZL 89200001. 5，小数点后面的数字为计算机校验码。

（2）自 1989 年开始出版的所有专利文献号均由 7 位数字组成，按各自流水号序列顺序编排。其中，发明专利申请公开号自 CN1030001 开始，文献种类标识代码为 A；发明专利申请审定公告号自 CN1003001 开始，文献种类标识代码为 B，实用新型申请公告号自 CN2030001 开始，文献种类标识代码为 U，外观设计申请公告号自 CN3003001 开始，文献种类标识代码为 S。首位数字表示专利权种类：1——发明，2——实用新型，3——外观设计。

**（三）1993 ~ 2010 年 3 月的专利编号**

1993 ~ 2010 年 3 月的专利编号见表 3 - 1 - 3。

表 3 - 1 - 3  1993 ~ 2010 年 3 月的号码升位以前的专利编号

| 申请种类 | 申请号 | 申请公布号 | 授权公告号 | 专利号 |
|---|---|---|---|---|
| 发明 | 93100001.7 | CN 1089067 A | CN 1033297 C | ZL 93100001.7 |
| 进入中国国家阶段的 PCT 发明 | 94190008.8 | CN 1101484 A | CN 1044447 C | ZL 94190008.8 |
| | 96180555.2 | CN 1242105 A | CN 1143371 C | ZL 96180555.2 |
| | 98805245.8 | CN 1258422 A | CN 100440991 C | ZL 98805245.8 |
| 实用新型 | 93200001.0 | | CN 2144896 Y | ZL 93200001.0 |
| 进入中国国家阶段的 PCT 实用新型 | 94290001.4 | | CN 2402101 Y | ZL 94290001.4 |
| | 98900001.X | | CN 2437102 Y | ZL 98900001.X |
| 外观设计 | 93200001.0 | | CN 3021827 D | ZL 93300001.4 |

此阶段编号的特点是：

（1）自 1993 年开始出版的发明专利说明书单行本、实用新型专利说明书单行本、外观设计专利授权公告的编号都称为授权公告号，分别延续原审定公告号或原申请公告号序列，文献种类标识代码相应改为 C、Y、D。

（2）1994 年中国加入专利合作条约（PCT）。进入中国国家阶段的国际申请均给予国家申请号，仍由 9 位数字组成。前两位数字表示受理专利申请的年代，第三位数字表示国际申请的种类：1——发明，2——实用新型。第四位数字用 9 或 8 表示进入中国国家阶段的国际申请，后四位数字表示进入中国国家阶段的顺序编号，小数点后第九位数字是计算机检验码，如 94190008.8。自 1998 年开始，进入中国国家阶段的发明和实用新型国际申请的申请号再度改变，仍由 9 位数字组成，第三位数字 8 表示进入中国国家阶段的发明专利的国际申请，第三位数字 9 表示进入中国国家阶段的实用新型专利的国际申请，后五位数字表示进入中国国家阶段的顺序编号，其他含义不变。如 98805245.8，98900001.X。进入中国国家阶段的国际申请出版时的说明书名称以及文献编号均纳入相应的说明书及文献编号系列，不再另行编排。

（3）此外，对确定为保密的发明专利申请和实用新型专利申请，授权后解密的，出版解密的发明或实用新型专利说明书，同时在专利公报上予以公告。解密专利说明书的编号，对发明专利申请公开号的表示如，解密 CN1 × × × × × × C；对实用新型专利申请公告号的表示：解密 CN2 × × × × × × Y。

另外，专利申请号和专利文献号分别于 2003 年 10 月以及 2007 年 7 ~ 8 月进行过升位调整，两次升位以后的专利编号如表 3 - 1 - 4 所示。

表 3 - 1 - 4　2003 年 10 月以及 2007 年 7 ~ 8 月号码升位以后的专利编号

| 申请种类 | 申请号 | 申请公开号 | 授权公告号 | 专利号 |
|---|---|---|---|---|
| 发明 | 200710055212. X | CN 100998275 A | CN 100569061 C | ZL 200710055212. X |
| 进入中国国家阶段的 PCT 发明 | 200780000001. 4 | CN 101213848 A | CN 100440991 C | ZL200780000001. 4 |
| 实用新型 | 200620075737. 0 | | CN 200938735 Y | ZL 200620075737. 0 |
| 进入中国国家阶段的 PCT 实用新型 | 200790000002. 4 | | CN 201201653 Y | ZL 200790000002. 4 |
| 外观设计 | 200630128826. 1 | | CN 300683009 D | ZL 200630128826. 1 |

两次升位后的具体说明如下：

（1）2003 年 10 月专利申请号升位。三种专利申请号由 12 位数字组成，按年编排，如：200780000001. 4。其中，前 4 位数字表示受理专利申请的年代；第 5 位数字表示专利申请的种类：1——发明，2——实用新型，3——外观设计，8——进入中国国家阶段的发明专利的国际申请，9——进入中国国家阶段的实用新型专利的国际申请；后 7 位数字表示当年申请顺序号；小数点后第 13 位数字为计算机检验码。

（2）2007 年 7 ~ 8 月文献号码由 7 位升至 9 位。如发明专利申请公布号 100234567A、发明专利授权公告号 100567894C、实用新型授权公告号 200234567Y、外观设计授权公告号 300123456D，分别按各自序列号码编排。

**（四）2010 年 4 月以后的编号系统（见表 3 - 1 - 5）**

2010 年 4 月以后的编号系统见表 3 - 1 - 5。

表 3 - 1 - 5　2010 年 4 月以后的专利编号

| 申请种类 | 申请号 | 申请公布号 | 授权公告号 | 专利号 |
|---|---|---|---|---|
| 发明 | 200710195983. 9 | CN 101207268 A | CN 101207268 B | ZL 200710195983. 9 |
| 进入中国国家阶段的 PCT 发明 | 200680012968. X | CN 101164163 A | CN 101164163 B | ZL 200680012968. X |
| 实用新型 | 200920059558. 1 | | CN 201435998 U | ZL 200920059558. 1 |
| 进入中国国家阶段的 PCT 实用新型 | 200790000064. 5 | | CN 201436162 U | ZL 200790000064. 5 |
| 外观设计 | 200930140521. 7 | | CN 301168542 S | ZL 200930140521. 7 |

此阶段编号的特点是：

（1）2010 年 4 月出版的各种类型专利单行本文献编号，启用国家知识产权局 2004 年 1 月 7 日制定的《专利文献号标准》（ZC0007 - 2004）。此标准规定专利文献号的编排规则遵守的原则是"基于一件专利申请形成的专利文献只能获得一个专利文献号"，该专利申请在后续程序中公布或公告（如该专利申请的修正版，专利部分无效宣告的公告）时被赋予的专利文献号与首次获得的专利文献号相同，不再另行编号。

（2）文献种类标识代码相应进行修改：发明专利授权公告使用的专利文献种类代码改为 B，实用新型专利授权公告使用的专利文献种类代码改为 U，外观设计专利授权公告使用的专利文献种类代码改为 S。

## 四、中国专利公报

中国专利公报分《发明专利公报》、《实用新型专利公报》和《外观设计专利公报》三种。1985 年 9 月创刊，开始为月刊，自 1990 年起，三种公报均为周刊。

三种专利公报封面均标有卷期号。专利公报每年为 1 卷，1985 年为第 1 卷，依次排下去。卷号后面是期号，即出版周数。如 27 卷第 43 期，表示 2011 年第 43 周出版的公报。

### （一）《发明专利公报》

《发明专利公报》为文摘型专利公报，包含三个部分，均有固定栏目。

第一部分，包括专利申请公布、国际专利申请公布、专利权授予、宣告专利权部分无效审查结论公告、保密发明专利等，1993 年前还包括专利审定公告，均按公开号、审定公告号或授权公告号顺序并按国际专利分类 A ~ H 八大部分排列。

其中，以文摘形式公布发明专利申请；1994 年我国加入专利合作条约后，于 1995 年增加进入中国国家阶段的国际申请文摘的公布；以著录项目形式公布 1993 年前的发明专利申请审定公告和发明专利权的授予；以目录形式公布保密专利专利权的授予和保密专利的解密。1989 年以前出版的专利公报上，文献号前面加注：GK、GG、SD、ZL，分别为"公开"、"公告"、"审定"、"专利"汉语拼音的声母组合，1989 年以后取消。

文摘形式如图 3 - 1 - 8 所示；著录项目形式如图 3 - 1 - 9 所示。

［51］ Int. Cl.$^7$  A21D 2/08    ［11］公开号    CN 1240109A
［21］申请号  98115727.0    ［22］申请日    1998.6.22
［43］公开日  2000.1.5
［71］申请人  刘云机
　　　　地址  400055 重庆市巴南区道角经建村 130 – 25 号
［72］发明人  刘云机
［54］发明名称  一种玉米为主要原料的制面配方
［57］摘要  本发明属于一种食品加工技术领域，具体涉及一种玉米为主要原料的挂面配方。其配方为玉料胚乳制成 100 目以上的精制玉米细粉，比例为 70%，精小麦粉 25%，淀粉 4.4%，羧甲基纤维素纳 FH6 – A1‰，黄原胶 5‰，上述比例混，搅拌制成玉料挂面。

---

［51］ lnt. Cl.$^7$  A01N25/04    ［11］公开号    CN 1240330A
　　　　　　　A01N25/06
［21］申请号  97180681.0    ［22］申请日    1997.12.18
［43］公开日  2000.1.5
［30］优先权  ［32］1996.12.18    ［33］US ［31］08/768,547
［86］国际申请  PCT/US97/23682    1997.12.18
［87］国际公布  WO98/26655  英 1998.6.25
［85］进入国家阶段日期  1999.6.16
［71］申请人  约翰逊父子公司
　　　　地址  美国威斯康星
［72］发明人  J.D.哈格蒂
［74］专利代理机构  中国国际贸易促进委员会专利商标事务所
　　　　代理人  杜京英
［54］发明名称  微乳剂昆虫防治组合物
［57］摘要  在这里公开的是不含常规活性成分的杀虫微乳剂。该微乳剂形式允许通过使用油/表面活性剂的混合物来杀死昆虫。

图 3 – 1 – 8  以文摘形式公布发明专利申请

Int. Cl.$^5$  H04B    1/16    H04B  7/26
专利号  88101334.X
授权日  92.3.18
申请号  88101334.X
申请日  88.2.20
优先权  87.2.20 JP 37008/87
专利权人  日本电气株式会社
地址  日本东京都
发明人  丸次夫
专利代理机构  中国专利代理（香港）有限公司
代理人  叶凯东 何关元
发明名称  便携式无线电装置

---

Int. Cl.$^7$  A01N 65/00    授权公告号 CN 1047917C
　　　　　　A01N 25/12
　　　　　　A01N 25/02
专利号  ZL 94105885.9    颁证日  1999.11.20
申请号  94105885.9    申请日  1994.6.1
授权公告日  2000.1.5
专利权人  西北农业大学
地址  712100 陕西省咸阳市杨陵区
发明人  张兴
专利代理机构  农业部专利事务所
代理人  董金和 罗永娟
发明名称  砂地柏杀虫剂及其制造方法

图 3 – 1 – 9  以著录项目形式公布发明专利权的授予

　　第二部分，专利事务。记载与专利申请及授权专利的法律状态有关的事项，具体包括：实质审查的生效，专利局对专利申请实质审查的决定，专利申请公布后的驳回、撤回和视为撤回，专利权的视为放弃、无效宣告、终止、主动放弃，避免重复授予专利权，专利申请或者专利权的恢复，专利申请权、专利权的转移，专利实施的强制许可，专利实施许可合同备案的生效、变更及注销，专利权质押合同登记的生效、变更及注销，专利权的保全及其解除、著录事项变更，专利权人的姓名或者名称、地址的变更，文件的公告送达，其他有关事项等。其中，专利实施许可合同、专利权的质押、保全及解除等内容于 2001 年 9 月开始增加。该部分提供了解专利申请动态法律信息的途径。我国专利法规定，发明专利自申请日起 3 年内应提出实审请求，逾期未提出的视为撤回，借以了解发明专利申请提出实审请求的状况。

　　第三部分，索引。分为申请公布索引和授权公告索引，1993 年前还包括审定公告索引。每种索引都按照 IPC 分类号、申请号和申请人（专利权人）的顺序编排了三个子索引。1993 年起，索引部分专利号前面加有 ZL，以区别申请号。以申请公开索引为例，如图 3 - 1 - 10 所示。

1. IPC 索引

| IPC | 公开号 | IPC | 公开号 | IPC | 公开号 |
| --- | --- | --- | --- | --- | --- |
| A01B 73/02 | CN 1340293 A | A21D 8/00 | CN 1340995 A | A23L 1/36 | CN 1340306 A |
| A01D 41/12 | CN 1340294 A | A21D 13/00 | CN 1340995 A | A23L 2/04 | CN 1340314 A |
| A01G 7/00 | CN 1340295 A | A21D 13/04 | CN 1340995 A | A23L 2/04 | CN 1340315 A |
| A01G 7/00 | CN 1340482 A | A21D 13/06 | CN 1340995 A | A23L 2/38 | CN 1340316 A |
| A01G 23/00 | CN 1340295 A | A21D 13/08 | CN 1340299 A | A23L 2/39 | CN 1340317 A |

2. 申请号索引

| 申请号 | 公开号 | 申请号 | 公开号 | 申请号 | 公开号 |
| --- | --- | --- | --- | --- | --- |
| 00110600.7 | CN 1340502 A | 00111308.9 | CN 1340463 A | 00111322.4 | CN 1340657 A |
| 00111302.X | CN 1340667 A | 00111309.7 | CN 1340464 A | 00111326.7 | CN 1340460 A |
| 00111303.8 | CN 1340344 A | 00111314.3 | CN 1340495 A | 00111327.5 | CN 1340828 A |
| 00111305.4 | CN 1340297 A | 00111315.1 | CN 1340749 A | 00111329.1 | CN 1340456 A |
| 00111306.2 | CN 1340613 A | 00111318.6 | CN 1340406 A | 00111330.5 | CN 1340457 A |
| 00111307.0 | CN 1340462 A | 00111319.4 | CN 1340342 A | 00111336.4 | CN 1340706 A |

3. 申请人索引

| 申请人 | 公开号 | 申请人 | 公开号 | 申请人 | 公开号 |
| --- | --- | --- | --- | --- | --- |
| A. 沃本 | CN1341289A | N. 爱德华·伯格 | CN 1341044 A | 阿尔斯特罗姆玻璃纤维有限公司 | CN 1341183 A |
| B. G. 罗伯特 | CN1341311A | NKT 研究中心有限公司 | CN 1341263 A | 阿克佐诺贝尔公司 | CN 1340994 A |
| BASF 公司 | CN1340310A | RMF 迪克塔吉恩有限公司 | CN1341150A | 阿克佐诺贝尔公司 | CN 1341144 A |

图 3 - 1 - 10　索引略图

此外，每部分索引还分别列有：公开号/申请号对照表，审定号/申请号对照表（1993 年以后取消），授权公告号/专利号对照表（1993 年开始）。

### （二）《实用新型专利公报》

《实用新型专利公报》为文摘型专利公报。其编排形式和三部分内容与《发明专利公报》基本一致。由于审查制度和审批程序的不同，决定其内容性质上的区别：

1993 年以前，第一部分以文摘形式公开实用新型专利申请，以著录项目形式公布实用新型专利权授予。1993 年以后两者合并，改以文摘形式公布实用新型专利权的授予，文献编号改为授权公告号。第一部分按公开号或授权公告号顺序并按照国际专利分类 A～H 八大部分排列。

第二部分专利事务中无"实质审查的生效"以及申请公布后的相关程序。

第三部分索引，1993 年前分为申请公告索引和授权公告索引两部分组成；1993 年起，申请公告索引取消，每部分索引的编排与《发明专利公报》相似，同时给出公告号/申请号对照表（1993 年起取消），授权公告号/专利号对照表（1993 年开始）。

### （三）《外观设计专利公报》

由于外观设计专利申请主要是利用照片或示意图，从不同视觉角度（主视、俯视、侧视、仰视等）对使用该外观设计的工业产品进行展示。因此，《外观设计专利公报》第一部分，1993 年前公告经过初步审查的外观设计专利申请的全部内容。1993 年起，这一部分改为公告外观设计专利权授予，文献号改为授权公告号。2010 年 4 月 7 日前公布全部内容，之后除公告著录项目以外，还公布最能表达设计要点的一幅视图。《外观设计专利公报》按公告号或授权公告号顺序排列。与上述两种公报的区别还在于：发明和实用新型使用《国际专利分类》（IPC），而外观设计使用的是《工业品外观设计国际分类》，即洛迦诺分类（LOC）（见图 3-1-11）。

第二部分和第三部分的编排和修改同于《实用新型专利公报》。

### 五、中国香港特别行政区专利文献

### （一）中国香港特别行政区专利制度

香港回归前没有自己独立的专利法，不能直接受理专利申请。1932 年

[11]授权公告号　CN3533278D　　　　[45]授权公告日　2006.6.7　　　　专利号　ZL200530014345.4
[22]申请日　2005.4.28　　[21]申请号　200530014345.4　　分类号　06-01
[30]优先权　2004.11.1　JP　2004-033280
[73]专利权人　丰田自动车株式会社
　　　　地址　日本爱知县
[72]设计人　小堤晶子
[74]专利代理机构　中国国际贸易促进委员会专利商标事务所
　　　代理人　董　敏
[54]使用外观设计的产品名称　汽车座椅

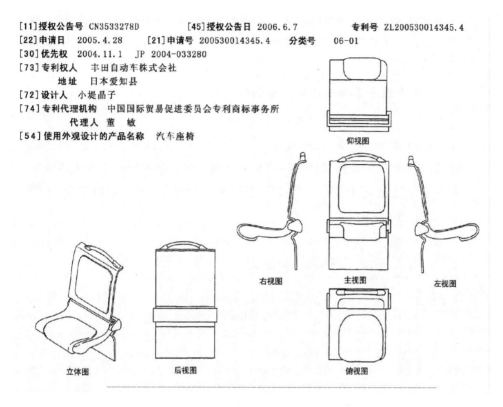

立体图　　　　　后视图　　　　　仰视图　　右视图　　主视图　　左视图　　俯视图

图3-1-11　外观设计专利授权公告

颁布实施的《专利注册条例》依附英国专利法而存在，规定任何人的发明要在香港获得专利权保护，首先应向英国专利局提出申请，或向欧洲专利局提出申请并指定英国，在专利权授予后5年内，可在香港申请注册，批准后，专利权即在香港受到保护，有效期自在英国申请日起20年。香港回归前外观设计保护的做法是：凡在英国根据1949年《注册外观设计法》注册的外观设计，在香港无需办理任何注册自动生效。

1997年7月1日香港回归中国，新的香港《专利条例》和香港《注册外观设计条例》分别于1997年5月29日、6月4日获香港立法局相继通过，并于6月27日同时生效实施。这标志着香港本地化的知识产权制度正式建立。

新的香港《专利条例》仍保留原有的专利注册制度（登记制），但将专利分为标准专利和短期专利两种。标准专利权最长有效期为20年，自原专利申请提交之日起计算，但须每年续期。短期专利权的有效期最长为8年，自申请日起4年后续期一次。短期专利申请也可享有巴黎公约优先权。

按照新的香港《注册外观设计条例》，香港知识产权署直接受理外观设计注册申请，经形式审查后予以注册并公布。注册的外观设计有效期为5年，自注册申请提交日起计算，可有4次5年期续展，因此最长可受法律保护25年。

### （二）中国香港特别行政区专利单行本

1. 标准专利申请，文献种类标识代码A

这是在指定专利局（中国国家知识产权局、英国专利局、欧洲专利局）提出专利申请并由其公布后的6个月内，向香港知识产权署申请备案（香港称为记录请求），经形式审查后公布的文献称为标准专利申请（见图3-1-12）。

| | |
|---|---|
| [19] Patents Registry<br>The Hong Kong Special Administrative Region<br>香港特別行政區<br>專利註冊處 | [11] 1002560 A<br>CN 1158644 A |

[12]
**STANDARD PATENT APPLICATION**
**標準專利申請**

[21] Application No. 申請編號　　　　　　　　　　　　[51] Int.Cl.⁶　D05B
　　　98101584.3

[22] Date of filing 提交日期
　　　28.02.98

[30] Priority 優先標
　　23.09.94　US 08/311,784
[43] Date of publication of application 申請發表日期
　　04.09.98
CN Application No. & Date 中國專利申請編號及日期
CN 95195184.x　22.09.95
CN Publication No. & Date 中國專利申請發表編號及日期
CN 1158644　03.09.97
[86] International Application No. 國際申請編號
　　PCT/US95/12423
[87] International Publication No. 國際申請發表編號
　　WO 96/10110 (04.04.96)

[71] Applicant 申請人
CLINTON INDUSTRIES, INC., 700 Washington Avenue,
Carlstadt, NJ 07072, United States of America 美利堅合眾國
[72] Inventor 發明人
SCHUELER, PETER K.
SILVA, PEDRO
[74] Agent and / or address for service 代理人及/或送達地址
NTD Patent & Trade Mark Agency Ltd., Room 103, Wing On
Plaza, Tsim Sha Tsui East, Kowloon, Hong Kong
永新專利商標代理有限公司，香港九龍尖沙咀東部永安廣
場 103 室

[54] BUTTONHOLE SEWING MACHINE 扣眼縫紉机

图 3-1-12　标准专利申请扉页

2. 标准专利说明书，文献种类标识代码B

这是在经指定专利局审查、授予专利权并公布后的6个月内，向香港知识产权署申请注册专利权（香港称注册与批予请求），经形式审查后即授予专利权并予以公布的文献称为标准专利单行本（见图3-1-13）。标准专利一经注册，即成为独立的香港特别行政区专利，就是说标准专利的撤销或宣告无效不影响原专利，反之亦然。

经过修订或更正的标准专利说明书用文献种类代码C表示。

| [19] | Patents Registry<br>The Hong Kong Special Administrative Region<br>香港特別行政區<br>專利註冊處 | [11] | 1003926 B<br>EP 0800752 B1 |

[12] **STANDARD PATENT SPECIFICATION**
**標準專利說明書**

| [21] | Application No. 申請編號<br>98103043.4 | [51] | Int.Cl. H05B |
| [22] | Date of filing 提交日期<br>14.04.1998 | | |

[54] POLYMERIC RESISTANCE HEATING ELEMENT 聚合耐熱元件

| [30] Priority 優先權<br>29.12.1994　US 08/365,920 | [73] Proprietor 專利所有人<br>ENERGY CONVERTORS, INC. |
| [43] Date of publication of application 申請發表日期<br>13.11.1998 | LOWER DEMUNDS ROAD, DALLAS, PENNSYLVANIA<br>18612 |
| [45] Publication of the grant of the patent 批予專利的發表日期<br>12.05.2006 | United States/United States of America |
| EP Application No. & Date 歐洲專利申請編號及日期<br>EP 95944248.4　28.12.1995 | RHEEM MANUFACTURING COMPANY |
| EP Publication No. & Date 歐洲專利申請發表編號及日期<br>EP 0800752　15.10.1997 | 405 LEXINGTON AVENUE, NEW YORK<br>NEW YORK 10017 |
| Date of Grant in Designated Patent Office 指定專利當局批予專利<br>日期　08.03.2006 | United States/United States of America |
| | [72] Inventor 發明人<br>ECKMAN, CHARLES, M. |
| | [74] Agent and / or address for service 代理人及/或送達地址<br>CLT Patent & Trademark (H.K.) Ltd.<br>Unit 09, 34/F, Office Tower<br>Convention Plaza, No. 1 Harbour Road<br>Wanchai, Hong Kong<br>誠通專利商標(香港)有限公司<br>香港灣仔港灣道 1 號會展廣場<br>辦公大樓 34 樓 09 室 |

图 3 - 1 - 13　标准专利说明书扉页

3. 短期专利说明书，文献种类标识代码 A

短期专利是香港《专利条例》新增加的一种专利权种类，目的是保护商业寿命短的发明。短期专利申请由香港知识产权署直接受理，经形式审查后，并以一个 PCT 的国际检索单位或上述一个指定局的检索报告为基础授予专利权，并予以公布（见图 3 - 1 - 14）。

短期专利以中英文登载著录项目信息，并在互联网上公布短期专利说明书单行本的扉页，同时公布检索报告（见图 3 - 1 - 15 和图 3 - 1 - 16）。

经过修订或更正的短期专利说明书用文献种类代码 B 表示。

**（三）中国香港特别行政区专利文献的编号体系**

中国香港特别行政区专利文献编号主要有以下特点。

（1）三种专利申请号均由 8 位数字加校验位组成，按年编排。前 2 位数字表示受理专利申请的年号，小数点后数字为计算机校验码。

[19] Patents Registry
The Hong Kong Special Administrative Region
香港特別行政區
專利註冊處

[11]  1081382 A

**SHORT-TERM PATENT SPECIFICATION**
**短期專利說明書**

[12]

[21] Application No. 申請編號
06103085.4

[51] Int.Cl.⁷   A43B

[22] Date of filing 提交日期
10.03.2006

| [45] Publication Date of granted patent 批予專利的發表日期 12.05.2006 | [73] Proprietor 專利所有人 Meter International Company Limited Hong Kong 菱薈國際有限公司 香港 九龍長沙灣青山道 485 號 九龍廣場 12 樓 1212 室 [72] Inventor 發明人 Leung Kwok Keong 梁國強 [74] Agent and / or address for service 代理人及/或送達地址 安力知識產權有限公司 香港中環德輔道中 10 號 東亞銀行大廈 15 樓 |

[54] SHOE WITH CHANGEABLE UPPER 可更換鞋幫的鞋子

[57] The present invention relates to a shoe with changeable upper 20. It provides a solution for changing the upper 20 of shoes conveniently. The present invention comprises a shoe sole 10, an upper 20 and at least one detachable connecting device 30. The connecting device 30, which comprises a button 40 and a base 50, is operated by a key 60. The button 40 further comprises a cap 41 and a T-shape shaft 42. The T-shape shaft 42 extends from the back of the cap 41 perpendicularly. The base 50 is cap-shaped and is hollow inside. A rectangular opening 51 is disposed on the top of the base 50. The shape and the size of the rectangular opening 51 match those of the bottom of the T-shape shaft 42. The key 60 is cap-shaped and is hollow inside. At least one flange 63 is disposed at the opening inside the key 60. A plurality of notches 44, which are of the same size and shape as the flanges 63, are disposed at the edge of the surface of the button 40 at the corresponding positions. The user may change the upper 20 by using the key 60 to turn the button 40 and detach the connecting device 30. The upper 20 can be fixed on the shoe firmly and easily by applying this invention. The upper 20 will not depart from the shoes easily. This invention will not have any adverse effect on the appearance, the degree of comfort and the durability of the shoes.

本發明涉及一種可更換鞋幫 20 的鞋子，提供一種方便更換鞋幫 20 的技術方案，它包括鞋底 10、鞋幫 20 和一個以上的活動連接裝置 30。連接裝置 30 由鈕扣件 40 和鈕底座 50 所組成，並由結合工具 60 所操作。鈕扣件 40 由鈕帽 41 和在鈕帽 41 背後垂直伸凸的 T 形桿 42 所組成。鈕底座 50 為一中空的蓋體，它的蓋面設置一長形開孔 51，形狀大小與 T 形桿 42 的底部相配合。結合工具 60 為一中空的蓋體，蓋體內於開口位置設置至少一個凸緣 63。鈕扣件 40 的蓋面周緣於與凸緣 63 相對應的位置設置有與凸緣 63 大小和對應的缺口 44。使用者可用結合工具 60 轉動鈕扣件 40，打開連接裝置 30 以更換鞋幫 20。述技術方案可簡易地把鞋幫 20 牢固在鞋子上，使鞋幫 20 不容易移位或脫離，也不影響鞋子的外觀、舒適度和耐用性。

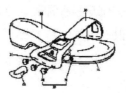

图 3-1-14　短期专利说明书扉页

（2）三种专利文献号按照统一编号系列，混合编排。

（3）外观设计文献号由 8 位数字组成，前 2 位数字表示受理申请的年号；后 5 位数字为当年顺序号；小数点后的数字为计算机校验码。

（4）外观设计为系列申请时，文献号后标注 M。如 0410185.7M001，0410185.7M002，0410185.7M003，表示该外观设计有三个系列申请。

HK 1081394 A

# 中华人民共和国国家知识产权局

## 香 港 短 期 专 利 申 请 检 索 报 告

### HK06047

| 检索名称：具有电子发声装置之书本结构 | | |
|---|---|---|
| 权利要求数目：4 | 说明书页数：5 | 附图页数：4 |
| 审查员确定的 IPC 分类号： G09B5/04 | | |
| 审查员实际检索的 IPC 分类号：G09B G06K | | |
| | | |
| 机检数据（数据库名称、检索词等）：CNPAT,CNKI，WPI,EPODOC,PAJ<br>（书本，声音，电子，播放，扬声器，控制，连接：book，sound，voice，audio，movement，part, elements, structure, generating） | | |
| 缩微平片号 | | |

| | | 相 关 专 利 文 献 | | | |
|---|---|---|---|---|---|
| 类型 | 国别以及代码<br>[11]<br>给出的文献号 | 代码[43]或[45]<br>给出的日期 | IPC 分类号 | 相关的段落<br>和/或图号 | 涉及的权<br>利要求 |
| A | CN2736874Y | 2005-10-26 | G09B5/04 | 全文 | 1-4 |
| A | CN2618234Y | 2004-05-26 | G09B5/00 | 全文 | 1-4 |
| A | CN2491904Y | 2002-05-15 | G06K9/00 | 全文 | 1-4 |
| A | CN2722333Y | 2005-08-31 | G06K11/06 | 全文 | 1-4 |
| A | CN2700982Y | 2005-05-18 | G09B5/04 | 全文 | 1-4 |
| A | JP2005091769A | 2005-04-07 | G09B5/04 | 全文 | 1-4 |
| A | TW566637Y | 1999-11-02 | G09B5/04 | 全文 | 1-4 |
| A | WO0247782A | 2002-06-20 | G09B5/04 | 全文 | 1-4 |

图 3－1－15　短期专利申请检索报告扉页

HK 1081394 A

| 相 关 非 专 利 文 献 | | | | | |
|---|---|---|---|---|---|
| 类型 | 书名(包括版本号和卷号) | 出版日期 | 作者姓名和出版者名称 | 相关页数 | 涉及的权利要求 |
|  |  |  |  |  |  |
| 类型 | 期刊或文摘名称(包括卷号和期号) | 发行日期 | 作者姓名和文章标题 | 相关页数 | 涉及的权利要求 |
|  |  |  |  |  |  |

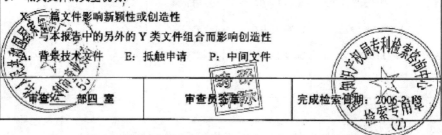

表格填写说明事项:

1. 说明书的页数,在有附图的情况下应当包括附图的页数,但不包括权利要求书和摘要的页数。

2. 审查员实际检索领域的 IPC 分类号应当填写到大组和／或小组所在的分类位置。

3. 当被审查的是外国申请量,审查员应当检索缩微平片,并填写平片号。

4. 期刊或其它定期出版物的名称可以使用符合一般公认的国际惯例的缩写名称。

5. 相关文件的类型说明:

X：一篇文件影响新颖性或创造性

Y：与本报告中的另外的 Y 类文件组合而影响创造性

A：背景技术文件     E：抵触申请     P：中间文件

| 审查处 部四 室 | 审查员签章 | 完成检索日期：2006 |
|---|---|---|

图 3－1－16   短期专利申请检索报告次页

表3-1-6　中国香港特区专利文献的编号体系

| 文献编号<br>文献名称 | 申请号 | 文献号 |
|---|---|---|
| 标准专利申请 | 07101597.8 | HK1094409A |
| 标准专利 | 05105421.3 | HK1072897B |
| 短期专利 | 06102264.9 | HK1081051A |
| 外观设计 | | 0501224.0 |

**（四）中国香港特别行政区知识产权公报**

《香港知识产权公报》于2004年5月7日增加专利和外观设计专刊，每逢周五出版。《香港知识产权公报》将商标、专利和外观设计三部分分刊出版，但封面一致，靠目录内容加以区别。

1. 《香港知识产权公报》专利专刊

《香港知识产权公报》专利专刊为题录型公报，包括以下几部分内容。

（1）依据香港《专利条例》第20条指定专利申请记录请求的公布。分别按国际专利分类、文献号、申请号和申请人姓名/名称编排登载指定专利申请的著录项目。

（2）依据香港《专利条例》第27条授权标准专利的公布。分别按国际专利分类、文献号、申请号和专利权人姓名/名称编排登载指定专利申请的著录项目。

（3）依据香港《专利条例》第118条授权短期专利的公布。分别按国际专利分类、文献号、申请号和专利权人姓名/名称编排登载指定专利申请的著录项目。

（4）依据香港《专利条例》第514章公布的其他公告（见图3-1-17）。

2. 《香港知识产权公报》外观设计专刊

《香港知识产权公报》外观设计专刊包括以下两部分内容。

（1）依据香港《注册外观设计条例》第25条公布注册的外观设计。仅按注册号编排登载注册的外观设计的著录项目，以及外观设计的主视图。

（2）依据香港《注册外观设计条例》第522章公布的其他公告。

香港外观设计使用工业品外观设计国际分类（见图3-1-18）。

[51] **A46D** [11] **1082393***
　　A46B 　　CN1713838 A
　　　　　　[13] **A**
[25] De
[21] 06102817.1 [22] 03.03.2006
[86] 26.09.2003 PCT/EP2003/010748
[87] 08.07.2004 WO2004/056235
[30] 19.12.2002 DE 10259723.5
[54] TOOTHBRUSH AND METHOD FOR PRODUCING THE SAME
　　牙刷及其製造方法
[71] TRISA HOLDING AG
　　KANTONSSTRASSE, CH-6234 TRIENGEN
　　Switzerland
[72] PFENNIGER, Philipp
　　FISCHER, Franz
[74] China Patent Agent (H.K.) Ltd.
　　22/F, Great Eagle Centre
　　23 Harbour Road, Wanchai
　　Hong Kong

图 3 – 1 – 17 　《香港知识产权公报》专利专刊

公報編號 Journal No.: 167　　　　　公布日期 Publication Date: 09-06-2006
分項名稱 Section Name: 外觀設計註冊 Designs Registered

[30] 30-08-2005 / DE / 4 05 04 548.4
[51] Cl. 19 - 06
[54] 具有三種不同顏色書寫工具的支座
　　Holder with three writing utensils of different colours
[73] Merz & Krell GmbH & Co. KGaA
　　Bahnhofstrasse 76,
　　64401 Gross-Bieberau,
　　Germany
[74] NTD Patent & Trademark Agency Ltd.
　　Units 1805-6, 18/F, Greenfield Tower,
　　Concordia Plaza, No. 1, Science Museum Road,
　　Tsimshatsui East, Kowloon, Hong Kong.

图 3 – 1 – 18 　《香港知识产权公报》外观设计专刊

### 六、中国台湾地区专利文献

#### （一）中国台湾地区专利制度

我国台湾地区沿用了中国历史上 1944 年 5 月 29 日颁布的专利法，于 1949 年 1 月 1 日起施行。2001 年 10 月 24 日前，台湾专利法对发明、新型及新式样专利申请均采取完全审查制，经审查合格在《专利公报》中予以审定公告，并公布权利要求及附图。自审定公告之日起 3 个月内为公众异议期，期满无异议、异议理由不成立或异议被驳回即为审查确定，授予发明、新型、新式样专利权，颁发相应专利证书。历经七度修订，台湾地区于 2001 年 10 月 24 日公布修订后的"专利法"，2001 年 10 月 26 日生效，其中部分条款自 2002 年 1 月 1 日起施行。2003 年专利法再度修改，修改后的新专利法于 2004 年 7 月 1 日起实施。几经修订后的专利法做出重大调整，涉及专利文献的主要有：

（1）增设国内优先权。

（2）发明专利申请改为早期公开、延迟审查制，自申请日起 3 年内任何人可提出实审请求。

（3）专利权有效期的计算：台湾地区 1994 年"专利法"将发明、新型、新式样的专利权有效期分别由自公告日起 15 年、10 年和 5 年，改为自申请日起 20 年、10 年和 12 年。对于 1994 年 1 月 21 日前已经授权的发明专利，至 2002 年 1 月 1 日仍然有效的，其有效期由原来的 15 年补为 20 年。对于药品、农药或其制造方法的发明专利，在专利公告两年后才取得实施许可证的。专利权人可申请一次性延长专利权 2 ~ 5 年。

（4）取消专利申请授权前的异议程序，保留授权后的无效程序。

（5）新型专利申请改为形式审查制，并引入专利技术（检索）报告制。

（6）专利说明书不公开出版发行，仅限于台湾"智慧财产局"内经请求阅览、复制。近年来，为便利公众查询台湾专利文献，提升专利审查的质量，于 2003 年 7 月 1 日起可在互联网上检索浏览。内容包含核准公告公报及早期公开公报相关信息。因而，台湾地区各种类型的专利说明书出版格式与各国所遵循的 WIPO 专利文献的相关标准出版格式不同。

下列示意图概括了我国台湾地区专利申请的审批流程（见图 3 - 1 - 19）。

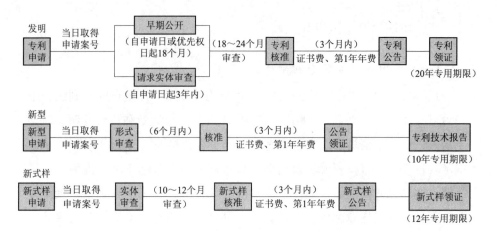

图 3 - 1 - 19    台湾地区专利申请的审批流程

**(二) 中国台湾地区专利单行本**

1. 早期公开说明书

一种未经实质性审查、尚未授予专利权的单行本，台湾地区称之为早期公开专利说明书。

2001 年 10 月 24 日公布的专利法引入早期公开延迟审查制度。为使公众了解并给予申请人以适应期，"专利法"特规定新法公布施行一年后，即自 2002 年 10 月 26 日起提出的发明专利申请适用早期公开、延迟审查制。发明专利申请提出后，经初步（形式）审查合格，自申请日（或优先权日）起满 18 个月在《早期公开公报》中予以公布，任何人可请求阅览、复制。早期公开说明书于 2003 年 5 月 1 日开始公布。

2. 发明专利说明书

这是一种经过实质性审查、授予专利权的单行本，台湾地区称之为核准公告专利说明书（见图 3 - 1 - 20）。依据 2001 年 10 月 24 日修正并公布的"专利法"规定：发明专利申请自申请日起 3 年内，根据任何人随时提出的请求，对其申请进行实质性审查。经实审合格的即授予专利权。

3. 实用新型专利说明书

这是一种经过形式审查合格即授予专利权的单行本，台湾地区称之为新型专利说明书。依据 2001 年 10 月 24 日修正并公布的"专利法"规定：对新型专利申请改为形式审查制，并引入新型专利技术报告制度，任何人在新型专利公告后均可向"智慧财产局"提出提供技术报告请求。2004 年 7 月 1 日开始实施新型专利申请形式审查制，2005 年 3 月 30 日，"智慧财

I302768

發明專利說明書 公告本

(本說明書格式、順序及粗體字，請勿任意更動，※記號部分請勿填寫)

※ 申請案號：PF138860

※ 申請日期：95.10.18

※IPC 分類：~~H01R~~

　　H01R 24/02 (2006.01)

一、發明名稱：(中文/英文)

用於編織同軸纜線之壓縮連接器

COMPRESSION CONNECTOR FOR BRAIDED COAXIAL CABLE

二、申請人：(共 1 人)

姓名或名稱：(中文/英文)

美商約翰美茲林高協會公司

JOHN MEZZALINGUA ASSOCIATES, INC.

代表人：(中文/英文)

史帝芬 P 馬拉克

MALAK, STEPHEN P.

住居所或營業所地址：(中文/英文)

美國紐約州東雪拉克斯市東摩洛尹路6176號

6176 EAST MOLLOY ROAD, EAST SYRACUSE, NY 13057-0278,

U.S.A.

國　籍：(中文/英文)

美國　U.S.A.

三、發明人：(共 1 人)

姓　名：(中文/英文)

諾亞　蒙特拿

MONTENA, NOAH

國　籍：(中文/英文)

美國　U.S.A.

115181.doc　　　　　　　　　　-1-　　　　　　　　　　〈5〉

图 3 - 1 - 20　发明专利说明书

产局"发出第一份新型专利技术报告。

　　4. 外观设计专利说明书

　　这是一种经过实质审查授予专利权的外观设计专利单行本，我国台湾地区称之为新式样专利说明书。

　　**（三）台湾地区专利文献的编号体系**

　　我国台湾地区专利文献的编号体系大体上经历了两个阶段，以 2003 年

5 月为界。

1. 2003 年 5 月以前

此阶段我国台湾地区专利文献编号（见表 3 - 1 - 7）的特点有。

（1）三种专利申请号由 7 位数字组成，按年编排。其中前 2 位数字是台湾年号，与公元年的换算关系为："年号" + 1911 = 公元年号，68 即为 1979 年。第 3 位数字表示专利种类：1 - 发明，2 - 新型，3 - 新式样，第 4 ~ 7 位数字（共 4 位）表示当年申请顺序号。

（2）三种专利公告号遵循一次公布、号码连排的原则，即按发明、新型、新式样顺序连续编排。例如：1980 年第 1 期公报的公告号是自 28063 ~ 28149，其中：发明专利申请公告号为：28063 ~ 28214，新型专利申请公告号为：28215 ~ 28389，新式样专利申请公告号为：28390 ~ 28419。1980 年第 2 期公报自 28420 起，继续按此规律编排。

（3）专利号即专利证书号，三种专利号依各自编号序列，均从 1 号开始顺排。

表 3 - 1 - 7　2003 年 5 月以前专利编号

|  | 申请号 | 公告号 | 专利号（专利证书号） |
|---|---|---|---|
| 发明 | 68 1 1204 | 28214 | 11765 |
| 新型 | 68 2 3392 | 28389 | 10486 |
| 新式样 | 67 3 0877 | 28390 | 2388 |

2. 2003 年 5 月以后

此阶段专利文献编号（见表 3 - 1 - 8）的特点有：

（1）三种专利申请号由 8 位数字组成，按年编排。前 3 位数字意义同前，第 4 至 8 位数字（共 5 位）表示当年申请顺序号。

（2）发明专利公开号自 2003 年 5 月 1 日起使用。公开号由 9 位数字组成，前 4 位数字表示发明专利申请公布的年号，后 5 位数字表示当年申请公布的顺序号，顺序号不足 5 位数字的以零补位。

（3）三种专利公告号自 2004 年 8 月 1 日起增加文献种类代码：I - 发明，M - 新型，D - 新式样。三种专利公告号不再遵循一次公布、号码连排的原则，不再按发明、新型、新式样顺序连续编排，而是依各自文献编号序列编排。起始号分别为：发明 I220001，新型 M240001，新式样 D100001。

（4）专利号即专利证书号，自 2004 年 8 月 1 日起专利号同于公告号。

表 3 - 1 - 8　2003 年 5 月以后专利编号

| | 申请号 | 公开号<br>（2004.8.1 起公布） | 公告号<br>（2004.8.1 起公布） | 专利号 |
|---|---|---|---|---|
| 发明 | 91 1 34545 | 200300001 | | |
| | 92 1 26515 | | I220001 | I220001 |
| 新型 | 92 2 01581 | | M240001 | M240001 |
| 新式样 | 92 3 05576 | | D100001 | D100001 |

#### （四）中国台湾地区专利公报

台湾地区《专利公报》由台湾"智慧财产局"出版。台湾地区《专利公报》1950 年创刊，原名为《标准公报》。登载专利、商标信息。自 1974 年 1 月开始单独出版《专利公报》，每年一卷，不定期出版。自 1989 年起改为旬刊，全年出版 36 期。自 1999 年 2 月 1 日起，《专利公报》正式改名为"台湾经济部智慧财产局官方公报"。

《专利公报》为权利要求型公报。内容大致分为四个部分：

第一部分是经过审查的三种专利申请的审定公告目录，即按发明、新型和新式样的顺序编制的公告号索引，其内容包括：公告号、分类号（只给到小类，自 2005 年 10 月 1 日起外观设计采用外观设计国际分类第 8 版，此日前未经审定的外观设计申请仍适用第 7 版）、申请号和专利申请的标题。

第二部分对经过审查的三种专利申请按发明、新型、新式样的顺序刊载著录项目，对发明和新型专利著录公告著录项目、权利要求，并附有机、电示意图或化学式，对新式样则公告著录项目，并附有若干图片和一句简短的说明。

值得注意的是，著录项目申请号的特殊表达，如：

"（21）申请案号：86215436 追加一"表示这是一件追加专利（补充专利）。台湾"专利法"曾规定在发明、新型专利权有效期内，专利权人利用原发明（基本发明）的主要技术内容所完成的再发明可申请追加专利。其有效期随原专利权有效期同时届满。原发明专利权撤销，追加专利未撤销的，视为独立专利权，另外颁发专利证书，有效期为原专利剩余期限。现行"专利法"删除了此项条款。

"（21）申请案号：86305250 联合一"表示这是一件联合新式样专利。在新式样专利权有效期内，专利权人提出的相近似的新式样可申请联合新式样专利。联合新式样专利权与原专利权有效期同时届满。原新式样专利权撤销或失效时，联合新式样专利权视为一并撤销或失效。

第三部分是颁发专利证书的目录。包括专利证书号、审定公告号、申请号、专利权人、专利名称、发证日期等内容。

第四部分是专利事务。包括专利证书补发、作废、异议理由的成立或不成立、专利权的转让、变更、失效等。

## 第二节　国家知识产权局网站专利信息检索

### 一、概述

互联网上存在许多中国专利检索系统，这些系统在数据收录范围和检索功能方面各有特点。进行中国专利检索时，应当对各系统的特点有所了解，才能选择合适的检索系统。各系统的基本特点如表 3 - 2 - 1 所示。

表 3 - 2 - 1　各中国专利检索系统基本特点

| 检索系统 | 国家知识产权局政府网站专利检索系统 | 专利检索与服务系统（PSS） | 重点产业专利信息服务平台（CHINAIP） | 专利之星——专利检索系统（CPRS） |
|---|---|---|---|---|
| 网址 | www. sipo. gov. cn | www. pss-system. gov. cn | www. chinaip. com. cn | search. cnpat. com. cn |
| 数据范围 | 中国（中、英文） | 97 个国家、国际组织和地区的专利文摘（中、英文） | 90 个国家、国际组织和地区的专利文摘（中、英文） | 90 个国家、国际组织和地区的专利文摘（中、英文） |
| 专利类型 | 发明、实用新型、外观设计 | 发明、实用新型、外观设计 | 发明、实用新型、外观设计 | 发明、实用新型、外观设计 |

续表

| 信息内容 | 著录项目、说明书全文、外观设计图形、法律状态 | 著录项目、说明书全文、外观设计图形、法律状态 | 著录项目、说明书全文、外观设计图形、法律状态 | 著录项目、说明书全文、主权利要求 |
|---|---|---|---|---|
| 更新情况 | 每周三 | 中国数据每周三外国数据不定期 | 中国数据每周三外国数据不定期 | 中国数据每两周外国数据不定期 |
| 检索方式和功能 | 简单检索、高级检索、（表格检索）IPC分类检索、法律状态检索 | 简单检索、表格检索、高级检索、IPC分类检索、法律状态检索、自动提取关键词 | 表格检索、命令检索、IPC分类检索、法律状态检索 | 表格检索（检索字段间可组合逻辑）、高级检索（命令检索） |
| 检索结果显示与保存 | 列表显示、专利文本显示、全文图像显示（单页显示和下载） | 列表显示、专利文本显示、全文图像显示（PDF格式下载） | 列表显示、专利文本显示、全文图像显示（PDF格式下载）著录数据批量下载 | 列表显示、专利文本显示、全文图像显示 |

　　国家知识产权局官方网站检索系统是由国家知识产权局提供的专利信息检索系统，可以获取中国发明、实用新型和外观设计专利的著录项目信息以及专利文献全文。

　　网址：http：//www. sipo. gov. cn/。

## 二、专利信息检索方法

### （一）检索方式

　　国家知识产权局政府网站提供的中国专利信息检索系统主要有三种检索方式：简单检索、高级检索和IPC分类检索。

　　1. 简单检索

　　SIPO主页页面右侧的"专利检索"，就是"简单检索"界面（见图3-2-1）。简单检索方式提供一个检索字段选项和一个信息输入框。

（1）可选择的检索字段。

号码信息：申请（专利）号、公开（公告）号；

日期类型信息：申请日、公开（公告）日；

公司/人名信息：申请（专利权）人、发明（设计）人；

技术信息：名称、摘要和主分类号。

图 3 - 2 - 1　"简单检索"界面

（2）检索步骤。检索时，先在检索选项中选择需要的检索字段，然后在信息输入框中根据系统帮助中的输入规则输入相关检索式，最后选择"搜索"即可获得检索结果。

在简单检索方式下，检索式中不能使用逻辑算符。

2. 高级检索

点击 SIPO 主页页面右侧中部的"高级搜索"，即可进入"高级检索"页面（见图 3 - 2 - 2）。系统提供的"高级检索"是格式化的检索方式。

（1）检索字段。高级检索提供 16 个检索字段，包括：

号码信息：申请（专利）号、公开（公告）号；

日期类型信息：申请日、公开（公告）日、颁证日；

综合信息：国际公布、优先权；

公司/人名信息：申请（专利权）人、发明（设计）人、地址、专利代理机构、代理人；

技术信息：名称、摘要、分类号和主分类号。

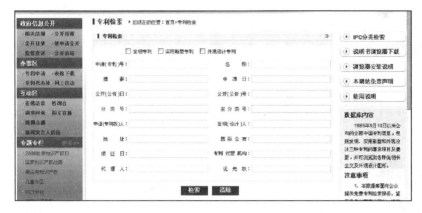

图 3 - 2 - 2　"高级检索"页面

这些检索字段之间全部为逻辑"AND"关系。

（2）检索步骤：① 通过页面上方专利种类的选择项选择待检索的专利类型，缺省状态下默认在全部专利类型中进行检索；② 选择检索字段，输入相应的检索条件。

3. 中国专利法律状态检索

本部分主要介绍国家知识产权局网站法律状态检索系统，具体法律状态信息应以国家知识产权局专利登记簿记载为准。

国家知识产权局法律状态检索系统提供 1985 年至今公告的中国专利法律状态信息。该法律状态信息是国家知识产权局根据《专利法》和《专利法实施细则》的规定在出版的《发明专利公报》、《实用新型专利公报》和《外观设计专利公报》上公开和公告的专利法律状态信息，主要有：实质审查请求的生效、专利权的无效宣告、专利权的终止、权利的恢复、专利申请权/专利权的转移、专利实施许可合同的备案、专利权的质押/保全及其解除、著录事项变更/通知事项等。

中国专利法律状态检索系统（见图 3 - 2 - 3）可以从"申请（专利）号"、"法律状态公告日"和"法律状态"三个入口进行检索，在检索入口下方提供了详细的使用说明，为使用者提供了指导。

如使用"申请（专利）号"检索某一篇专利文献的法律状态，结果会按照公布日期从最近到最初的顺序显示出该专利的所经历的所有法律状态。法律状态检索系统所提供的结果信息见图 3 - 2 - 4。检索结果显示的专利或专利申请，仅表示该项专利或专利申请在检索条件日曾进行公告或曾经处于某种法律状态，并不代表为最终法律状态。例如，图示检索结果为曾经"授权"的专利，并不代表检索当日该项专利仍然有效。

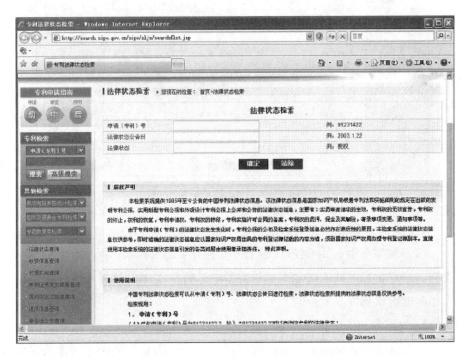

图 3 - 2 - 3　专利法律状态检索系统

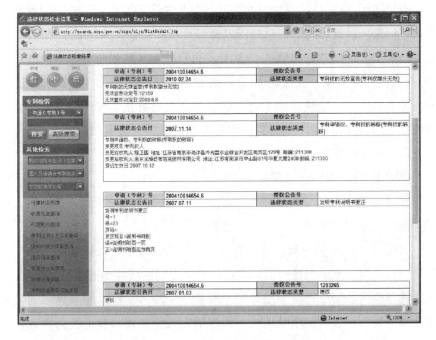

图 3 - 2 - 4　专利法律状态检索结果

### （二）检索结果显示

正确输入检索条件后，选择检索页面下方的“检索”按钮，系统将执行检索并进入检索结果显示页。

简单检索、高级检索和 IPC 分类检索的检索结果显示相同，共提供了三种检索结果显示：检索结果列表显示、专利文本显示和专利说明书全文图像显示。

1. 检索结果列表显示

如图 3－2－5 所示，在检索结果列表显示页面的上方依次显示“发明专利”、“实用新型专利”和“外观设计专利”的命中记录数。检索出的专利文献按照专利文献公布日期的先后顺序排列，即最新公布的专利文献排在前面。显示页面一次只能显示 20 条记录，每一条记录分别显示：序号、申请号和专利名称。

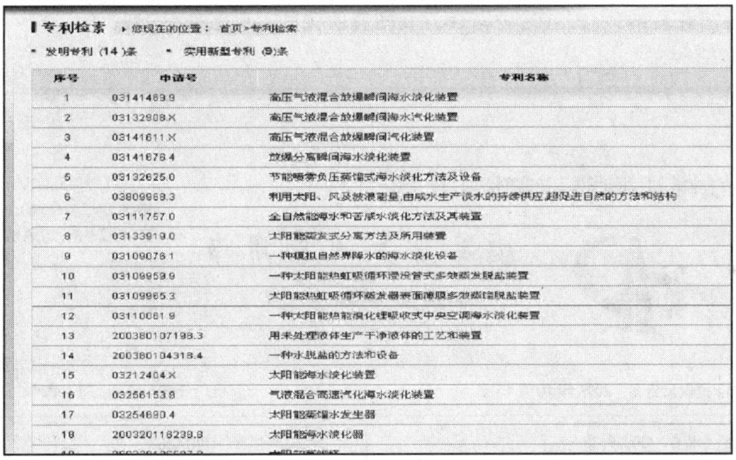
专利检索 ▸ 您现在的位置： 首页 > 专利检索

▪ 发明专利（14）条　▪ 实用新型专利（9）条

| 序号 | 申请号 | 专利名称 |
|---|---|---|
| 1 | 03141469.9 | 高压气液混合放爆瞬间海水淡化装置 |
| 2 | 03132908.X | 高压气液混合放爆瞬间海水汽化装置 |
| 3 | 03141611.X | 高压气液混合放爆瞬间汽化装置 |
| 4 | 03141676.4 | 放爆分离瞬间海水淡化装置 |
| 5 | 03132625.0 | 节能喷雾负压蒸馏式海水淡化方法及设备 |
| 6 | 03809969.3 | 利用太阳、风及波浪能量,由咸水生产淡水的持续供应,超促进自然的方法和结构 |
| 7 | 03111757.0 | 全自然能海水和苦咸水淡化方法及其装置 |
| 8 | 03133919.0 | 太阳能蒸发式分离方法及所用装置 |
| 9 | 03109076.1 | 一种模拟自然界降水的海水淡化设备 |
| 10 | 03109959.9 | 一种太阳能热虹吸循环浸没管式多效蒸发脱盐装置 |
| 11 | 03109965.3 | 太阳能热虹吸循环蒸发器表面薄膜多效蒸馏脱盐装置 |
| 12 | 03110061.9 | 一种太阳能热能溴化锂吸收式中央空调海水淡化装置 |
| 13 | 200380107198.3 | 用未处理液体生产干净液体的工艺和装置 |
| 14 | 200380104318.4 | 一种水脱盐的方法和设备 |
| 15 | 03212404.X | 太阳能海水淡化装置 |
| 16 | 03256153.8 | 气液混合高速汽化海水淡化装置 |
| 17 | 03254680.4 | 太阳能蒸馏水发生器 |
| 18 | 200320116239.8 | 太阳能海水淡化器 |

图 3－2－5　检索结果列表显示

2. 专利著录项目文本显示

选择相应的“申请号”或者“专利名称”，可查看该专利的详细著录数据，如图 3－2－6 所示。

3. 专利说明书全文图像显示

通过专利著录项目文本显示页面中的“申请公开说明书”或“审定授权说明书”的链接，可查看中国专利说明书全文图像，如图 3－2－7 所示。选择高级检索页面右部的“说明书浏览器下载”，并安装下载程序才可以实现浏览说明书全文的功能。

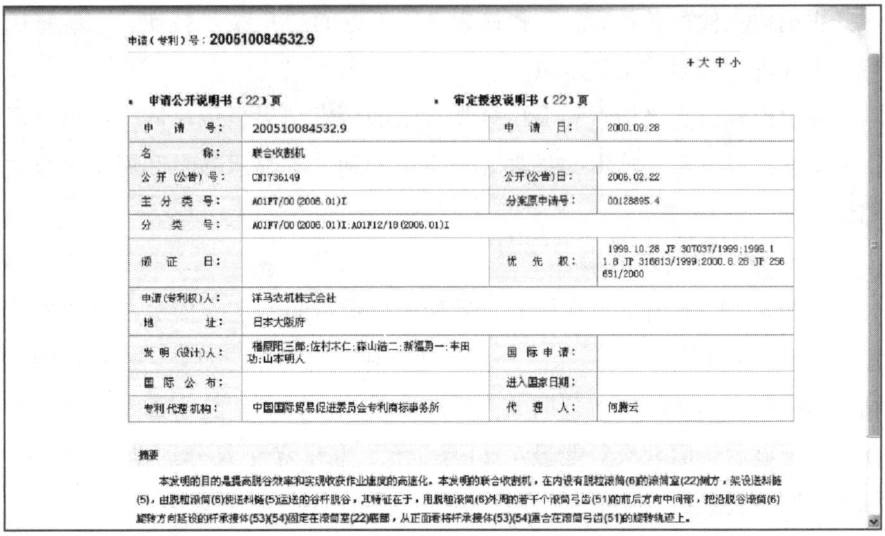

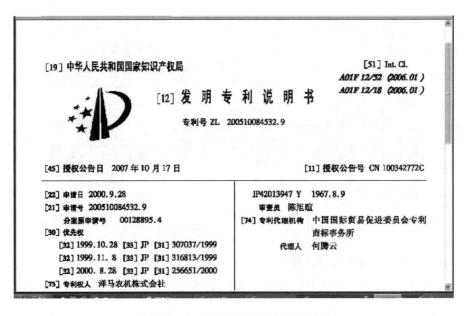

图 3-2-6 专利著录项目文本显示

图 3-2-7 专利说明书全文图像显示

　　该网站提供的信息仅供公众参考，如有与国家知识产权局《发明专利公报》、《实用新型专利公报》、《外观设计专利公报》及相关说明书、附图、权利要求书不符之处，均应以公报和说明书全文的内容为准。

## 第三节 中国专利复审委员会数据库检索

国家知识产权局专利复审委员会在其官方网站上向社会公众提供了专利复审信息的查询系统。此系统不仅可以查询到复审决定，还可以查询口头审理公告。

网址：http：//www. sipo – reexam. gov. cn/。

### 一、概述

在地址栏中直接输入专利复审委员会的网址，就可以进入网站；也可以在 SIPO 网站上的直属单位栏目下，点击"专利复审委员会"直接进入网站。

专利复审委员会网站提供口头审理公告查询和复审无效决定选编查询。

### 二、审查决定查询

在专利复审委员会网站点击"审查决定检索"入口链接，进入审查决定查询页面（见图 3 – 3 – 1）。

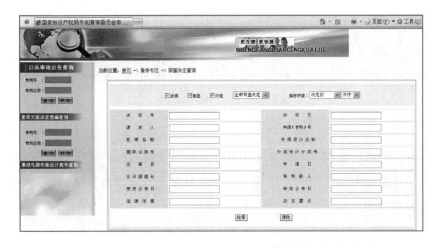

图 3 – 3 – 1 审查决定查询

### （一）检索字段

审查决定查询提供发明、实用新型和外观设计的复审决定，可选择检索全部审查决定、复审决定和无效决定信息，检索结果可以按决定日、决定号、委内（特指国家知识产权局专利复审委员会）编号、申请日、授权公告日和审定公告日的升序或降序排列。其中委内编号,是专利复审委对复审和无效请求的决定的编号。

号码检索字段:决定号、申请(专利)号;

日期检索字段:决定日、申请日、授权公告日、审定公告日;

专利权相关人入口:请求人、专利权人、主审员、会议组组长;

技术信息入口:发明名称、外观设计名称、国际分类号、外观设计分类号;

复审决定入口:法律依据、决定要点。

各个检索字段支持模糊检索,各个检索字段之间是逻辑"与"关系。

**(二)检索结果**

例如在检索页面的"发明名称"检索字段输入:计算机,点击"检索",检索结果以列表方式显示(见图 3 - 3 - 2)。显示的内容包括:决定号、申请(专利)号、决定日和专利(申请)名称。

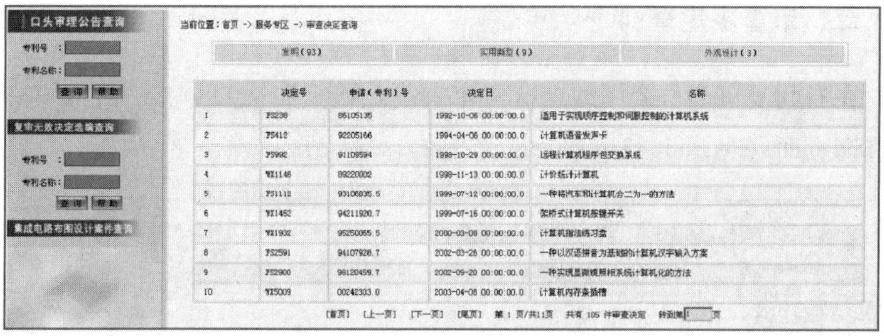

图 3 - 3 - 2 检索结果显示

点击一条记录的"决定号"或"申请(专利)号"可以参看复审决定的详细内容,如图 3 - 3 - 3。其中包括发明创造名称、决定日和决定号等复审信息,专利(申请)的部分著录信息以及复审审查员信息。其中还包含复审决定的全文。

**三、口头审理公告查询**

在无效宣告程序中,有关当事人可以向专利复审委员会提出口头审理的请求,并且说明理由。当事人应当以书面方式提出口头审理请求,合议组可以根据案情需要决定是否进行口头审理。确定需要进行口头审理的,合议组应向当事人发出口头审理通知书,通知举行口头审理的日期和地点等事项。

| | | | |
|---|---|---|---|
| 发明创造名称 | 计算机适配卡的散热装置及其散热方法 | 外观设计名称 | |
| 决定号 | FS 13782 | 决定日 | 2008-06-20 00:00:00.0 |
| 委内编号 | | 优先权日 | |
| 申请（专利）号 | 01141066.3 | 申请日 | 2001-09-28 00:00:00.0 |
| 复审请求人 | 技嘉科技股份有限公司 | 无效请求人 | |
| 授权公告日 | 2003-04-09 00:00:00.0 | 审定公告日 | |
| 专利权人 | null | 主审员 | 何熥 |
| 合议组组长 | 孙治国 | 参审员 | 穆丽娟 |
| 国际分类号 | G06F 1/20 H01L 23/36 | 外观设计分类号 | |
| 法律依据 | 专利法第22条第3款 | | |
| 决定要点 | 如果一项权利要求所限定的技术方案仅仅是本领域现有技术与本领域公知常识的结合，且这种结合所带来的技术效果也未产生任何意料不到的技术效果，则该权利要求所限定的技术方案不具备突出的实质性特点和显著的进步，不符合专利法第22条第3款有关创造性的规定。 | | |
| | 一、案由<br>本复审请求涉及申请号为 01141066.3，名称为“计算机适配卡的散热装置及其散热方法”的发明专利申请。本申请的申请人为技嘉科技股份有限公司，其申请日为2001年9月28日，公开日为2003年4月9日。<br>在实质审查程序中，国家知识产权局实质审查部门于2005年5月13日发出第一次审查意见通知书，该通知书中指出：权利要求第1、4-7项相对于对比文件1（DE29722457U1，公开日为1998年2月26日）不具备专利法第22条第3款规定的创造性；权利要求2、3相对于对比文件1和对比文件2（DE29705792U1，公开日为1997年5月22日）的结合不具备专利法第22条第3款规定的创造性；权利要求8、9不符合专利法实施细则第20条第1款的规定。<br>针对第一次审查意见通知书，申请人于2005年9月13日提交了意见陈述书以及权利要求第1-9项的修改替换页，同时在意见陈述书中指出，修改后的权利要求第1-9项符合专利法第22条第3款的规定，并且修改后的权利要求8、9符合专利法实施细则第20条第1款的规定。<br>国家知识产权局实质审查部门于2005年12月2日发出第二次审查意见通知书，指出修改后的权利要求第1-9项相对于对比文件1和对比文件2的结合不具备创造性，不符合专利法第22条第3款的规定。<br>针对第二次审查意见通知书，申请人于2006年1月13日提交了意见陈述书以及权利要求第1-9项的修改 | | |

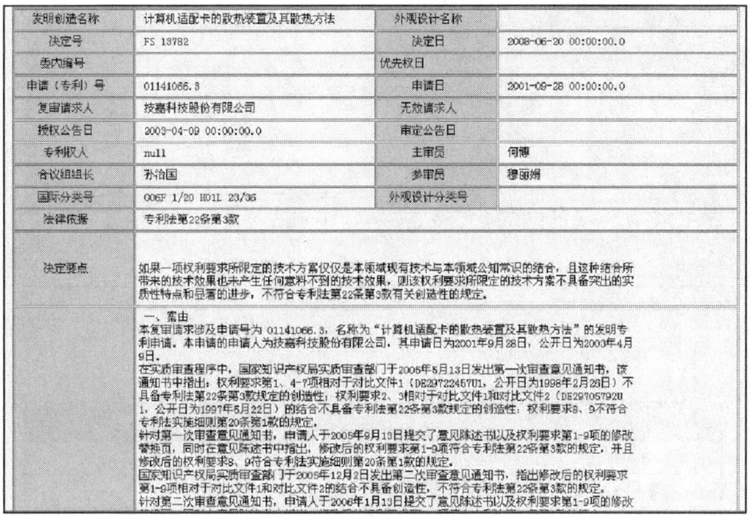

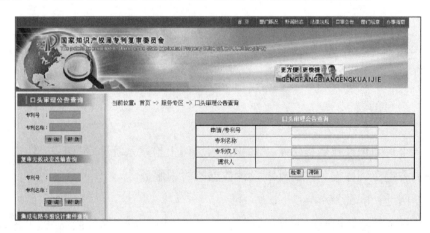

图 3-3-3 复审决定的详细内容

### （一）口头审理公告的查询

在专利复审委员会网站点击口审公告查询入口链接，进入口头审理公告查询页面（见图 3-3-4）。口头审理公告查询提供申请/专利号、专利名称、专利权人和请求人检索字段。这些入口都支持模糊检索。

图 3-3-4 口头审理公告查询

### （二）检索结果的显示

检索结果采用列表显示（见图 3-3-5），包括专利号、专利名称、时间和地点。点击检索结果记录的任意一个字段，都可以查看具体的口头审理公告的详细信息（见图 3-3-6）。

| 口头审理公告 | | | |
|---|---|---|---|
| 专利号 | 专利名称 | 时间 | 地点 |
| 200620056816.7 | 计算机系统接口高密度连接插座 | 2010-03-16上午 | 第九口审厅 |
| 200510100240.X | 计算机投影辅助定位方法及使用该方...... | 2010-01-21上午 | 第八口审厅 |
| 200510100240.X | 计算机投影辅助定位方法及使用该方...... | 2010-01-21下午 | 第八口审厅 |
| 01134218.8 | 计算机外围设备共享的无线接收装置 | 2009-08-19上午 | 第七口审厅 |
| 01134218.8 | 计算机外围设备共享的无线接收装置 | 2009-08-19下午 | 第七口审厅 |
| 01134218.8 | 计算机外围设备共享的无线接收装置 | 2009-08-19上午 | 第七口审厅 |
| 01134218.8 | 计算机外围设备共享的无线接收装置 | 2009-08-19下午 | 第七口审厅 |
| 03147560.4 | 汉字教学用计算机字型及其笔顺、部...... | 2009-08-10下午 | 第七口审厅 |
| 01134218.8 | 计算机外围设备共享的无线接收装置 | 2009-06-23上午 | 第七口审厅 |
| 01134218.8 | 计算机外围设备共享的无线接收装置 | 2009-06-23下午 | 第七口审厅 |

【首页】 【前页】 【后页】 【尾页】 页次：1/2页 共有 17 条口头审理公告 转到第：1 页

图 3-3-5 检索结果列表

| 专利复审委员会口头审理公告 | |
|---|---|
| 专利号 | 200620056816.7 |
| 专利名称 | 计算机系统接口高密度连接插座 |
| 专利权人 | 安费诺东亚电子科技（深圳）有限公司 |
| 请求人 | 深圳盛凌电子股份有限公司 |
| 合议组组长 | 张度 |
| 主审员 | 穆丽娟 |
| 参审员 | 李晓晖 |
| 地点 | 第九口审厅 |
| 时间 | 2010-03-16上午 |

图 3-3-6 口头审理公告的详细信息

## 第四节 中国香港特别行政区专利信息检索

### 一、概述

香港知识产权署提供了“知识产权署网上检索系统”（见图 3-4-1），提供香港专利数据和注册外观设计数据的检索服务。

网址：http：//www. ipd. gov. hk。

进入香港知识产权署首页后，选择“繁体版”或“简体版”，即可进入香港知识产权署的主页。在香港知识产权署主页上选择“网上服务”栏目，进入后点击“网上检索”，进入“知识产权署网上检索系统”，其网址为 ipsearch. ipd. gov. hk。用户还可通过国家知识产权局网站主页中“国外及港澳台专利检索”的下拉菜单里的“香港知识产权署网上检索系统”的链接进入，或者在 IE 浏览器地址栏中直接输入 http：//ipsearch. ipd. gov. hk。

进入后选择“专利”或“注册外观设计”项，然后选择“繁体中

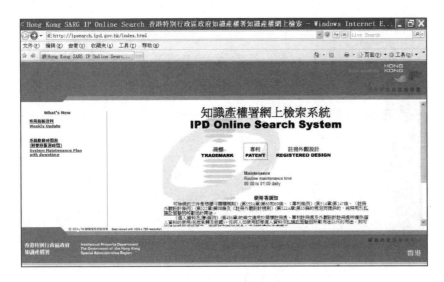

图 3 - 4 - 1　知识产权署网上检索系统

文"，即可进入"专利"或"外观设计"数据库检索页面。每种数据库均设有两种检索界面：简易检索（简单检索）和进阶检索（高级检索），选择菜单项点击进入即可。

### 二、专利信息检索方法

香港专利数据库和外观设计检索数据库都有两种检索界面：简易检索和进阶检索，这两种检索方式都是表格式的检索。页面显示和输入操作均为繁体字，现在多种汉字输入法都支持繁体输入。

#### （一）检索方式

1. 简易检索

用户直接进入专利简易检索页面（见图 3 - 4 - 2），可以选择的检索限制条件包括。

（1）记录种类。记录种类包括：全部、只限于已发表的标准专利申请、只限于已批准的标准专利和只限于短期专利。

（2）香港申请编号。

（3）香港专利/发表编号。

简易检索界面提供了 7 个检索字段：申请人/专利所有人姓名或名称、发明名称和通信地址。检索字段可单独使用，也可组合使用，各检索字段之间默认的逻辑关系为逻辑"与"。

可以从下拉式菜单中选择检索输入框内（例如包含输入字、完全符合

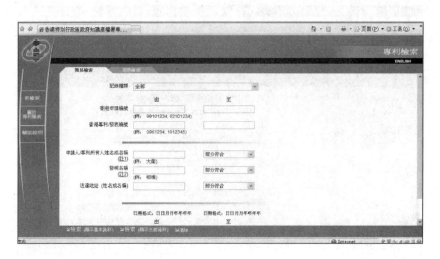

图 3 - 4 - 2　简易检索

及部分符合）。

2. 进阶检索

进阶检索界面（见图 3 - 4 - 3）设置了 15 个检索字段。检索字段可单独使用也可组合使用，各检索字段之间默认的布尔逻辑关系为"与"。

进阶检索界面可提供更多检索项目，并且使用者可以在检索条件输入通配符以检索文字。通配符下划线符号"_"代表一个字符，百分号"%"代表任意一个字符。

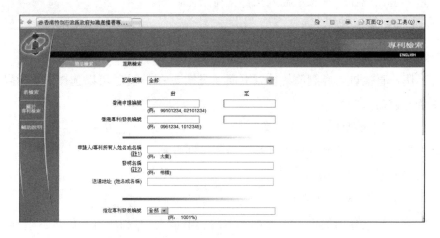

图 3 - 4 - 3　进阶检索

检索完毕后点击左侧的"新检索"，可清空检索页面上的检索式，开始新一轮的操作。"关于专利检索"中向用户介绍了一些有关专利检索的知识，如"为什么要进行专利检索"等。"辅助说明"中包含了检索系统的使用方法和注意事项。此系统按照所选择的界面语言显示检索结果。使用者可在屏幕的右上角，选按"English"或"繁体中文"选项，以浏览检索结果的英文或中文版。

3. 检索字段相关问题

（1）香港提交日期。香港提交日期输入格式为日日月月年年。当检索一个特定日期，在第一个检索式输入窗口输入一个日期；当检索某一时间段时，可在两个检索式输入窗口分别输入起止日期。例如：28032004，为检索 2004 年 3 月 28 日；01032005 和 02032006 为检索从 2005 年 3 月 1 日至 2006 年 3 月 2 日。

（2）指定专利发表编号/指定专利提交日期。指定专利发表编号/指定专利提交日期为指定专利局编配给相应专利申请的发表编号及提交日期。香港指定专利局及代码分别为：中国国家知识产权局为 CN；欧洲专利局为 EP；英国专利局为 GB，输入指定专利局代码，检索一指定专利局的记录。

（3）香港记录请求发表日期。在香港特别行政区申请标准专利的程序分为两个阶段，申请人须提交下述两项请求：指定专利申请的记录请求，指定专利申请是指在中国国家知识产权局、欧洲专利局（指定英国）或英国专利局发表的专利申请（第一阶段）；就已获中国国家知识产权局、欧洲专利局（指定英国）或英国专利局批予的专利，在香港特别行政区提交注册与批予请求（第二阶段）。

香港记录请求发表日期为第一阶段的标准专利申请在香港特别行政区的发表日期。

（4）"当作标准专利"。根据已废除的《专利权注册条例》（香港法例第 42 章）注册的专利，如该专利于 1997 年 6 月 27 日当日在英国仍然有效，可被当作一项标准专利。以下的检索项目并不适用于"当作标准专利"：优先权日期、发明人姓名或名称。另外，"当作标准专利"的记录并没有包含任何中文资料。

（5）注册编号的转换。1997 年 6 月 27 日前注册的专利，其注册编号编排方式为："注册编号"of"注册年份"，例如：321 of 1994。如以注册编号检索，需将注册编号转换成香港发表编号，然后使用转换后的发表编号作为检索的项目。注册编号转换成发表编号转换方式：0 + 年份（两位数字）+注册编号（四位数字）。例如：321 of 1994 转换为 0 + 94 + 0321，即 0940321。

1995 年以前提交的专利申请，申请/档案编号的编排方式：申请或档案编号/年份，如 233/84。如以申请编号检索，须将申请/档案编号转换成：年份（两位数字）+ 0 + 申请或档案编号（五位数字）的编排方式，例如：233/84 转换为 84 + 0 + 00233，即 84000233。

（6）双语准则。本系统中以申请人提交的文种储存数据。用户在文本型检索字段可用繁体中文或英文作为检索条件。因此，如果用户输入文种和数据储存文种不一致，将不会检索到有关记录。例如：在"发明人姓名或名称"检索字段输入"约翰"，得到检索结果 356 条，输入 john 可以得到检索结果 500 条。

使用者可于同一检索条件同时输入繁体中文及英文。但若繁体中文及英文的文字并不储存于专利记录的同一位置，在同一检索条件输入两种语言不能得出检索结果。

### （二）检索结果显示

"简易检索"和"进阶检索"两个检索界面均提供两种显示检索的结果方式，分别为"检索（显示基本资料）"和"检索（显示主要资料）"。在屏幕上按要求输入检索式后，选按"检索（显示基本资料）"或"检索（显示主要资料）"；在键盘上，按"输入"键进行检索，默认的结果显示方式是"检索（显示基本资料）"。

1. 显示基本资料

输入检索式后，点击"检索（显示基本资料）"，界面上显示检索式和 20 条检索结果的列表，显示内包括发表编号和发明名称（见图 3 - 4 - 4）。

点击发表编号可查看"专利注册记录册记项"和"维持标准专利申请详情"。点击发明名称，如果有链接，可查看图像格式的专利说明书。可在网上查阅的专利说明书均为 1997 年 6 月 27 日后公布的。为了使用者能够更方便地浏览专利说明书，屏幕上方还设置了工具栏，可对图像页随意进行放大、缩小、打印、下载等操作。

2. 显示主要资料

输入检索式后，点击"检索（显示主要资料）"，屏幕上显示 20 条检索结果的著录项目列表，显示内包括发表编号、申请编号和申请人等更多的著录信息（见图 3 - 4 - 5）。

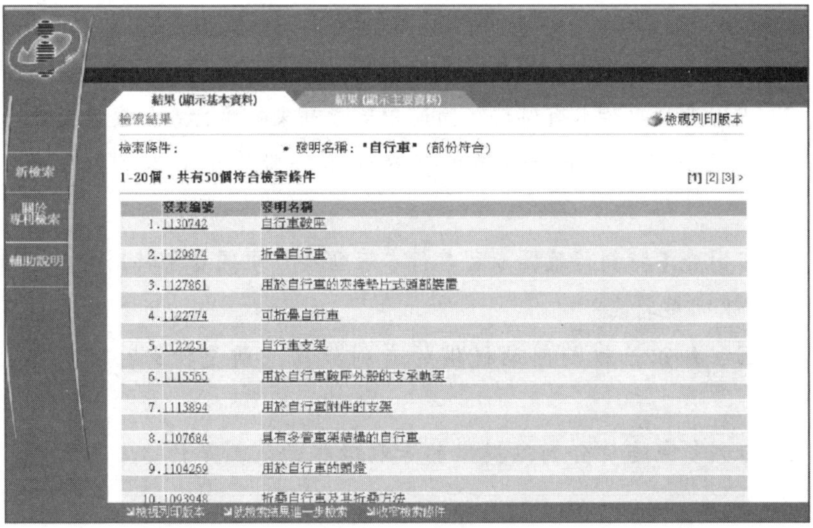

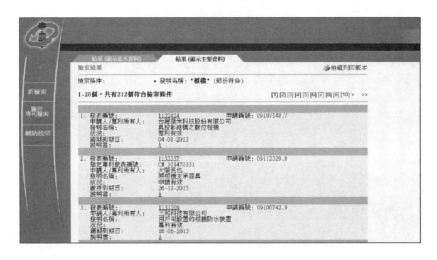

图 3 - 4 - 4　"显示基本资料"页面

图 3 - 4 - 5　显示主要资料页面

　　点击发表编号可查看"专利注册记录册记项"和"维持标准专利申请详情"。点击说明书类型代码，可查看图像格式的专利说明书。标准专利可查看图像格式的专利说明书全文，短期专利可查看香港说明书首页、说明书页和检索报告。说明书的浏览方式同"显示基本资料"中，可对图像页随意进行放大、缩小、打印、下载等操作。

## 本章思考与练习

1. 中国专利单行本有哪些？简述中国专利文献单行本的发展变化。

2. 中国专利文献编号发展经历了哪些阶段？简述各个阶段的编号特点。

3. 中国香港特别行政区专利单行本有哪些？中国香港特别行政区专利文献编号有哪些特点？

4. 国家知识产权局网站提供的专利数据范围是什么？有哪些检索方式？

5. 专利复审委员会网站提供的专利数据的范围是什么？有哪些检索方式？

# 第四章　美国专利文献与信息检索

## 本章学习要点

了解美国专利文献的特点和结构；了解美国专利文献种类、编号、著录项目；掌握互联网美国专利主要检索工具使用方法。

## 第一节　美国专利文献

### 一、美国专利制度与专利文献

美国 1776 年独立后不久，在 1787 年的制宪会议上，讨论了保护发明者及著作者有关权益的事宜，并认为：专利给社会带来的利益，将大大超过国家给予发明者个人的利益，通过在有限时间内对发明独占权的保护，将会鼓励人们把聪明才智贡献给社会。同年 9 月 5 日通过了将有关保护发明权及版权的条文写进联邦宪法（Constitution of the United States）的提案。于是，在联邦宪法的第 1 条第 8 款中有了这样的规定："国会有权通过在有限时间内保护著作者和发明者对其作品和发明享有独占权，以促进发展科学和有用的技术。"根据这一条款，美国国会于 1790 年 4 月通过了美国第一部专利法，正式建立了专利制度。

美国现行的专利法是 1952 年制定公布的（1953 年 1 月 1 日起生效），它被收集在美国法典（United States Code）第 35 卷中。1984 年 11 月美国专利法作过一次较大的修订。1994 年年底，美国国会通过了关贸总协定关于知识产权实施法规的有关议案，美国专利法再作重大修改，并于 1995 年 6 月 8 日生效。2011 年 9 月 16 日，《美国专利改革法案》获得签署，内容涉及美国专利制度实体、程序、行政及司法等方面，被誉为美国半个多世纪以来最主要的专利制度改革。改革法案具体条款的生效时间有所差异，根据不同的内容生效时间分别在改革法案签署当日、签署日起 12 个月及签署日起 18 个月生效。

美国专利法保护：（1）实用专利（Utility Patent）。涉及一般和机械、化工及电气领域中的各种新颖、独特的方法、设备、产品、物质组合等，与大多数国家的发明专利别无二样，所以，一般译为专利。1995 年 6 月 8 日以前，美国专利法规定专利权的期限是自专利授权日起 17 年；1995 年 6 月 8 日生效的专利法修改法案规定专利权的期限是自申请日起 20 年，对于 1995 年 6 月 8 日以前的专利申请，专利权的期限为自申请日起 20 年和自授权日起 17 年中的期限较长者。（2）植物专利。任何人的发明、发现及用无性繁殖方法培育出的独特的植物新品种，包括培育出的变态的、变异的、新发现的种子苗（除了块茎繁殖的植物和在非栽培状态下发现的植物），都可申请植物专利。植物专利权的期限为申请日起 20 年。（3）设计专利。任何人发明了新的、非显而易见的装饰设计，可申请设计专利。设计专利权的期限为自授权日起 14 年。（4）依法登记的发明（Statutory Invention Registration）。1985 年以前称为防卫性公告（Defensive Publication）。依法登记的发明不是专利，它具有专利的防卫性特征，而不具有专利的独占性特征。依法登记的发明意义在于使其他相同发明丧失新颖性，从而保护了发明人的利益。

长期以来，美国专利法规定对专利申请实施完全审查制。1999 年《美国发明人保护（AIPA）》规定除设计专利外，专利申请应自申请日起满 18 个月公开，并且可以按照申请人的要求提前公开，适用于 2000 年 12 月 29 日以后的专利申请。

目前，美国专利商标局出版的主要专利单行本包括：美国专利、专利申请公布、美国植物专利、植物专利申请公布、再版专利、设计专利、依法登记的发明等单行本，均以电子载体形式在其官方网站出版。

## 二、美国专利单行本

### （一）美国专利

美国专利（见图 4 - 1 - 1）（United States Patent），自 1790 年开始出版，是经过实质审查并授予专利权的文件，文献种类代码：2001 年 1 月 1 日前为 A，2001 年 1 月 1 日后未经过申请公布的授权文件为 B1，经申请公布的授权文件为 B2。

US006753404B2

(12) **United States Patent** (10) Patent No.: **US 6,753,404 B2**
Suh et al. (45) **Date of Patent:** **Jun. 22, 2004**

(54) **CONTINUOUS PROCESS FOR THE PREPARATION OF COPOLYCARBONATE RESINS**

(75) Inventors: **Young Wook Suh**, Daejeon (KR); **Sung Hwan Cho**, Daejeon (KR); **Jae Hwan Lee**, Daejeon (KR)

(73) Assignee: **Samyang Corporation**, Seoul (KR)

( * ) Notice: Subject to any disclaimer, the term of this patent is extended or adjusted under 35 U.S.C. 154(b) by 74 days.

(21) Appl. No.: **10/169,453**

(22) PCT Filed: **Dec. 21, 2000**

(86) PCT No.: **PCT/KR00/01503**

§ 371 (c)(1),
(2), (4) Date: **Jul. 1, 2002**

(87) PCT Pub. No.: **WO01/49772**

PCT Pub. Date: **Jul. 12, 2001**

(65) **Prior Publication Data**

US 2003/0018159 A1 Jan. 23, 2003

(30) **Foreign Application Priority Data**

Dec. 31, 1999 (KR) ............................ 1999-67767

(51) Int. Cl.$^7$ ............................................. C08G 64/00
(52) U.S. Cl. ................... 528/196; 264/176.1; 264/219; 422/131; 528/198
(58) Field of Search ....................... 422/131; 264/176.1; 264/211; 528/196, 198

(56) **References Cited**

U.S. PATENT DOCUMENTS

| 3,030,331 A | 4/1962 | Goldberg |
| 3,169,121 A | 2/1965 | Goldberg |
| 3,207,814 A | 9/1965 | Goldberg |
| 3,220,976 A | 11/1965 | Goldberg |
| 4,059,565 A | 11/1977 | Yoshizaki et al. |
| 4,130,548 A | 12/1978 | Kochanowski |
| 4,286,083 A | 8/1981 | Kochanowski |
| 4,677,183 A | 6/1987 | Mark et al. |
| 4,774,315 A | 9/1988 | Miller |
| 4,788,275 A | 11/1988 | Miller |
| 5,025,081 A | 6/1991 | Fontana et al. |
| 5,286,834 A | * 2/1994 | Sakashita et al. .......... 528/198 |
| 5,321,114 A | 6/1994 | Fontana et al. |

OTHER PUBLICATIONS

Journal Of Polymer Science: polymer chemistry edition, vol. 18, pp. 75–90 (1980).
E.P. Goldberg, S.F. Strause and H.E. Munro, Polym. Prepr., 5. pp. 233–238 (1964).
Handbook Of Polycarbonate Science and Technology, pp. 80–83, Donald G. LeGrand and John T. Bendler, Marcel Drekker, Inc.

* cited by examiner

*Primary Examiner*—Terressa Boykin
(74) *Attorney, Agent, or Firm*—Anderson Kill & Olick; Eugene Lieberstein; Michael N. Meller

(57) **ABSTRACT**

A continuous process for the preparation of copolycarbonate resins has great advantages in preparing molding materials of intricate structure or of thin-wall: the molding process may be conducted easily at a relatively low temperature; the copolycarbonate has excellent impact strength especially at a low temperature; and they have excellent melt flow, i.e. 2 to 3 times of the conventional polycarbonates. The present invention is a new polycondensation process which is carried out sequentially by using serially connected tube-type reactors to simplify the process; and enhancing the rate of reaction for an incorporation of comonomer into the polymer backbone resulting from varying Reynols Number, Linear Viscosity and Weber Number.

**15 Claims, 1 Drawing Sheet**

图 4-1-1　美国专利单行本扉页

美国专利单行本扉页中一些 INID 代码的使用体现了美国专利法的诸多特点:

[75] 发明人

在 2011 年 9 月 16 日的专利改革法案实施以前,美国一直实行先发明制。当同一发明多人申请的情况发生时,按照美国专利法的规定,专利权将授予最先完成发明的人,而不是最先提出申请的人。这样可以使发明人安心从事研究和试验工作,不必担心别人在先申请。但这一原则只适用于美国人在美国完成的发明,来自外国的申请只能以其申请日为准,在美国以外的发明日的证据是无效的。1994 年美国专利法的修改中,对于美国之外提出的发明证据已开始予以承认。

根据 2011 年 9 月 16 日的专利改革法案，美国实行发明人先申请制。一方面，该制度吸取了国际上普遍采用的"先申请制"的优势，专利授予给先提交申请的人，申请日的确立比较容易，同时也有利于督促发明人尽快向社会公布其创新成果。另一方面，该制度保留了美国的自身特色，保证专利权只授予真正做出该发明创造的人或是与发明人直接相关的其他主体，防止因欺骗或其他不正当行为获得专利授权。该制度的关键在于确认真正的发明人最先提出专利申请。

［22］申请日期

1994 年修改的美国专利法中新增一项内容——临时专利申请。临时专利申请中可以不提出正式的权利要求、誓词及声明、相关资料及在先的技术公开。临时专利申请可以在产品（或方法）第一次销售、第一次为销售而提供、第一次公知公用等情况发生后的一年内提出，一年后自动作废。为申请人评估该发明潜在的商业价值提供了条件；临时专利申请可确定专利申请日及巴黎公约的优先权日，允许先提出多个申请，最后在正式的申请中合为一体。

［63］继续申请/部分继续申请数据

继续申请（Continuation Application）和部分继续申请（Continuation-in-part Application）都是对同样的发明提出的二次申请，其原始申请首先必须是一个正式的专利申请，并且原始申请处于等待批准的阶段。继续申请中所揭示的内容必须与原始申请中的内容相同；而部分继续申请增加了原始申请中没有揭示的内容，使原始申请内容只为部分继续申请的一部分。继续申请和部分继续申请一般是由于发明人对原始申请的内容有了新的改进而提出的。

美国专利单行本的每部分均以小标题引导，一目了然。一般包括：

（1）发明背景（Background the Invention）：指明本发明所属技术领域、现有技术状况和存在的不足；以及要解决的技术问题。

（2）发明概要（Summary of the Invention）：概述本发明的内容。

（3）附图简介（Brief Description of the Drawings）：简要说明附图的参看方法。

（4）最佳方案详述（Detailed Description of the Preferred Embodiment）：详细、完整、清晰地叙述发明内容，使任何熟悉该发明的所属技术领域的一般工程技术人员阅读后，能实施及使用该发明。发明如有附图，应结合附图加以说明。这是说明书的主要部分，提供了解决技术问题的最佳方案。

（5）权利要求（Claims）：在说明书的最后，一般以"What is claimed is:"开始陈述，清楚地界定权利的保护范围。

### （二）专利申请公布

专利申请公布（Patent Application Publication），是根据 1999 年《美国发明人保护法案》规定，自正式专利申请日（或优先权日）起 18 个月公布的单行本（见图 4 - 1 - 2），自 2001 年 3 月 15 日起出版，是未经审查尚未授予专利权的文件，文献种类代码：申请首次公布为 A1，申请再次公布为 A2，申请公布更正为 A9。

US 20030018159A1

(19) **United States**
(12) **Patent Application Publication** (10) Pub. No.: **US 2003/0018159 A1**
　Suh et al. (43) Pub. Date: **Jan. 23, 2003**

(54) CONTINUOUS PROCESS FOR THE PREPARATION OF COPOLYCARBONATE RESINS

(76) Inventors: **Young Wook Suh**, Daejeon (KR); **Sung Hwan Cho**, Daejeon (KR); **Jae Hwan Lee**, Daejeon (KR)

Correspondence Address:
**Anderson Kill & Olick**
**1251 Avenue of the Americas**
**New York, NY 10020-1182 (US)**

(21) Appl. No.: **10/169,453**
(22) PCT Filed: **Dec. 21, 2000**
(86) PCT No.: **PCT/KR00/01503**

(30) **Foreign Application Priority Data**

Dec. 31, 1999 (KR) ........................... 1999/67767

**Publication Classification**

(51) Int. Cl.$^7$ ........................................ C08G 64/00
(52) U.S. Cl. ........................................... 528/196

(57) **ABSTRACT**

A continuous process for the preparation of copolycarbonate resins has great advantages in preparing molding materials of intricate structure or of thin-wall: the molding process may be conducted easily at a relatively low temperature; the copolycarbonate has excellent impact strength especially at a low temperature; and they have excellent melt flow, i.e. 2 to 3 times of the conventional polycarbonates. The present invention is a new polycondensation process which is carried out sequentially by using serially connected tube-type reactors to simplify the process; and enhancing the rate of reaction for an incorporation of comonomer into the polymer backbone resulting from varying Reynols Number, Linear Viscosity and Weber Number.

图 4 - 1 - 2　专利申请公布单行本扉页

### （三）美国植物专利

美国植物专利（United States Plant Patent），自 1930 年起开始出版，属于经审查授予专利权的文件，文献种类代码：2001 年 1 月 1 日前为 P，2001 年 1 月 1 日后未经申请公布的授权文件为 P2，经申请公布的授权文件为 P3。

植物专利的附图揭示该植物所有鉴别性的特点，当色彩是新品种的鉴别性的特征时，附图必须是彩色的（见图 4 - 1 - 3）。

US00PP14495P29

(12) **United States Plant Patent**
Anderson et al.

(10) **Patent No.:** **US PP14,495 P2**
(45) **Date of Patent:** *Jan. 27, 2004

(54) **CHRYSANTHEMUM PLANT NAMED MN98-89-7**

(50) Latin Name: *Dendranthema×hybrida*
Varietal Denomination: **MN98-89-7**

(75) Inventors: **Neil Anderson**, St. Paul, MN (US);
**Peter Ascher**, Bowler, WI (US); **Esther Gesick**, Maple Grove, MN (US)

(73) Assignee: **Regents of the University of Minnesota**, Minneapolis, MN (US)

( * ) Notice: Subject to any disclaimer, the term of this patent is extended or adjusted under 35 U.S.C. 154(b) by 0 days.

This patent is subject to a terminal disclaimer.

(21) Appl. No.: **09/999,733**

(22) Filed: **Oct. 30, 2001**

(51) Int. Cl.[7] ................................................. A01H 5/00
(52) U.S. Cl. ...................................................... Plt./286
(58) Field of Search ................................. Plt./297, 286

(56) **References Cited**

U.S. PATENT DOCUMENTS

| | | |
|---|---|---|
| PP7,513 P | 4/1991 | VandenBerg |
| PP7,754 P | 12/1991 | VandenBerg |
| PP9,445 P | 1/1996 | VandenBerg |
| PP10,848 P | 4/1999 | VandenBerg |
| PP10,909 P | 5/1999 | Wain |
| PP10,943 P | 6/1999 | Fuess |
| PP11,009 P | 7/1999 | Davino, Jr. |
| PP11,032 P | 8/1999 | Glicenstein |

OTHER PUBLICATIONS

http://www.extension.umn.edu/distribution/horticulture/ DG7352.html, "Maxi–Mums", 1997, pp. 1–2.*
Peter Ascher, et al., "Maxi–Mums A Horticulture Breakthrough!" Minnesota Report 242–1997 University of Minnesota, Distribution Center Publication MR–67280B Minnesota Agricultural Experiment Station, University of Minnesota (1997).
R.B. Clark, History of Culture of Hardy Chrysanthemums, National Chrysanthemum Society 18(3):144 (1962).
W.W. Garner, et al., Flowering and Fruiting of Plants as Controlled by the Length of Day, 1920, p. 377–400, Yearbook of the Department of Agriculture, 1920 USA.
Peter Ascher, et al., Breeding and New Cultivars, Academic Perspective, Tips on Growing and Marketing Garden Mums, Ohio Florists Association 1996.
Bradford Bearce et al., Chrysanthemums A Manual of the Culture, Diseases, Insects and Economics of Chrysanthemums, Jun. 1964, pp. 6–19, Prepared for The New York State Extension Service Chrysanthemum School with the Cooperation of the New York State Flower Growers Association, Inc.

Neil O. Anderson, et al., Rapid Generation Cycling of Chrysanthemum Using Laboratory Seed Developmental and Embryo Rescue Techniques, Journal of the American Society of Horticultural Science, Mar. 1990, pp. 329–336, vol. 115(2), Alexandria, Virginia 22314.
Leon Glicenstein, Breeding and New Cultivars, Commercial Perspective, Tips on Growing and Marketing Garden Mums, Ohio Florist's Association 1996.
M.A. Nazeer, et al., Cytogenetical Evolution of Garden Chrysanthemum, Current Science, Jun. 20, 1982, vol. 51, No. 12.
Edward Higgins, Containers and Marketing, Tips on Growing and Marketing Garden Mums, Ohio Florists Association 1996.
Naomasa Himotomai, Bastardierungsversuche bei Chrysanthemum I., Journal of Science of Hiroshima University, Series B, Div.2, vol. 1, Art. 3, 1931.
Naomasa Shimotomai, Basterdierungsversuche bei Chrysanthemum II. Eentstehung eines fruchtbaren Bastardes (haploid 4n²) aus der Kreuzung von *Ch. marginatum* (hapl. 5n) mit *Ch. morifolium* (hapl. 3n), Journal of Science of the Hiroshima University, Series B, Div. 2, vol. 1, Art. 8, 1932.
Ernest L. Scott, The Breeder's Handbook, 1957, pp. 1–76 Handbook No. 4, National Chrysanthemum Society, Inc., USA.
John Woolman, Chrysanthemums for Garden and Exhibition, 1953, pp. 1–103, W.H. & L. Collingridge Ltd., Tavistock Street, London WC2 and Transatlantic Arts Incorporated, Forest Hills, New York.
H.G. Witham Fogg, Chrysanthemum Growing, 1962, pp. 171, John Gifford Limited, London, W.C.2.
National Agricultural Statistics Service, USDA Additional Floriculture Information, pp. 1–84, National Agricultural Statistics Service, Floriculture Crops, 1998 Summary, Jun. 1999.
Handbook on Chrysanthemum Classification, A Publication of the Classification Committee National Chrysanthemum Society, Inc., U.S.A., 1996 Edition.
C. Ackerson, Chapter 12, Development of the Chrysanthemum in China, pp. 146–155, National Chrysanthemum Society Bulletin 1967.
C. Ackerson, Chapter 11, Original Species of the Chrysanthemum, pp. 105–107, National Chrysanthemum Society Bulletin, 1967.
G.J. Dowrick, The Chromosomes of Chrysanthemum I: The Species, *Heredity*, 6:365–375 (1952).
Junyu, C., et al., *Acta Horticulturae*, 404:30–36 (1995).

* cited by examiner

*Primary Examiner*—Anne Marie Grunberg
(74) *Attorney, Agent, or Firm*—Wood, Phillips, Katz, Clark & Mortimer

(57) **ABSTRACT**

A new and distinct Chrysanthemum plant named MN98-89-7 is provided. This new cultivar was the result of a cross between *Dendranthema weyrichii* and *Dendranthema× grandiflora*.

**5 Drawing Sheets**

---

**1**

Latin name of the genus and species of the plant claimed: Dendranthema×hybrida.
Variety denomination: 'MN98-89-7'.

BACKGROUND OF THE INVENTION

The present invention comprises a new and distinctive chrysanthemum plant, hereinafter referred to by the culti-

**2**

varname 'MN98-89-7'. This new cultivar was the result of a cross in 1989 between *Dendrathema weyrichii* and *Chrysanthemum morifolim*. More specifically, the breeding program which resulted in the production of the new cultivar was carried out at St. Paul, Minn. The female or seed parent of MN98-89-7 was *Dendranthema weyrichii* 'Pink Bomb', commercially available from White Flower Farms, Con-

图 4-1-3  美国植物专利单行本扉页

### （四）植物专利申请公布

植物专利申请公布（Plant Patent Application Publication），是根据 1999 年《美国发明人保护法案》规定，自正式专利申请日（或优先权日）起 18 个月公布的单行本，自 2001 年 3 月 15 日起出版，是未经审查尚未授予专利权的文件，文献种类代码：申请首次公布为 P1，申请再次公布为 P4，申请公布更正为 P9。

### （五）再版专利

再版专利（Reissued Patent），又译为再公告专利、再颁专利，1838 年开始出版并单独编号。这是一种在发明专利授权后任何时候，发明人发现说明书或附图由于非欺骗性失误，或权利要求过宽或过窄而影响原专利的完全或部分有效性，向美国专利商标局提交再版专利申请，对上述问题进行修正。美国专利商标局授予再版专利，出版再版专利单行本（见图 4 - 1 - 4），文献种类代码为 E。再版专利号前冠有 "Re"、扉页上有在先美国专利的有关信息。再版专利中可以修改权利要求，但不允许加入新的实质性内容。凡是原说明书内容删掉的部分要用重括号【　】注明，新增加的部分用斜体字印刷以示区别。

### （六）再审查证书

2003 年 1 月 1 日之前只有再审查证书（REEXAMINATION CERTIFICATE），2003 年 1 月 1 日之后分为单方再审查证书说明书（EX PARTE REEXAMINATION CERTIFICATE）和双方再审查证书说明书（INTER PARTE REEXAMINATION CERTIFICATE），为经再审查授予专利权的文件。文献种类标识代码：2001 年 1 月 1 日前为 B1（第一次再审查）、B2（第二次再审查）和 B3（第三次再审查），2001 年 1 月 1 日后为 C1（第一次再审查）、C2（第二次再审查）和 C3（第三次再审查）。

美国自 1981 年 7 月 1 日起实行再审查制。专利授权后，任何人（包括专利权人或第三人）在其有效期内可对该专利提出质疑，提交再审查请求。但请求的证据仅限于在案卷中引证的在先专利或公开出版物。

1999 年前，无论是专利权人还是第三人提出请求，该程序都按照单方当事人程序审查，称为单方再审查请求。第三人仅有提出请求和针对专利权人的书面意见一次性陈述意见的权利，不参与该程序，也无权对再审查决定进行申诉。1999 年该程序扩大为包括双方当事人程序。2002 年进一步修改。根据现行规定，如果请求人是第三人，既可以选择单方当事人程序也可以选择双方当事人程序。如果选择后者，即提交双方再审查请求，则

US00RE38399E

(19) **United States**

(12) **Reissued Patent**
Montgomery

(10) Patent Number:     **US RE38,399 E**
(45) Date of Reissued Patent:     **Jan. 27, 2004**

(54) SAFETY CLOSURE AND CONTAINER

(75) Inventor:   Gary V. Montgomery, Evansville, IN (US)

(73) Assignee:  Rexam Medical Packaging Inc., Evansville, IN (US)

(21) Appl. No.: 10/205,971

(22) Filed:      **Jul. 15, 2002**

**Related U.S. Patent Documents**
Reissue of:
(64) Patent No.:     **6,102,223**
      Issued:          **Aug. 15, 2000**
      Appl. No.:     **08/781,410**
      Filed:           **Jan. 10, 1997**

(51) Int. Cl.⁷ ............................................. **B65D 55/02**
(52) U.S. Cl. ....................... **215/216**; 215/44; 215/45; 215/218; 215/343; 215/330; 215/351; 220/281; 220/288; 220/DIG. 34
(58) Field of Search ........................... 215/44, 45, 901, 215/216–218, 220, 329–331, 342–344, 351, 321, 252, 219, 221; 220/DIG. 34, 288, 281

(56)                **References Cited**

**U.S. PATENT DOCUMENTS**

| | | |
|---|---|---|
| 2,752,060 A | 6/1956 | Martin |
| 3,450,289 A | 6/1969 | Esposito, Jr. |
| 3,608,763 A | 9/1971 | Smith et al. |
| 3,700,133 A | 10/1972 | Bagguley |
| 3,826,395 A | 7/1974 | Montgomery |
| 3,877,597 A * | 4/1975 | Montgomery et al. ...... 215/221 |
| 3,894,647 A * | 7/1975 | Montgomery ........... 215/221 X |
| 3,917,097 A * | 11/1975 | Uhlig ........................ 215/216 |
| 3,923,181 A | 12/1975 | Libit |
| 3,941,268 A * | 3/1976 | Owens et al. .............. 215/216 |
| 4,213,534 A * | 7/1980 | Montgomery ............. 215/216 |
| 4,280,631 A * | 7/1981 | Lohrman ............. 215/330 X |
| 4,310,102 A | 1/1982 | Walter |
| 4,345,690 A | 8/1982 | Hopley |
| 4,351,443 A | 9/1982 | Uhlig |

| | | |
|---|---|---|
| 4,375,858 A | 3/1983 | Shah et al. |
| 4,410,097 A | 10/1983 | Kusz |
| 4,437,578 A | 3/1984 | Bieneck et al. |
| 4,579,239 A | 4/1986 | Hart |
| 4,610,372 A | 9/1986 | Swartzbaugh |
| 4,658,976 A * | 4/1987 | Pohlenz .................. 215/252 |
| 4,667,836 A * | 5/1987 | McLaren .................. 215/216 |

(List continued on next page.)

**FOREIGN PATENT DOCUMENTS**

| | | | |
|---|---|---|---|
| FR | 858575 | 11/1940 | ................ 215/344 |
| FR | 1230375 | 9/1960 | ................ 215/344 |
| FR | 2339539 | 8/1977 | |
| GB | 1073124 | 6/1967 | ................ 215/344 |

*Primary Examiner*—Robin A. Hylton
(74) *Attorney, Agent, or Firm*—Charles G. Lamb; Middleton Reutlinger

(57)                **ABSTRACT**

A child resistant cap including relatively thin threads which, when the cap is in a relaxed condition, are spaced from the bottle neck, said spacing permitting the cap to be squeezed inward at points on opposite sides of the cap so that the cap responds to the squeezing by expanding outward at points ninety degrees from the squeezing points so that stops on the cap at the cap expanding location will miss the stops normally engaged when in a relaxed condition, thereby permitting the cap to be removed from the bottle. The cap may also include a guide ring in the cap interior to guide the cap over the bottle neck to help ensure that the cap is centered on the bottle opening. The cap may include pressure pads on the cap skirt outside near the cap bottom showing the user where to press and stiffening the portion of the cap where pressure is to be applied. And, the cap may include a tamper indicating ring which will separate from the cap the first time the cap is removed from the bottle. Furthermore, in an alternative cap and bottle combination, an imaginary line connecting the cap threads and an imaginary line defined by the bottle neck will intersect at an angle of from one to eight degrees, thereby providing an increasing gap between the cap threads and the bottle neck as one gets further from the cap top, this angle creating non-vertical changes to the cap or the bottle or both.

**21 Claims, 8 Drawing Sheets**

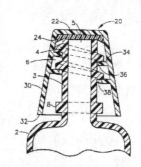

图 4-1-4　再版专利单行本扉页

　　有权参加整个程序，包括申诉权和后续申诉程序。

　　依据再审查请求，美国专利商标局对该专利进行复审之后，颁发再审查证书，并出版复审之后的再审查证书单行本（见图 4-1-5）。再审查证

US005650703B1

# REEXAMINATION CERTIFICATE (3747th)

## United States Patent [19]

Yardley et al.

[11] **B1 5,650,703**

[45] Certificate Issued **Mar. 2, 1999**

[54] **DOWNWARD COMPATIBLE AGV SYSTEM AND METHODS**

[75] Inventors: **James V. Yardley**, Centerville; **Gary L. Whatcott**, Holladay; **John A. M. Petersen; Bryan A. Bloomfield**, both of Bountiful; **Vaughn W. Guest**, Farmington; **Rick S. Mottes**, Roy; **Robert K. Forman**, Taylorsville; **L. Bruce Christensen**, Kaysville, all of Utah; **Joseph Zuercher**, Brookfield; **Herman P. Schutten**, Milwaukee, both of Wis.

[73] Assignee: **Harris Trust and Savings Bank**, Chicago, Ill.

**Reexamination Request:**
No. 90/004,773, Sep. 30, 1997

**Reexamination Certificate for:**
Patent No.: 5,650,703
Issued: Jul. 22, 1997
Appl. No.: 637,919
Filed: Apr. 25, 1996

### Related U.S. Application Data

[62] Division of Ser. No. 251,560, Jul. 18, 1994, which is a division of Ser. No. 908,691, Jun. 26, 1992, Pat. No. 5,341,130, which is a division of Ser. No. 621,486, Dec. 3, 1990, Pat. No. 5,281,901, which is a continuation-in-part of Ser. No. 618,793, Nov. 27, 1990, Pat. No. 5,187,664, and Ser. No. 602,609, Oct. 24, 1990, Pat. No. 5,191,528, which is a continuation-in-part of Ser. No. 545,174, Jun. 28, 1990, abandoned.

[51] Int. Cl.$^6$ .................................... **B62D 1/28**

[52] U.S. Cl. ............................ **318/587**; 318/586; 901/1; 180/167; 180/168; 364/424.02

[58] Field of Search .................................... 318/587, 586; 901/1, 3; 180/167, 168; 364/424.02, 449

[56] **References Cited**

U.S. PATENT DOCUMENTS

2,847,080 8/1958 Zworykin et al. .

3,245,493 4/1966 Barrett, Jr. .
(List continued on next page.)

FOREIGN PATENT DOCUMENTS

0 159 680 4/1985 European Pat. Off. .
(List continued on next page.)

OTHER PUBLICATIONS

Cox, Ingemar J. "Blanche—An Experiment in Guidance and Navigation of an Autonomous Robot Vehicle," *IEEE Trans*
(List continued on next page.)

*Primary Examiner*—Paul Ip

[57] **ABSTRACT**

An automated guided vehicle (AGV) control system which is downward compatible with existing guidewire systems providing both guidewire navigation and communication and autonomous navigation and guidance and wireless communication between a central controller and each vehicle. FIGS. **90, 91, 92, 93**, and **94** provide a map showing relative orientation of the schematic circuits seen in FIGS. **90A–B, 91A–B, 92A–B, 93A–B**, and **94A–B**, respectively over paths marked by update markers which may be spaced well apart, such as fifty feet. Redundant measurement capability using inputs from linear travel encoders from the vehicle's drive wheels, position measurements from the update markers, and bearing measurements from a novel angular rate sensing apparatus, in combination with the use of a Kalman filter, allows correction for navigation and guidance errors caused by such factors as angular rate sensor drift, wear, temperature changes, aging, and early miscalibration during vehicle operation. The control system employs high frequency two-way data transmission and reception capability over the guidewires and via wireless communications. The same data rates and message formats are used in both guidewire and wireless communications systems. Substantially the same communications electronics are used for the central controller and each vehicle. Novel navigation and guidance algorithms are used to select and calculate a non-linear path to each next vehicle waypoint when the vehicle is operating in the autonomous mode. The non-linear path originates with an initial direction equal to the heading of the vehicle as it enters the path and a waypoint heading defined as part of the message received from the central control system which plans and controls travel of each vehicle in the system.

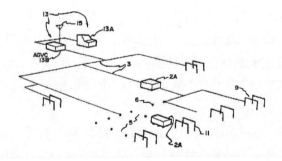

图 4 – 1 – 5　再审查证书单行本扉页

书沿用原专利号，并根据再审查证书种类的不同加入相应的文献种类识别代码。第一件再审查证书于 1981 年 12 月 29 日出版。再审查证书单行本扉页中有"再审查请求"（Reexamination Request）和"原专利有关事项"

（Reexamination Certificate for）等有关项目。经过再审查仍维持原结论时，正文用标题注明"该专利无修正"（No amendments have been made to the patent）；经再审查后内容有修正时，正文"特此修正如下"（The patent is hereby amended as indicated below）。

### （七）依法登记的发明

依法登记的发明（Statutory Invention Registration），文献种类标识代码 H（见图 4 - 1 - 6）。1985 年以前称为防卫性公告（Defensive Publication）。依法登记的发明不是专利，它具有专利的防卫性特征，而不具有专利的独占性特征。

当发明人认为自己的发明不值得或不愿意申请正式专利，但又怕别人以同样的发明申请专利，对自己不利。在这种情况下，依法登记的发明是一种选择。这样可以使相同的发明丧失新颖性，从而保护了发明人的利益。

### （八）美国设计专利

美国设计专利（United States Design Patent），文献种类标识代码 S。是经实质审查授予专利权的文件（见图 4 - 1 - 7），1843 年开始出版。与多数国家不同的是，美国至今对设计专利申请采取实质审查制和完全审查制，并规定一件设计专利申请只能有一项权利要求。设计专利单行本包括扉页和续页两部分，扉页刊登著录项目、权利要求、图片描述、主视图，续页刊登整套图片。

## 三、美国专利编号

### （一）美国专利申请编号

申请号的特点（见表 4 - 1 - 1）：

（1）美国的专利申请分成几类，各类申请循环编号。循环期的年代跨度大小不等，由申请量决定。一般来说，各类专利申请号每轮循环均从 1~999 999 号连续编排，周而复始。

（2）为区别不同循环期的申请号，使用申请号系列码（Application Number Series Code）。

（3）申请号系列码同时用于表示申请种类：

01 - 28 用于专利申请和植物专利申请，两者混合编排。例如，08/101840 为一件植物专利申请的申请号，08/101841 则为一件专利申请的申请号。

29　　用于设计专利申请；

60 - 61 用于临时专利申请；

90　　用于单方再审查请求（ex parte reexamination requests）；

95　　用于双方再审查请求（inter partes reexamination requests）。

US00H002096H

(19) **United States**

(12) **Statutory Invention Registration**　(10) Reg. No.: **US H2096 H**

Erderly et al.　(43) **Published:** **Jan. 6, 2004**

(54) **THERMOPLASTIC ELASTOMER COPOLYMER FILMS**

(75) Inventors: **Thomas Craig Erderly**, Baytown, TX (US); **John Hugh MacKay**, Chicago, IL (US); **Russell Harrel Narramore**, Brentwood, TN (US)

(73) Assignee: **Exxon Chemical Patents, I,** Wilmington, DE (US)

(21) Appl. No.: **08/469,835**

(22) Filed: **Jun. 6, 1995**

**Related U.S. Application Data**

(60) Division of application No. 08/189,465, filed on Jan. 31, 1994, now abandoned, which is a continuation-in-part of application No. 08/013,518, filed on Feb. 3, 1993, now abandoned.

(51) Int. Cl.[7] .......................... **C08L 9/00**; C08L 53/00; C08F 293/00

(52) U.S. Cl. .......................... **525/98**; 525/93; 525/314

(58) Field of Search ............................. 525/98, 93, 314

(56) **References Cited**

U.S. PATENT DOCUMENTS

| | | | |
|---|---|---|---|
| 3,299,174 A | 1/1967 | Kuhre et al. | 525/98 |
| 3,424,649 A | 1/1969 | Nyberg et al. | 428/517 |
| 3,562,356 A | 2/1971 | Nyberg et al. | 525/93 |
| 3,678,134 A | 7/1972 | Middlebrook | 525/98 |
| 4,171,411 A | 10/1979 | Ehrenfreund | 521/98 |
| 4,173,612 A | 11/1979 | Kelly | 264/176.1 |
| 4,476,180 A | 10/1984 | Wnuk | 428/220 |
| 4,479,989 A | 10/1984 | Mahal | 428/35 |
| 5,272,236 A * | 12/1993 | Lai et al. | 526/348.5 |
| 5,278,272 A * | 1/1994 | Lai et al. | 526/348.5 |

FOREIGN PATENT DOCUMENTS

| | | |
|---|---|---|
| EP | 0 114 964 A1 | 8/1984 |

* cited by examiner

*Primary Examiner*—Michael J. Carone
*Assistant Examiner*—Aileen B. Felton
(74) *Attorney, Agent, or Firm*—Douglas H. Elliott; Moser, Patterson & Sheridan, L.L.P.

(57) **ABSTRACT**

Disclosed are (1) a thermoplastic elastomeric film comprised of an elastomeric arene-diene block copolymer and particular ethylene/β-olefin copolymers having low ethylene crystallinity and (2) the process of preparing films thereof. The disclosed films have superior strength and elasticity characteristics which render them particularly useful in apparel and healthcare items such as disposable diapers.

**4 Claims, 1 Drawing Sheet**

**BASIC BLOWN FILM LINE**

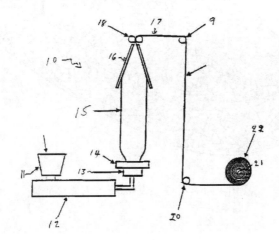

图4-1-6　依法登记的发明单行本扉页

US00D485045S

(12) **United States Design Patent**
Davis, Jr.

(10) Patent No.: **US D485,045 S**
(45) Date of Patent: ∗∗ **Jan. 6, 2004**

(54) **COIN HOLDER OR DISPENSER**

(76) Inventor: **Elijah Douglas Davis, Jr.**, 622
Colorado Woods Ct., Orlando, Fl. (US)
32824

(∗∗) Term: **14 Years**

(21) Appl. No.: **29/176,064**

(22) Filed: **Feb. 14, 2003**

(51) LOC (7) Cl. .................................................... **99-00**
(52) U.S. Cl. ...................................................... **D99/34**
(58) Field of Search ............................ D99/34, 35, 36,
D99/28; 206/0.81, 0.83, 0.84; 453/49, 50,
54

(56) **References Cited**

U.S. PATENT DOCUMENTS

| | | | | |
|---|---|---|---|---|
| 200,962 A | ∗ | 3/1878 | Amesbury .................... | 453/54 |
| D20,977 S | ∗ | 8/1891 | Kleberg et al. ............. | D99/34 |
| 954,589 A | ∗ | 4/1910 | Reizenstein ................ | 453/54 |
| 2,654,376 A | ∗ | 10/1953 | Hultberg .................... | 453/54 |
| D210,699 S | ∗ | 4/1968 | Miziolek .................... | D99/34 |
| D289,217 S | ∗ | 4/1987 | Murphy ...................... | D99/34 |
| D395,131 S | ∗ | 6/1998 | Steinhagen ................. | D99/34 |
| D455,245 S | ∗ | 4/2002 | Bakker ...................... | D99/34 |

∗ cited by examiner

*Primary Examiner*—Paula A. Mortimer
(74) *Attorney, Agent, or Firm*—Sturm & Fix LLP

(57) **CLAIM**

The ornamental design for a coin holder or dispenser, as
shown and described.

**DESCRIPTION**

FIG. 1 is a perspective view of the coin holder or dispenser
incorporating my decorative design;
FIG. 2 is a top plan view thereof;
FIG. 3 is a bottom plan view thereof;
FIG. 4 is a side elevation view thereof, the right and left
sides being identical; and,
FIG. 5 is an end view thereof, the opposite ends being
identical.

**1 Claim, 1 Drawing Sheet**

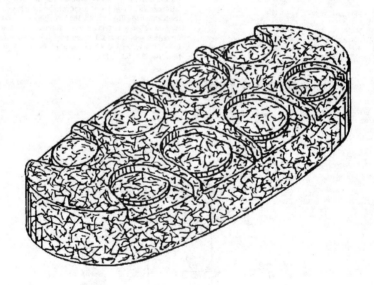

图 4 - 1 - 7　美国设计专利单行本扉页

表 4 - 1 - 1　美国专利申请编号

| 申请种类 | 系列码/申请顺序号 | 申请提交年代 |
|---|---|---|
| 专利申请<br><br>植物专利申请<br><br>再版专利申请<br><br>依法登记的发明请求 | 01/000001 ～ | 1915 ～ 1934 |
| | 02/000001 ～ | 1935 ～ 1947. 12 |
| | 03/000001 ～ | 1948. 1 ～ 1959. 12 |
| | 04/000001 ～ | 1960. 1 ～ 1969. 12 |
| | 05/000001 ～ | 1970. 1 ～ 1978. 12 |
| | 06/000001 ～ | 1979. 1 ～ 1986. 12 |
| | 07/000001 ～ | 1987. 1 ～ 1992. 12 |
| | 08/000001 ～ | 1993. 1 ～ 1997. 12. 29 |
| | 09/000001 ～ | 1997. 12. 30 ～ 2001. 12 |
| | 10/000001 ～ | 2002. 1 ～ 2004. 12 |
| | 11/000001 ～ | 2005. 1 ～ 2007. 12 |
| | 12/000001 ～ | 2008. 1 ～ 2011. 12 |
| | 13/000001 ～ | 2012. 1 至今 |
| 设计专利申请 | 29/000001 ～ | 1992. 10. 1 至今 |
| 临时专利申请 | 60/000001 ～ | 1995. 6. 8 ～ 2007. 12 |
| | 61/000001 ～ | 2008. 1 至今 |
| 单方再审查请求 | 90/000001 ～ | 1981. 7. 1 至今 |
| 双方再审查请求 | 95/000001 ～ | 2001. 7. 27 至今 |

　　需要说明的是，在美国专利说明书的扉页中常见到的是 1～6 位数的申请顺序号，如：Appl. No.：1，Appl. No.：600，000。近几年美国专利商标局才开始在专利说明书的扉页中刊登申请号系列码，并规定专利申请号由两位数字的申请号系列码和六位数字的申请顺序号两部分组成，申请顺序号不足六位数的，以零补位，如：Appl. No.：09/000001。

**（二）美国专利文献编号**

文献号的特点（见表 4 - 1 - 2）：

　　（1）自 2001 年起，美国专利商标局开始出版专利申请公布和植物专利申请公布的单行本。公布号由四位数字的公布年代和七位数字的文献公布顺序号两部分组成，顺序号不足七位数的，以零补位。需要注意的是，专利申请公布和植物专利申请公布中包括申请的再公布单行本（A2、P4），以及申请的更正（A9、P9），所有申请公布单行本均按流水号顺序编排，如 US 2006/0070159 P1，US 2006/0070160 A1。

（2）其他专利文献按各自的文献编号系列顺序编排，如 US 6198606 B1，US PP12345 P2。

（3）2001年前，美国专利商标局对其出版的专利文献常采取文献号前使用英文缩写表示文献种类，如 Des. 456789，RE 12345。自 2001年起美国专利商标局在其出版的专利文献上全面采用 WIPO 标准 ST. 16《用于标识不同种类专利文献的推荐标准代码》中规定的专利文献种类标识代码。

表 4-1-2　美国专利文献编号

| 文　献　种　类 | 2000. 12. 31 之前 | 2001. 1. 1 之后 |
|---|---|---|
| 专利 | | |
| 专利申请公布 | 无 | US 2001/0001111 A1 |
| 专利申请再公布 | 无 | US 2002/0042300 A2 |
| 专利申请公布的更正 | 无 | US 2002/0090260 A9 |
| 美国专利（无专利申请公布） | 5123456 | US 6198606 B1 |
| 美国专利（有专利申请公布） | 无 | US 6654321 B2 |
| 植物专利 | | |
| 植物专利申请公布 | 无 | US 2001/0004444 P1 |
| 美国植物专利（无植物专利申请公布） | Plant 11000 | US PP12345 P2 |
| 美国植物专利（有植物专利申请公布） | 无 | US PP12345 P3 |
| 植物专利申请再公布 | 无 | US 2001/0005555 P4 |
| 植物专利申请的更正 | 无 | US 2001/0006666 P9 |
| 设计专利 | | |
| 设计专利 | Des. 456789 | US D654321 S |
| 再版专利 | | |
| 再版专利 | RE 36543 | US RE12345 E |
| 再审查证书 | | |
| 发明专利、植物专利、外观设计或再版专利的第一次再审查 | B1 5123456<br>B1 Plant 11000<br>B1 Des. 123456<br>B1 RE 12345 | US 6654321 C1<br>US PP12345 C1<br>US D654321 C1<br>US RE 12345 C1 |

续表

| 文　献　种　类 | 2000.12.31 之前 | 2001.1.1 之后 |
|---|---|---|
| 发明专利、植物专利、外观设计或再版专利的第二次再审查 | B2 5123456 | US 6654321 C2 |
| 发明专利、植物专利、外观设计或再版专利的第三次再审查 | B3 5123456 | US 6654321 C3 |
| 其他文献 | | |
| 依法登记的发明 | H1234 | US H2345 H |

### 四、美国专利公报

美国专利商标局《专利公报》（Official Gazette of the United Patent and Trade Mark Office，Patent），1872 年创刊，由专利局报告（Patent Office Report）改为现名，周刊，每月出版的各期合为一卷，全年十二卷，为权利要求型公报。《专利公报》包括三大部分：

第一部分：报道有关专利事务的各种通知、法规的变化、分类的改变、对公众开放的收藏美国专利的图书资料馆名单等。

第二部分：报道各类授权专利的著录项目、主权利要求、附图。报道顺序依次为再审查证书、依法登记的发明、再版专利、植物专利、专利、设计专利。专利分为一般与机械、化学、电气等三大技术领域，各类专利均按专利号顺序排列。

第三部分：各种索引，如专利权人索引、分类号索引等。

《专利公报》中还有关于可用于转移和出售的专利的名单。

## 第二节　美国专利商标局网站专利信息检索

### 一、概述

美国专利商标局网站上提供了多种美国专利信息资源，包括授权专利数据库、专利申请公布数据库、专利公报数据库、基因序列表数据库、专利申请信息查询数据库、专利分类检索数据库、专利权转移数据库、专利律师和代理人检索数据库等。

网址：http：//www.uspto.gov/。

输入网址进入美国专利商标局网站主页，在该页面的右上角点击"search for patents"可链接到多个检索数据库（见图 4 - 2 - 1）。

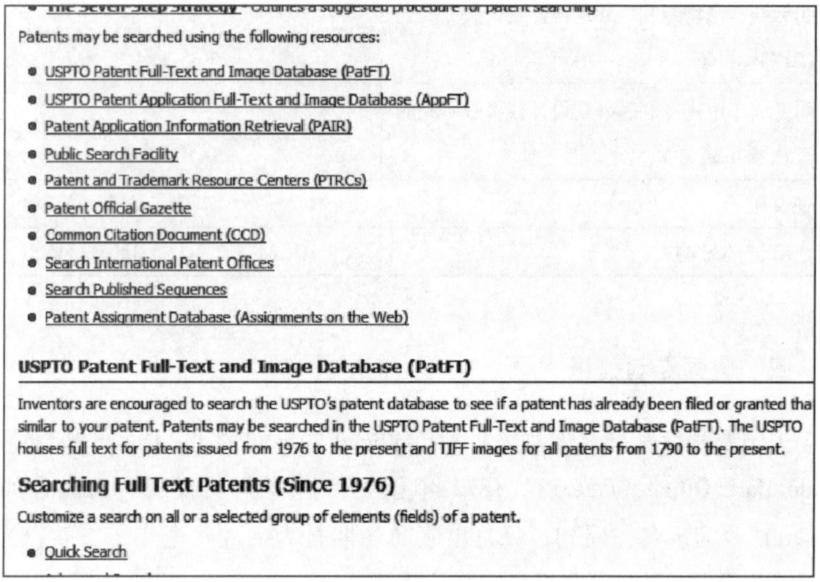

- The Seven Step Strategy - Outlines a suggested procedure for patent searching

Patents may be searched using the following resources:

- USPTO Patent Full-Text and Image Database (PatFT)
- USPTO Patent Application Full-Text and Image Database (AppFT)
- Patent Application Information Retrieval (PAIR)
- Public Search Facility
- Patent and Trademark Resource Centers (PTRCs)
- Patent Official Gazette
- Common Citation Document (CCD)
- Search International Patent Offices
- Search Published Sequences
- Patent Assignment Database (Assignments on the Web)

**USPTO Patent Full-Text and Image Database (PatFT)**

Inventors are encouraged to search the USPTO's patent database to see if a patent has already been filed or granted that similar to your patent. Patents may be searched in the USPTO Patent Full-Text and Image Database (PatFT). The USPTO houses full text for patents issued from 1976 to the present and TIFF images for all patents from 1790 to the present.

**Searching Full Text Patents (Since 1976)**

Customize a search on all or a selected group of elements (fields) of a patent.

- Quick Search

图 4 - 2 - 1　检索数据库链接界面

## 二、授权专利数据库检索

### （一）数据范围及内容

1. 数据范围

授权专利数据库收录了 1790 年起的第一件授权专利至今的全部美国专利文献，如：发明专利、设计专利、再版专利、植物专利、依法登记的发明和再审查证书。这些专利文献存在两种显示形式：1976 年起的专利全文文本（Full-text）显示和 1790 年起的专利全文图像（Full-page Images）显示。

1976 年 1 月至今的授权专利文献有多个可检索的字段，如专利号、授权日、发明人名字、受让人名字、发明名称、摘要、说明书和权利要求等。

从 1790 年到 1975 年 12 月的专利文献仅提供专利号（Patent Number）、授权日期（Issue Date）和当前美国专利分类号（Current US Classification）三个检索字段。

授权专利数据库在每周二更新。

2. 收录内容

授权专利数据库中收录的专利种类及文献号码范围如表 4 - 2 - 1 所示。

表 4 - 2 - 1　专利种类及文献号码范围对照表

| 专利文献种类 | 1790 ~ 1975 年 | 1976 年至今 |
|---|---|---|
| 发明专利<br>（Utility） | X1 - X11280<br>1 - 3930270 | 3930271 至今 |
| 设计专利<br>（Design） | D1 - D242880 | D242583 至今 |
| 植物专利<br>（Plant） | PP1 - PP4000 | PP3987 至今 |
| 再版专利<br>（Reissue） | RX1 - RX125<br>RE1 - RE29，094 | RE28671 至今 |
| 防卫性公告<br>（Defensive Publication） | T885019 - T941025 | T942001 - T999003<br>T100001 - T109201 |
| 依法登记的发明<br>（Statutory Invention Registration，SIR） | | H1 至今 |
| 改进专利<br>（Additional Improvement） | AI2 - AI318 | |

本数据库中未包含的数据有：授权的同时被撤回的专利文献、全文文本数据库和全文图像数据库中缺失的专利文献（这些数据的列表可通过网址 http：//patft. uspto. gov/help/contents. htm 查看）。

3. 检索字段

在授权专利数据库的"快速检索"和"高级检索"方式中最多可以使用 31 个检索字段进行检索。

（1）主题词类（见表 4 - 2 - 2）。

表 4 - 2 - 2　主题词字段

| 字段代码 | 字 段 名 称 |
|---|---|
| TTL | Title（发明名称） |
| ABST | Abstract（摘要） |
| ACLM | Claim（s）（权利要求） |
| SPEC | Description/Specification（说明书） |

（2）日期类（见表 4 - 2 - 3）。

表 4 - 2 - 3　日期字段

| 字段代码 | 字　段　名　称 |
|---|---|
| ISD | Issue Date（授权日） |
| APD | Application Date（申请日） |

使用日期类字段检索时，可通过多种方式输入，如 20020115、1 - 15 - 2002、Jan - 15 - 2002、January - 15 - 2002、1/15/2002、Jan/15/2002、January/15/2002。

日期检索中可使用通配符"MYM"代替月份和日期，如：200201MYM、1/MYM/2002。检索时间范围时，可使用" - >"连接 2 个具体日期，如 20020101 - >20020131。

（3）号码类（见表 4 - 2 - 4）。

表 4 - 2 - 4　号码字段

| 字段代码 | 字　段　名　称 |
|---|---|
| PN | Patent Number（专利号） |
| APN | Application Serial Number（申请号） |
| PARN | Parent Case Information（在先申请或母申请信息） |
| PCT | PCT information（PCT 信息） |
| PRIR | Foreign Priority（外国优先权） |
| REIS | Reissue Data（再版数据） |
| RLAP | Related U. S. App. data（相关 US 申请数据） |
| REF | Referenced By（被引用的文献） |
| FREF | Foreign References（外国参考文献） |
| OREF | Other References（其他参考文献） |

使用专利号字段检索时，除发明专利（Utility）直接输入专利编号外，其他种类的专利文献需在号码前添加相应的专利种类代码。

使用申请号字段检索时，申请顺序号不足 6 位的前面用"0"将其补充至 6 位。

（4）人名/公司信息（见表 4 - 2 - 5）。

表 4 - 2 - 5　人名/公司字段

| 字段代码 | 字 段 名 称 |
|---|---|
| AN | Assignee Name（受让人） |
| IN | Inventor Name（发明人） |
| EXP | Primary Examiner（主审员） |
| EXA | Assistant Examiner（助理审查员） |
| LREP | Attorney or Agent（律师或代理人） |

使用人名类型的字段检索时，如发明人、主审查员等，输入格式为：姓 - 名 - 中间名字的首字母，如 CHIZMAR - JAMES - S；律师或代理人字段的输入方式与其他姓名类型的字段不同，使用引号将姓、名、中间名首字母引起来，三部分之间中间没有短横线，如"CHIZMAR JAMES S"。

（5）国家/地区信息（见表 4 - 2 - 6）。

表 4 - 2 - 6　国家/地区字段

| 字段代码 | 字 段 名 称 |
|---|---|
| AC | Assignee City（受让人所在城市） |
| IC | Inventor City（发明人所在城市） |
| IS | Inventor State（发明人所在州） |
| AS | Assignee State（受让人所在州） |
| ACN | Assignee Country（受让人国籍） |
| ICN | Inventor Country（发明人国籍） |

使用上述字段检索时，可选择"Field Name"下的"Inventor State/Assignee State"或"Assignee State/ Inventor country"查看美国各州代码或国家代码。

（6）分类号（见表 4 - 2 - 7）。

表 4 - 2 - 7　分类字段

| 字段代码 | 字 段 名 称 |
|---|---|
| ICL | International Classification（国际专利分类） |
| CCL | Current U. S. Classification（当前美国分类） |

（7）申请类型字段（Application Type）。

申请类型字段代码为 APT；利用该字段可输入特定数字检索某个类型的专利申请，可以使用的数字及其对应的专利申请类型如下：

1—Utility（发明专利）；

2—Reissue（再版专利）；

4—Design（外观设计）；

5—Defensive Publication（防卫性公告）；

6—Plant（植物专利）；

7—Statutory Invention Registration（依法登记的发明）。

**（二）检索方式**

授权专利数据库提供三种检索方式：快速检索（Quick Search）、高级检索（Advanced Search）和专利号检索（Patent Number Search）。

1. 快速检索

快速检索界面（见图 4 - 2 - 2）提供两个检索输入框，可在 31 个检索字段中进行检索。通过两个输入框之间的下拉列表可以选择输入字段之间的逻辑关系。

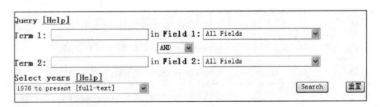

图 4 - 2 - 2　快速检索界面

2. 专利号检索

专利号检索界面（见图 4 - 2 - 3）的输入框中可以输入一个或多个专利号；当输入多个专利号时，各专利号之间可使用空格，也可使用布尔逻辑算符"OR"。专利号中间的逗号可缺省。

输入专利号时，发明专利直接输入专利编号，其他种类的专利文献需在号码前添加相应的专利种类代码。

3. 高级检索

高级检索界面（见图 4 - 2 - 4）的输入框中可输入由字段代码、检索要素以及逻辑算符组配而成的完整检索式。

检索式的基本表示方法为：检索字段代码/检索要素。可以使用逻辑算

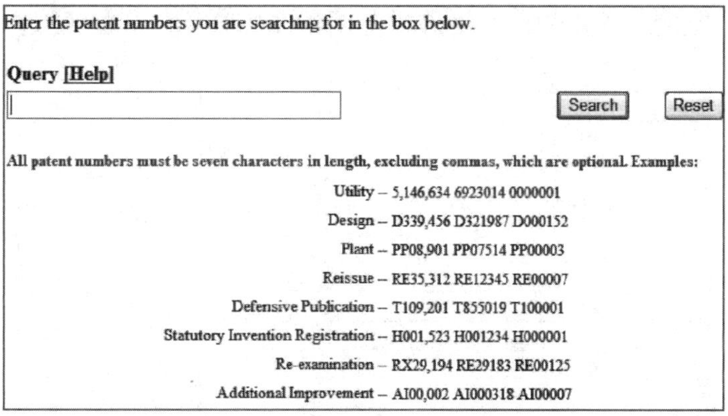

图 4 – 2 – 3　专利号检索界面

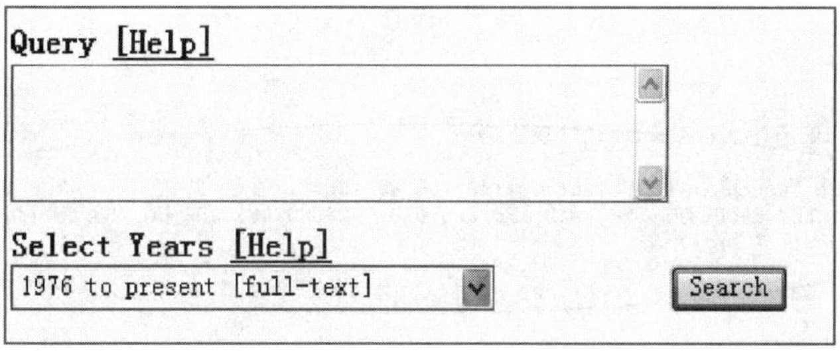

图 4 – 2 – 4　高级检索界面

符将多个检索字段连接起来,如检索 2001 年至 2009 年"普雷特克斯产品公司"作为受让人的美国专利时,可输入检索式:

AN/" PLAYTEX PRODUCTS INC" and ISD/20010101 – >20091231

检索字段代码与检索字段的对应关系如图 4 – 2 – 5 所示,每一检索字段的输入方式可以点击该字段名称的超链接查看。

**(三) 检索结果显示**

通过任何一种方式进行检索,可显示其检索结果列表,选择列表中任一检索结果,可进入专利详细信息显示页面,获得其专利全文文本 (1976 年起的授权专利) 和专利全文图像 (1790 年起的授权专利)。

1. 检索结果列表显示

图 4 – 2 – 6 显示用户输入的检索式及获得的检索结果记录数。页面一次最多显示 50 条记录,要查看其他记录可在输入框中键入具体数字并选择"Jump To"完成。如果需要进一步限定检索结果,可以在"Refine Search"框中输入信息与前次的检索式结合进行二次检索。

| Field Code | Field Name | Field Code | Field Name |
|---|---|---|---|
| PN | Patent Number | IN | Inventor Name |
| ISD | Issue Date | IC | Inventor City |
| TTL | Title | IS | Inventor State |
| ABST | Abstract | ICN | Inventor Country |
| ACLM | Claim(s) | LREP | Attorney or Agent |
| SPEC | Description/Specification | AN | Assignee Name |
| CCL | Current US Classification | AC | Assignee City |
| ICL | International Classification | AS | Assignee State |
| APN | Application Serial Number | ACN | Assignee Country |
| APD | Application Date | EXP | Primary Examiner |
| PARN | Parent Case Information | EXA | Assistant Examiner |
| RLAP | Related US App. Data | REF | Referenced By |
| REIS | Reissue Data | FREF | Foreign References |
| PRIR | Foreign Priority | OREF | Other References |
| PCT | PCT Information | GOVT | Government Interest |
| APT | Application Type | | |

图 4 - 2 - 5   检索字段代码表

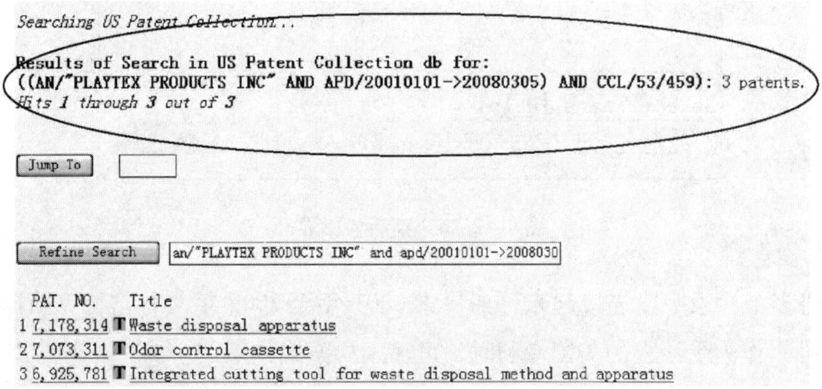

Searching US Patent Collection..

Results of Search in US Patent Collection db for:
((AN/"PLAYTEX PRODUCTS INC" AND APD/20010101->20080305) AND CCL/53/459): 3 patents.
Hits 1 through 3 out of 3

Jump To  [        ]

Refine Search  [ an/"PLAYTEX PRODUCTS INC" and apd/20010101->2008030 ]

PAT. NO.    Title
1 7,178,314 T Waste disposal apparatus
2 7,073,311 T Odor control cassette
3 6,925,781 T Integrated cutting tool for waste disposal method and apparatus

图 4 - 2 - 6   检索结果列表显示

专利号之后的符号"T"表明该文献提供专利全文文本。

检索结果中的记录按照专利文献公布日期降序排列,即新公布的专利文献排在前面(同一时间公布的专利文献按照专利号码由大到小的降序排列)。通过点击列表中显示的专利号及专利名称,用户可以直接查看该记录的详细信息显示界面。

2. 专利详细信息显示

点击检索结果列表显示页面上含有符号"T"与不含符号"T"的专利号或名称时,其详细信息显示页面的内容有所不同:前者均为 1976 年及以后授权的专利文献,显示专利著录项目数据、摘要、引用文献列表、被引用文献的链接、权利要求及说明书等,但不包括附图(见图 4 - 2 - 7);后者是 1790 年至 1975 年授权的专利文献，仅显示专利号、授权日期和美国专利分类号三项内容。

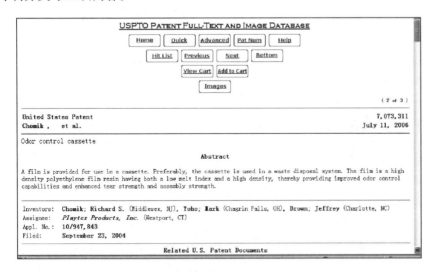

图 4 – 2 – 7　详细信息显示界面

如果专利文献中含有附图，用户可以通过"专利全文图像显示"页面进行浏览。

3. 专利全文图像显示

选择"专利详细信息显示"页面上的按钮"Images"，即可进入专利全文图像显示页面（见图 4 – 2 – 8）。若要正常显示该页面，用户首先需要通过网址 http：//patft. uspto. gov/help/images. htm 下载 TIFF 图像浏览插件。

在"专利全文图像显示"页面上，通过左侧的"Sections"列表，用户可有针对性地浏览扉页、附图、说明书或权利要求书。

该页面中，可以下载或打印所显示页面。

### 三、专利申请公布数据库检索

#### （一）数据范围

专利申请公布数据库收录了 2001 年 3 月 15 日起第一件专利申请公布文献至今的全部美国专利申请公布（包括发明专利申请公布和植物专利申请公布）。数据内容包括基本著录项目、摘要、全文文本和全文图像。专利申请公布数据库中未包含的数据有：申请公布的同时被撤回的专利文献、专利申请公布全文文本和专利申请公布全文图像缺失的专利文献（这些文献的列表可通过网址 http：//patft. uspto. gov/help/contents. htm 查看）。

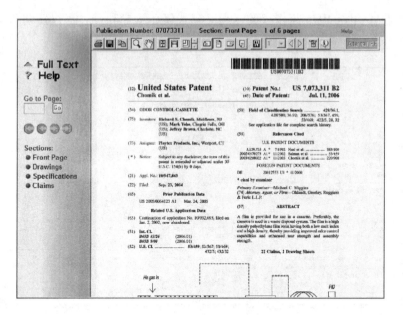

图 4 - 2 - 8　专利全文图像显示页面

## （二）检索方式

专利申请公布数据库的检索字段输入方式与授权专利数据库基本相同，区别主要体现在部分检索字段上。专利申请公布数据库没有如下字段：授权日（Issue Date）、专利号（Patent Number）、申请类型（Application Type）、主审员（Primary Examiner）、助理审查员（Assistant Examiner）、律师或代理人（Attorney or Agent）、在先申请，在先申请或母申请信息（Parent Case Information）、再版数据（Reissue Data）、被引用的文献（Referenced By）、外国参考文献（Foreign References）和其他参考文献（Other References），而另外提供了公开日（Publication Date）、文献号（Document Number）和文献种类代码（Document Kind Code）字段。

## 四、专利公报数据库检索

通过美国专利商标局网站可以查看最近 52 期美国专利电子公报；对于历年美国专利公报中的各种通知，美国专利商标局网站提供了专门的链接。

## （一）电子专利公报

在前述检索数据库链接页面（见图 4 - 2 - 1）的左侧一栏"Tools（工具）"的下方链接"Official Gazette（官方公报）"即可进入专利公报（Official Gazette for Patents）页面（见图 4 - 2 - 9）。

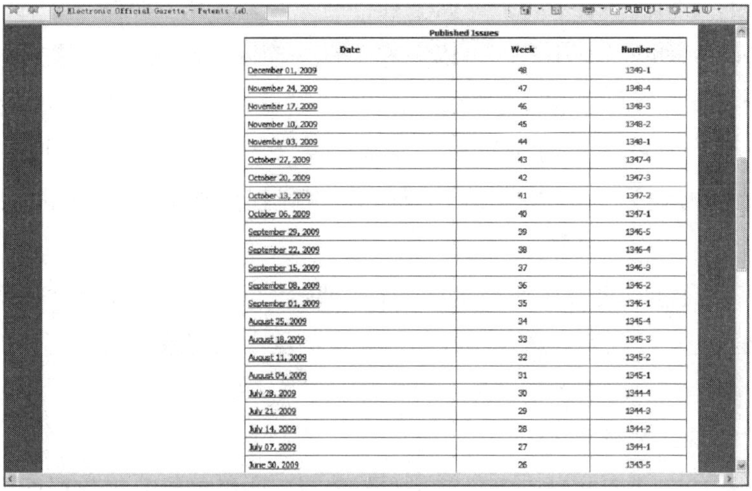

Published Issues

| Date | Week | Number |
|---|---|---|
| December 01, 2009 | 48 | 1349-1 |
| November 24, 2009 | 47 | 1348-4 |
| November 17, 2009 | 46 | 1348-3 |
| November 10, 2009 | 45 | 1348-2 |
| November 03, 2009 | 44 | 1348-1 |
| October 27, 2009 | 43 | 1347-4 |
| October 20, 2009 | 42 | 1347-3 |
| October 13, 2009 | 41 | 1347-2 |
| October 06, 2009 | 40 | 1347-1 |
| September 29, 2009 | 39 | 1346-5 |
| September 22, 2009 | 38 | 1346-4 |
| September 15, 2009 | 37 | 1346-3 |
| September 08, 2009 | 36 | 1346-2 |
| September 01, 2009 | 35 | 1346-1 |
| August 25, 2009 | 34 | 1345-4 |
| August 18,2009 | 33 | 1345-3 |
| August 11, 2009 | 32 | 1345-2 |
| August 04, 2009 | 31 | 1345-1 |
| July 28, 2009 | 30 | 1344-4 |
| July 21, 2009 | 29 | 1344-3 |
| July 14, 2009 | 28 | 1344-2 |
| July 07, 2009 | 27 | 1344-1 |
| June 30, 2009 | 26 | 1343-5 |

图 4－2－9　电子专利公报目录

该数据库仅保留最近 52 期电子专利公报，通过选择期号可进入该期电子公报的浏览界面。

1. 授权专利的浏览方式

可以通过美国专利分类号、美国专利分类号范围、专利号或专利种类、专利权人或发明人所在地共 5 种索引方式浏览各期电子公报。

（1）根据美国专利分类号浏览（Browse by Class/Subclass）。该方式下，可以输入特定美国专利分类号（Specific Classification）浏览相应的专利。

（2）通过美国专利分类号范围浏览（Classification of Patents）。按照美国专利分类号范围浏览时，需要从列表中选择分类号范围，如 210－219，220－229，230－239，240－249……页面下方的类号和类名“Class Number and Titles”链接可供用户查询分类表中“类”的类号和类名。

（3）通过专利号或授权专利种类浏览（Browse Granted Patents）。该方式下，可以通过输入专利号或选择专利种类浏览专利文献。

根据专利种类进行浏览时，可分别浏览再审查、依法登记的发明、授权的再版专利、授权的植物专利或授权的发明专利。其中，授权的发明专利又可按照三个不同的领域浏览：一般领域和机械领域（General & Mechanical）、化学领域（Chemical）及电子领域（Electrical）。

（4）专利权人索引（Index of Patentees）。该方式下，可以通过专利权人名字的字母顺序以及专利种类与专利权人结合两种索引方式进行浏览。

按照专利权人名字的字母顺序进行浏览时，选择左侧的"Patentees in Alphabetical Order"；用户既可以在输入框中输入专利权人的姓进行查询，也可直接按照字母顺序进行索引。

按照专利种类进行浏览时，首先选择专利种类，然后在该专利种类的范围内输入专利权人的姓或根据专利权人名称的字母顺序进行浏览。

（5）通过发明人住址浏览（Geographical Index of Inventors）。该方式下，可通过第一发明人居住所在州或城市浏览专利记录。系统还显示本期公报中每个州有多少条记录。

2. 检索结果显示

美国的专利公报为"权利要求型"公报，所以电子公报数据库中的每条专利记录可浏览专利的基本著录项目、权利要求 1 和摘要附图（见图 4 – 2 – 10）。

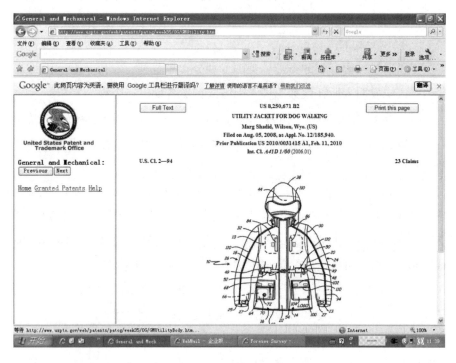

图 4 – 2 – 10    美国专利公报

每条专利记录的左上角有一个"Full Text"按钮，可直接链接到授权专利数据库的"专利全文文本显示"页面上。

### （二）通知

专利公报的通知中包括专利失效、恢复、再版、修正以及再审查等信息。这些信息除了通过前一部分的电子公报进行查询外，美国专利商标局为其提供了专门的链接进行查阅。

在美国专利商标局网站主页面中，选择菜单栏“新闻和公示（News & Notices）”下的官方公报“Official Gazette”，即可进入各年度的政府公报通知（Official Gazette Notices）列表。

选择某个年度（如 Browse 2010）即可查看该年每一期美国公报中的“Notices”（通知）内容（图 4 – 2 – 11）。

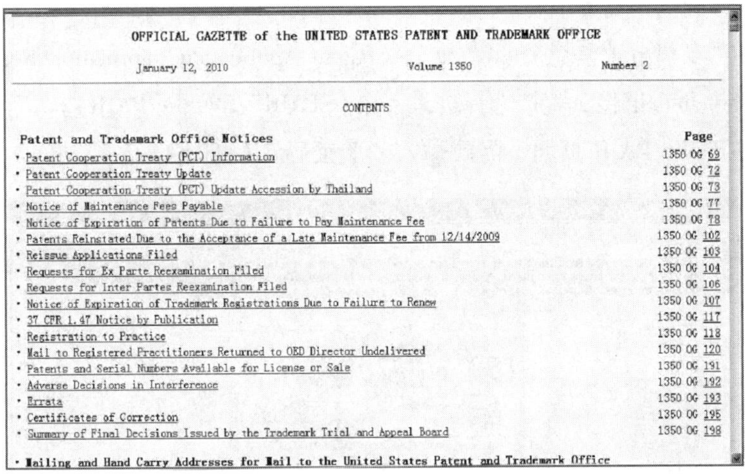
OFFICIAL GAZETTE of the UNITED STATES PATENT AND TRADEMARK OFFICE

January 12, 2010　Volume 1350　Number 2

CONTENTS

| Patent and Trademark Office Notices | Page |
| --- | --- |
| • Patent Cooperation Treaty (PCT) Information | 1350 OG 69 |
| • Patent Cooperation Treaty Update | 1350 OG 72 |
| • Patent Cooperation Treaty (PCT) Update Accession by Thailand | 1350 OG 73 |
| • Notice of Maintenance Fees Payable | 1350 OG 77 |
| • Notice of Expiration of Patents Due to Failure to Pay Maintenance Fee | 1350 OG 78 |
| • Patents Reinstated Due to the Acceptance of a Late Maintenance Fee from 12/14/2009 | 1350 OG 102 |
| • Reissue Applications Filed | 1350 OG 103 |
| • Requests for Ex Parte Reexamination Filed | 1350 OG 104 |
| • Requests for Inter Partes Reexamination Filed | 1350 OG 106 |
| • Notice of Expiration of Trademark Registrations Due to Failure to Renew | 1350 OG 107 |
| • 37 CFR 1.47 Notice by Publication | 1350 OG 117 |
| • Registration to Practice | 1350 OG 118 |
| • Mail to Registered Practitioners Returned to OED Director Undelivered | 1350 OG 120 |
| • Patents and Serial Numbers Available for License or Sale | 1350 OG 191 |
| • Adverse Decisions in Interference | 1350 OG 192 |
| • Errata | 1350 OG 193 |
| • Certificates of Correction | 1350 OG 195 |
| • Summary of Final Decisions Issued by the Trademark Trial and Appeal Board | 1350 OG 198 |

• Mailing and Hand Carry Addresses for Mail to the United States Patent and Trademark Office

图 4 – 2 – 11　专利公报中的通知

每一条记录都设有超级链接，可查看本期公报中的相关信息。

## 五、专利申请信息查询系统检索

专利申请信息查询系统（Patent Application Information Retrieval System, PAIR）是美国专利商标局以安全、便捷的方式向用户提供的供查询和下载专利申请相关信息的数据库。PAIR 不仅可以供用户在线浏览几分钟内发送至 USPTO 的专利所处的状态和专利文献，并且可以随时、安全地用于检查处于审查过程中的专利申请进程。

PAIR 有两种使用类型：Public PAIR（公共专利申请信息查询系统）和 Private PAIR（私人专利申请信息查询系统）。其中，Public PAIR 提供授权专利和专利申请公布的信息；Private PAIR 提供处于审查过程中的专利申请状态信息和应用数字证书的历史信息。

（一）Public PAIR

1. 专利数据

"Public PAIR" 提供专利、专利申请公布、要求国内优先权的授权专利或专利申请公布的专利申请信息。

"Public PAIR" 不提供 WIPO 未公布的国际申请、美国专利商标局许可和评论部（USPTO Licensing and Review Board）未公布的申请的专利申请信息。

2. 专利检索系统

（1）进入方法。在美国专利商标局网站主页菜单"专利"（Patents）中选择"专利电子商务中心"（Patents Electronic Business Center，EBC），该页面中有"专利申请信息查询系统"（Patent Application Information Retrieval，PAIR System）链接，直接选择进入"公众 PAIR"（Public PAIR）。

在 Public PAIR 页面，需要输入"验证码"（见图 4 - 2 - 12）。

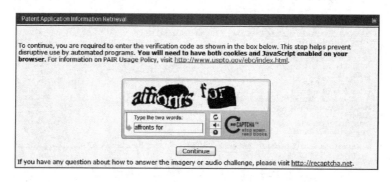

图 4 - 2 - 12　"验证码"界面

正确输入"验证码"后，进入系统检索界面（见图 4 - 2 - 13）。

（2）检索入口。PAIR 的检索页面有五个号码选择框：申请号（Application Number）、专利号（Patent Number）、公布号（Publication Number）、国际申请号（PCT Number）和控制号（Control Number），用户可以根据已有的号码种类进行检索。

具体号码的输入方式可通过号码选项后的图标"i"查看。

（3）检索结果显示。以美国专利号"US6469012"为例，其查询步骤如下：选择"专利号"（Patent Number），输入号码"6469012"，点击"SEARCH"即可进入检索结果显示页面，系统将显示申请案的基本资料（Bibliographic Data）及审查进度（见图 4 - 2 - 14）。

在基本资料页面，系统提供的信息包括：申请号（Application

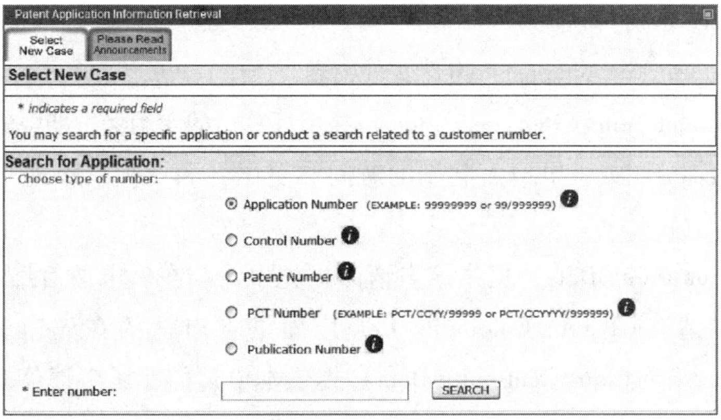

图 4 - 2 - 13　PAIR 检索页面

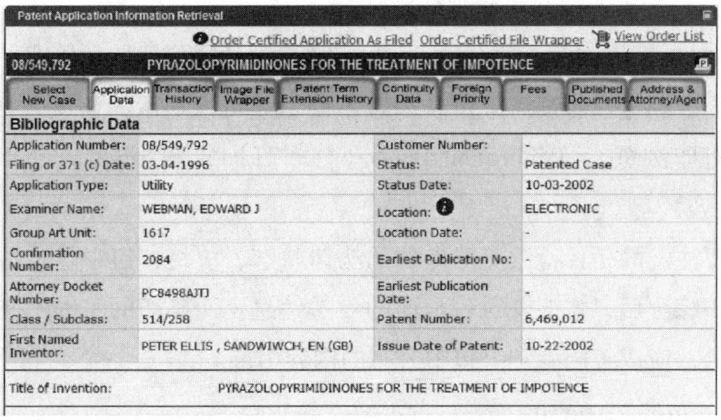

图 4 - 2 - 14　检索结果显示页面

Number)、申请日期（Filing or 371（c）Date）、申请类型（Application Type）、审查员名字（Examiner Name）、确认号（Confirmation Number）、大类号/小类号（Class/Subclass）、发明人的名字（First Named Inventor）、状态（Status）、状态日期（Status Date）、申请文件所在位置（Location）、早期公布号（Earliest Publication No）、早期公布日期（Earliest Publication Date）、专利号（Patent Number）和专利授权日期（Issue Date of Patent）等，用户可以通过浏览这些基本资料对该件专利有基本了解。

除了基本资料外，用户还可以选择页面上方的按钮查看该申请的其他相关信息。不同的按钮显示不同的信息，如：

① Select New Case：重新检索；

② Application Data：申请数据；

③ Transaction History：提供该申请的历史信息（与 Private PAIR 中的 File History 相同）；

④ Image File Wrapper：申请文件案卷；

⑤ Patent Term Extension History：显示计算出的专利保护期限的调整数据；由两部分组成：申请人耽搁的时间和美国专利商标局管理时耽搁的时间；

⑥ Continuity Data：提供该申请的在先申请和在后申请信息。其中，"在先申请"（Parent Continuity Data）提供本申请的在先申请信息；"在后申请"（Child Continuity Data）提供本申请的在后申请信息；

⑦ Foreign Priority：提供外国优先权申请信息；

⑧ Published Documents：提供授权专利或专利申请公布的全文文本链接；

⑨ Fees：显示该专利的缴费情况；

⑩ Address & Attorney /Agent：显示该申请的通信地址和代理人信息。

不同专利显示的按钮数量及内容不同，还可以显示的信息包括：Print View（打印浏览）、Publication Dates（公布日期）和 Supplemental Content（补充内容）等。

需要注意的是：检索美国专利的法律状态，应将按钮中显示的内容仔细分析、综合后，才能获得较全面的参考信息。而确切的美国专利的法律状态信息，应以美国专利公报中公布的内容为准。

（二）Private PAIR

1. 专利数据

Private PAIR 提供的是与用户号（Customer Number）有关的任意申请信息，包括处于审查过程中的、未公布的国际申请信息。

Private PAIR 不提供美国专利商标局许可和评论部（USPTO Licensing and Review Board）未公布的专利申请信息。

另外，Private PAIR 还提供有限的申请/专利数据、审查过程中的申请信息、诉讼历史、申请附图（如果有的话）、继续数据、补正的内容、申请的状态等。

2. 专利检索系统

（1）进入方法。与 Public PAIR 不同，要进入 Private PAIR，用户必须是：

① 已注册的专利律师/代理人或独立发明人；

② 有用户号（Customer Number）；

③ 有数字证书（PKI）。

也就是说，用户必须先取得美国专利商标局所发的电子凭证，之后利用电子凭证登录才可以使用 Private PAIR。有关电子凭证的取得方式请参考"电子凭证申请流程"。有了电子凭证之后，用户可以进入 Private PAIR 主页选择电子凭证及输入密码进行登录。进入系统后，用户可以选择针对用户代码进行查询，或是针对特定专利号码进行查询。

（2）检索结果显示。在检索结果显示页面，部分内容与 Public PAIR 的显示相同，与 Public PAIR 显示的信息不同的有：

——Assignments：显示专利申请或授权专利的所有权转移信息；

——Display References：显示可获得的参考文献；

——File History：提供有关申请历史的信息；

——Printer Friendly Version：提供打印显示信息。

此外，还包括"补充内容"（Supplemental Content）等信息。

**（三）Public PAIR 与 Private PAIR 的比较**

不管是在专利数据、使用条件、进入方法及检索结果的显示上，Public PAIR 与 Private PAIR 均存在差别，如表 4 - 2 - 8 所示。

表 4 - 2 - 8　**Public PAIR 与 Private PAIR 比较**

| | Public PAIR | Private PAIR |
|---|---|---|
| 对象 | 一般大众 | 专利律师/代理人、独立发明人 |
| 登录方式 | 输入"验证码" | 输入用户代码及电子凭证（用户号） |
| 专利数据 | 仅可以查询到已经授权或公布的专利申请数据 | 除了已经公布的申请资料外，还可以查询到与用户代码有关联的尚未公布的专利申请数据 |
| 检索结果显示 | 显示与本专利申请相关的申请数据、审查事务处理历史、图像文件、专利保护期限延长情况、继续数据、外国优先权、公布文献、费用等 | 除了显示 Public PAIR 的内容之外，还显示转移信息、参考文献、补充内容、打印显示信息等 |

**六、专利权转移数据库检索**

专利权转移数据库（Assignments on the Web，AOTW）主要供用户检

索美国专利的权利转移情况。用户可以通过该数据库查询某申请的权利转移登记情况，或查询某个发明人的权利转移情况，或查询某公司拥有的权利状况等。

**（一）专利数据**

截至目前，美国专利权转移数据库可供用户检索自 1980 年 8 月至今的美国授权专利和专利申请公布的权利转移情况，包括：专利权转移卷宗号、登记日期、让与种类和专利权信息等；同时，还可提供美国专利权人实际拥有专利及专利申请公布的信息。

需要注意的是：该系统仅提供美国已授权和公布的专利记录；未收录在审查过程中的或放弃专利权的专利记录。另外，本数据库数据更新存在一定的滞后期。

**（二）专利检索系统**

1. 进入方法

在"工具"（Tools）栏目下中选择"Assignments on the Web for Patents（AOTW-P）"即可进入美国专利权转移数据库（见图 4 – 2 – 15）。

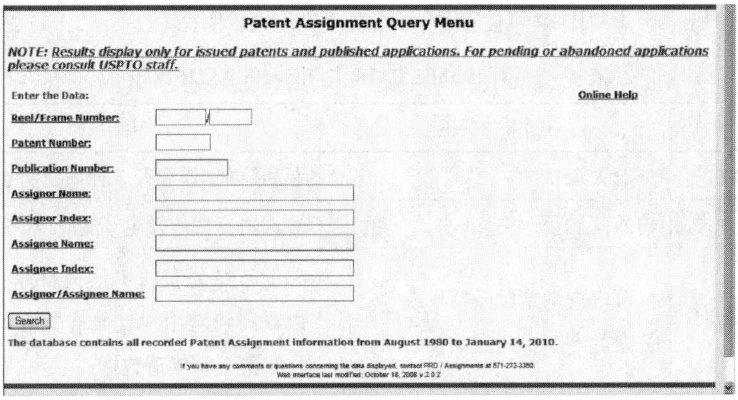

图 4 – 2 – 15　专利权转移检索界面

2. 检索入口

专利权转移检索界面提供 8 个检索字段，如案卷号（Reel/Frame Number）、专利号（Patent Number）、公布号（Publication Number）、专利出让人名字（Assignor Name）、专利出让人索引（Assignor Name Index）、专利受让人名字（Assignee Name）、专利受让人索引（Assignee Name Index）和专利出让人/受让人名字（Assignor/Assignee Name）。

各检索字段的输入方式如表 4 – 2 – 9 所示。

表 4 - 2 - 9　字段输入方式

| 检索字段 | 输入方式 |
| --- | --- |
| 案卷号 | 举例：009668/0397；013974/0465<br>注意：卷号和结构号上都必须至少输入 1 个阿拉伯数字（系统提供前面补零的功能） |
| 专利号 | 举例：6469031<br>注意：<br>1. 输入 1~7 位阿拉伯数字（不能超过 7 位，不足的可以补零）；<br>2. 如果属于其他专利种类的文献号码，应将专利种类代码前置，并在阿拉伯数字前补零达到 7 位数字；<br>3. 专利号作为 7 个位置的数字存储在转移历史数据库中，前方 0 的使用不会影响检索结果 |
| 公布号 | 举例：20030000347<br>注意：<br>1. 仅输入专利公布号的阿拉伯数字部分（11 位）；<br>2. "US" 与 "文献种类标识代码"（如 A1）不能输入 |
| 专利出让人名字 | 举例：KRIASKI, JOHN ROBERT<br>注意：<br>1. 必须至少输入 2 位字符（字母或/和数字），属于 "后截断" 检索；<br>2. 为了减少记录数，应该输入附加的检索部分；<br>3. 输入 "SMITH"，将显示名字中包含 SMITH 的全部记录；如果输入 "SMITH"，仅显示以 SMITH 开头的记录；<br>4. 单个的名字以 "姓 + 名/首字母" 的形式存储在数据库中；<br>5. Mr. Mrs. Dr. 等，不应该作为检索部分使用 |
| 专利受让人名字 | 同上 |
| 专利出让人/受让人名字 | 同上 |
| 专利出让人索引 | 注意：必须输入至少 1 个字符（字母或/和数字） |
| 专利受让人索引 | 同上 |

用户在进行输入时应注意的问题有：

（1）信息输入时一次仅能使用一个检索字段；

（2）名字检索时，一般情况下不能使用引号""，除非用户要求在检索结果信息中包含""；

（3）不可用通配符。

一般情况下，查找某一件特定专利的权利转移情况使用文献"号码"检索入口；查找某人或某公司的权利转移情况使用"专利出让人/受让人"或"专利出让人/受让人索引"作为检索入口。

3. 检索结果显示

图4-2-16是检索专利受让人"PLAYTEX PRODUCT"的检索结果的列表显示。包括3列信息：专利申请号、专利号（含申请公布号）和受让人名字。

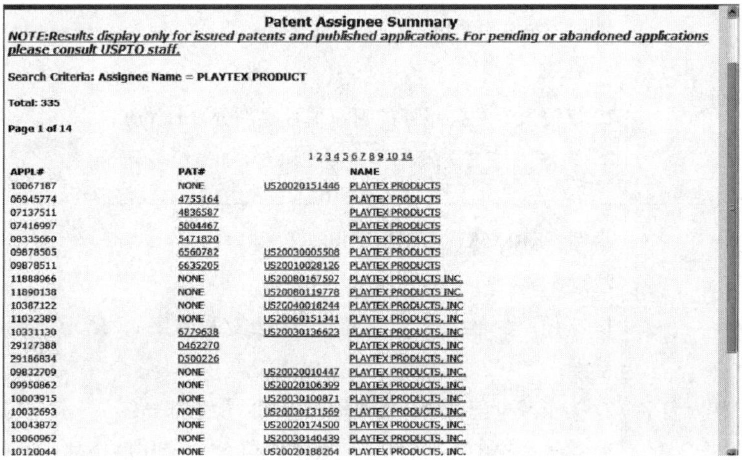

图4-2-16　美国专利权转移检索结果列表显示页面

全文显示分为四种：专利权转移历史（Patent Assignment Abstract of Title），专利权转移详述（Patent Assignment Details），专利权转移出让人详述（Patent Assignment Assignor Details），专利权转移受让人详述（Patent Assignment Assignee Details）。

专利权转移历史：以专利号为线索，提供该专利已发生过的专利权转移基本信息：专利权转移总数，专利号，专利授权日期，申请号，申请日期，发明人，发明名称；还按时间顺序提供每次专利权转移的详细信息：专利权转移序号，专利权转移卷宗号，登记日期，文件页数，让与种类，出让人，生效时间，受让人，联系人及地址（见图4-2-17）。

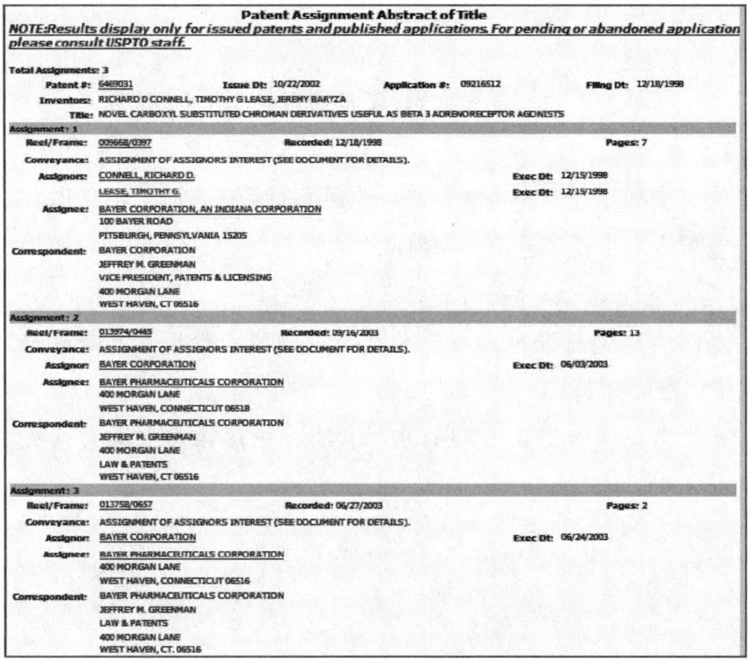

**图 4 - 2 - 17　美国专利权转移检索结果**
**"专利权转移标题摘要"显示页面**

专利权转移详述：以专利权转移卷宗号为线索，提供该案卷的基本信息：专利权转移卷宗号，登记日期，文件页数，让与种类；同时还提供该专利权转移案卷所涉及的专利的信息：专利权总数，每件专利的专利号，专利授权日期，申请号，申请日期，发明名称，出让人，生效日期，受让人，联系人及地址。

专利权转移出让人详述：以出让人名字为线索，提供该出让人出让的专利的基本信息：出让人名字，出让专利权的案卷总数；同时还提供该每件出让专利权案卷的详细信息：专利权转移卷宗号，登记日期，文件页数，让与种类，出让人，生效日期，受让人，本案所涉及的专利权的专利号、申请公布号、申请号，联系人及地址。

专利权转移受让人详述：以受让人名字为线索，提供该受让人受让的专利的基本信息：受让人名字，受让专利权的案卷总数；同时还提供该每件受让专利权案卷的详细信息：专利权转移卷宗号，登记日期，文件页数，让与种类，出让人，生效日期，受让人，本案所涉及的专利权的专利号、申请公布号、申请号，联系人及地址。

**本章思考与练习**

1. 美国专利单行本有哪些？简述美国专利单行本的发展变化。

2. 美国专利申请编号有哪些特点？

3. 美国专利文献编号有哪些特点？

4. 美国专利商标局网站提供的授权专利检索数据库的数据范围是什么？有哪些检索方式？

5. 如果需要检索美国专利的法律状态，应该在哪个检索系统中进行检索？

# 第五章　日本专利文献与信息检索

## 本章学习要点

　　了解日本专利文献的特点和结构；了解日本专利文献种类、编号、著录项目；掌握互联网日本专利主要检索工具使用方法。

## 第一节　日本专利文献

### 一、日本专利制度与专利文献

　　日本对发明、实用新型和外观设计分别单独立法给予保护。

　　1885 年，日本通过《专卖特许条例》正式建立专利制度，对发明实行专利保护，并确立先发明制。此后历经几次重大修改：1888 年确立审查制；1921 年将先发明制改为先申请制，对专利申请进行实质性审查（对比文件仅限于国内），并采取申请公告和异议申诉制度。1959 年将实质性审查的对比文件扩展到世界范围。1971 年施行早期公开，延迟审查制，此后专利法多次修订。20 世纪 90 年代，日本顺应世界各国专利法的发展趋势，对本国专利法再做重要调整，对文献出版有影响的主要变化是：（1）发明专利权有效期。原发明专利权有效期自公告日起 15 年，自申请日起不超过 20 年，1995 年 7 月 1 日起改为自申请日起 20 年。药品和农药专利可延长 5 年。（2）1996 年起取消公告制，将专利授权前的异议程序挪至授权后。

　　1905 年日本制定了第一部《实用新型法》，近百年来进行了不断补充和完善。1994 年前日本对实用新型以注册证书形式保护，采取与发明专利申请同样的审批程序，即经过实质性审查，授予实用新型注册证书。20 世纪 90 年代，实用新型法再做重大修改，1994 年起将早期公开延迟审查制改为无实审登记制，即形式审查之后予以注册，授予实用新型注册证书。注册的实用新型有效期的变化：1995 年 7 月 1 日之前，实用新型保护期为自公告日起 10 年，自申请日起不超过 15 年；1995 年 7 月 1 日起改为自申请日起 6 年；自 2005 年 4 月 1 日起，实用新型保护期又延长为自申请日起 10 年。

1889 年日本外观设计法案开始实施。1899 年正式颁布外观设计法，称为《意匠法》，此后历经多次修改。日本对外观设计以注册证书形式保护，但实行实质审查制，授权后公布。2007 年，日本再次对外观设计法进行修订，申请日于 2007 年 3 月 31 日前的外观设计保护期为自注册日起 15 年，申请日为 2007 年 4 月 1 日后的保护期为自注册日起 20 年。

日本专利文献的出版与其他国家相比独具特色。大多数国家的做法是在出版各种专利单行本的同时出版专利公报，公布各种专利单行本的著录项目、文摘或权利要求、附图以及专利事务等法律信息。日本则将发明、实用新型分别按产业部门（后按国际专利分类）划分，在相应名称公报中全文公布。而专利事务等法律信息则在日本专利局公报中报道。因而日本出版四种类型的文献。

第一类："特許公報"、"実用新案公報"、"公開特許公報"、"公開実用新案公報"、"公表特許公報"、"公表実用新案公報"。实际上就是各种类型的专利单行本。

第二类："商標公報"、"意匠公報"。相当于其他国家出版的相应公报。

第三类："審決公報"，日本专利局复审委员会的复审决定。公布发明、实用新型、外观设计、商标等诉讼案件审判结果的审判书全文。

第四类：专利局公报（特許庁公報），公布的内容包括：发明、实用新型、商标的注册目录，发明、实用新型的审查请求，发明、实用新型、商标的申请放弃、驳回、无效、统计年报等，报道各种目录和专利事务等法律信息的官方公报。

本节主要介绍第一、二、四类文献。

## 二、日本专利单行本

日本专利制度历史悠久，专利申请审批制度几经变化，因而专利单行本种类繁多，为叙述简便，现将不同审批阶段出版的各种专利单行本以 1971 年为界分别介绍。

### （一）1971 年前出版的单行本

1971 年前日本对专利申请和实用新型申请实行实质审查制，后异议公告，再授权。因而出版的单行本种类有以下几种。

1. 专利公报（特許公報），文献种类标识代码 B

发明专利申请经过实质性审查后，进行异议公告程序，但尚未授予专利权，出版的专利公告单行本。

2. 专利说明书（特許明細書），文献种类标识代码 C

公告之日起 2 个月内为发明专利申请异议期，期满无异议或异议理由不成立，即授予专利权，此时出版的专利单行本称为专利说明书（特許明細書）。此种单行本 1950 年停止出版，此后改为授予专利权时，只接排专利号，不再出版这种专利单行本。

3. 实用新型公报（实用新案公報），文献种类标识代码 Y

实用新型注册申请经过实质性审查后，进行异议公告程序，但尚未授予注册证书，出版的实用新型公告单行本。

4. 注册实用新型说明书（登録实用新案明細書），文献种类标识代码 Z

实用新型注册申请公告之日起 2 个月内为异议期，期满无异议或异议理由不成立，即授予专利权，授予注册证书时出版的注册实用新型单行本。1950 年停止出版，此后改为授予注册证书时只接排注册号，不再出版这种注册实用新型单行本。

**（二）1971 年后出版的单行本**

自 1971 年 1 月 1 日起，专利申请和实用新型申请同时改为早期公开延迟审查制，并保留公告异议程序，出版的单行本种类有以下几种。

1. 公开专利公报（公開特許公報），文献种类标识代码 A

根据 1971 年日本专利法，自申请之日 18 个月后，日本专利局出版公开专利公报（公開特許公報），公布发明内容。这是一种未经实质审查，也尚未授予专利权的专利申请公开单行本，为第一公布级出版物（见图 5 - 1 - 1）。

作为第一公布级的专利单行本还有：

2. 公表专利公报（公表特許公報），文献种类标识代码 A

这是一种国际申请单行本。在其他受理局提交的非日文国际申请，以日本为指定国之一，在 WIPO 国际局公布后被译成日文进入日本国家阶段，在日本国内再次公布。1979 年开始出版。

3. 再公表专利（再公表特許），文献种类标识代码 A1

这也是一种国际申请单行本。在日本专利局提交的日文国际申请，在 WIPO 国际局公布并进入日本国家阶段后，在日本国内再次公布。1979 年

(19)日本国特許庁（ＪＰ）　　　(12) **公 開 特 許 公 報**（Ａ）　　　(11)特許出願公開番号

**特開平11−171834**

(43)公開日　平成11年（1989）6月29日

| (51)Int.Cl.⁶ | | 識別記号 | | FI | | |
|---|---|---|---|---|---|---|
| C07C | 69/716 | | | C07C | 69/716 | Z |
| | 67/313 | | | | 67/313 | |
| | 67/343 | | | | 67/343 | |
| | 69/738 | | | | 69/738 | Z |

審査請求　未請求　請求項の数2　ＯＬ　（全 7 頁）

(21)出願番号　特願平9−342342

(22)出願日　平成 9 年（1997）12月12日

(71)出願人　000000206
李都興産株式会社
山口県宇都市西本町 1 丁目12番32号

(72)発明者　吉田　浩
山口県宇都市大字小串1978番地の 5　宇部
興産株式会社宇部研究所内

(72)発明者　大森　潔
山口県宇都市大字小串1978番地の 5　宇部
興産株式会社宇部研究所内

(72)発明者　布施　建策
山口県宇都市大字小串1978番地の 5　宇部
興産株式会社宇部研究所内

最終頁に続く

(54)【発明の名称】　４−フルオロ−３−オキソカルボン酸エステル及びその製法

(57)【要約】　　（修正有）
【課題】　殺虫剤，殺ダニ剤，殺菌剤，殺センチュウ剤
として有用なアミノピリミジン誘導体の新規な合成中間
体である４−フルオロ−３−オキソカルボン酸エステル
とその製法を提供する。
【解決手段】　４−フルオロ−３−オキソペンタン酸メ
チルエステルのような一般式 1 の４−フルオロ−３−オ
キソカルボン酸エステル，および例えば２−フルオロプ
ロピオン酸メチルと酢酸メチルとを塩基下で反応させる
その製造方法。

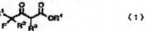

（１）

（Ｒ¹ はアルキル基又はアリール基；Ｒ² とＲ³ は水素
又はアルキル基；Ｒ⁴ はアルキル基を表す。）

图 5 - 1 - 1　公开专利公报扉页

开始出版。

4. 专利公报（特許公報），文献种类标识代码 B2

根据 1971 年日本专利法，经公布的发明专利申请，申请人可自申请日
起 7 年内提出实审请求。经过实质审查后，进入异议公告程序，因而继续
出版经过实质性审查，尚未授予专利权的专利公告单行本（特許公報）。
1971～1996 年 3 月 29 日期间出版的专利公告单行本（特許公報）法律属
性没有改变，但因为之前公布过，因此也称之为特許公告公报，但单行本
的名称仍是特許公報，扉页上著录项目—文献号（11）注明的是专利申请
公告号（见图 5 - 1 - 2）。

(19)日本国特許庁（JP）　　(12) **特 許 公 報**（B2）　　(11)特許出願公告番号

**特公平8-34772**

(24) (44)公告日　平成8年(1996)3月29日

| (51)Int.Cl.⁶　　　識別記号　庁内整理番号　　FI　　　　　　　　　　技術表示箇所 |
|---|
| H01L 21/3065 |
| H01L 21/302　　　　　L |

発明の数1(全 4 頁)

(21)出願番号　　特願昭60-135204

(22)出願日　　昭和60年(1985)6月20日

(65)公開番号　　特開昭61-10240

(43)公開日　　昭和61年(1986)1月17日

(31)優先権主張番号　622439

(32)優先日　　1984年6月20日

(33)優先権主張国　米国（US）

審判番号　　平6-14637

(71)出願人　999999999
ヒューレット・パッカード・カンパニー
アメリカ合衆国カリフォルニア州パロアルト ハノーバー・ストリート 3000

(72)発明者　ドナルド・エル・バートン
アメリカ合衆国オレゴン州コーバリス ランス・ウエイ ノースウエスト 1894

(74)代理人　弁理士　上野　英夫　（外1名）

審判の合議体
審判長　松村　貞男
審判官　左村　義弘
審判官　松田　悠子

(56)参考文献　特開　昭60-115234（JP, A）
特開　昭60-5527（JP, A）
特開　昭57-73940（JP, A）

(54)【発明の名称】　半導体素子の製造方法

1

【特許請求の範囲】
【請求項1】その上に導電パターンが形成されてメサ部分と溝部分とを有する基板上に、該メサ部分上での厚さが第1の厚さを有する第1誘電体層を形成する段階と、前記メサ部分の高さにほぼ等しいかそれ以上の第2の厚さを前記溝部分上で有する第2誘電体層を前記第1誘電体層上に形成する段階と、前記第2誘電体層上に表面がほぼ平坦なポリマー層を形成する段階と、前記ポリマー層をエッチングして、前記メサ部分上に前記第2誘電体層を露出させると共に、前記溝部分上に前記ポリマー層を残す段階と、前記第2誘電体層をエッチングして、前記メサ部分上に前記第1誘電体層を露出させると共に、前記溝部分において前記第1誘電体層上に第2誘電体層を残す段階と、を備えて成る、前記メサ部分上の露出された第1誘電体層と前記溝部分における前記第1誘電体

2

層上の前記第2誘電体層とがほぼ平坦な表面を形成するようにした半導体素子の製造方法であって、前記ポリマー層と前記第2誘電体層とに対するエッチング速度がほぼ等しく、前記第1誘電体層に対するエッチング速度が前記第2誘電体層に対するエッチング速度より遅くなるようにしたことを特徴とする半導体素子の製造方法。

【発明の詳細な説明】
〔産業上の利用分野〕
本発明は、集積回路製造において、半導体ウエーハ上の導電層間の絶縁膜を平坦化する方法に関する。

〔従来技術とその問題点〕
シリコンチップ上の回路密度を増加させるためには、単一チップ上の多数の集積シリコン素子間の相互接続能力の改善を必要としてきた。集積回路内のアクティブ領域の寸法上の制限によって、多層配線による垂直方向の

図5-1-2　专利公报（尚未授予专利权）扉页

## 5. 专利公报（特許公報），文献种类标识代码 B2

1996 年起取消公告制，发明专利申请经实质审查合格，即授予专利权。自 1996 年 5 月 29 日开始出版的专利公报（特許公報），实际上为授权专利单行本（见图 5-1-3），虽然文献种类的名称和标识代码没有改变，但法律属性已与以前不同。B2 中的 2 表示该专利在先出版过公开专利公报（公開特許公報）。

(19)日本国特許庁(JP)　　(12)特　許　公　報(B2)　　(11)特許番号

特許第3564982号
(P3564982)

(45)発行日　平成16年9月15日(2004.9.15)　　(24)登録日　平成16年6月18日(2004.6.18)

(51)Int.Cl.$^{7}$　　　　　　　　　　　　　　　F I

CO7C 69/716　　　　　　　CO7C 69/716　　Z
CO7C 67/343　　　　　　　CO7C 67/343
CO7C 69/738　　　　　　　CO7C 69/738　　Z
// CO7D 239/04　　　　　　CO7D 239/04

請求項の数 2　（全 12 頁）

| | |
|---|---|
| (21)出願番号　特願平9-342342 | (73)特許権者　000000206 |
| (22)出願日　平成9年12月12日(1997.12.12) | 宇部興産株式会社 |
| (65)公開番号　特開平11-171834 | 山口県宇部市大字小串1978番地の96 |
| (43)公開日　平成11年6月29日(1999.6.29) | (72)発明者　宮田　淳 |
| 審査請求日　平成13年1月30日(2001.1.30) | 山口県宇部市大字小串1978番地の5 |
| | 宇部興産株式会社　宇部研究所内 |
| | (72)発明者　大熊　潔 |
| | 山口県宇部市大字小串1978番地の5 |
| | 宇部興産株式会社　宇部研究所内 |
| | (72)発明者　布施　建根 |
| | 山口県宇部市大字小串1978番地の5 |
| | 宇部興産株式会社　宇部研究所内 |
| | (72)発明者　森田　一弘 |
| | 山口県宇部市大字小串1978番地の5 |
| | 宇部興産株式会社　宇部研究所内 |
| | 最終頁に続く |

(54)【発明の名称】4－フルオロー3－オキソカルボン酸エステル及びその製法

(57)【特許請求の範囲】
【請求項1】
次式（1）：
【化1】

（式中、R$^{1}$ は、アルキル基又はアリール基を表し；R$^{2}$ 及びR$^{3}$ は、水素原子又
はアルキル基を表し；R$^{4}$ は、アルキル基を表す。）
で示される4－フルオロー3－オキソカルボン酸エステル。
【請求項2】
次式（2）：

10

图 5-1-3　专利公报（授予专利权）扉页

　　从 2001 年 10 月 1 日起，实审请求提交期限缩短为自申请日起 3 年。
2001 年 10 月 1 日及以后受理的专利申请适用此修改，2001 年 9 月 30 日及
以前受理的专利申请的实审请求期限仍为 7 年。

6. 公开实用新型公报（公開実用新案公報），文献种类标识代码 U

这是一种未经实质性审查，尚未授予注册证书的实用新型申请公开单行本。

7. 公表实用新型公报（公表実用新案公報），文献种类标识代码 U1

这是日本公布的实用新型国际申请单行本。在其他受理局提交的非日文实用新型国际申请，在 WIPO 国际局公布并被译成日文进入日本国家阶段后，在日本国内再次公布。与公表特許公报的区别是，前者为专利申请，而后者为实用新型申请。1979 年开始出版。

8. 实用新型公报（実用新案公報），文献种类标识代码 Y2

根据 1971 年日本实用新型法，经公布的实用新型注册申请，申请人可自申请日起 4 年内提出实质审查请求。经过实质审查后，进入异议公告程序，因而继续出版经过实质性审查，尚未授予注册证书的实用新型公告单行本。1971～1996 年 3 月 29 日期间出版的实用新型公告（実用新案公報）法律属性没有改变，但因为之前公布过，也称之为实用新案公告公报，但说明书的名称上仍用実用新案公报，扉页上著录项目"文献号（11）"注明的是实用新型申请公告号。Y2 表示该申请在先出版过实用新型申请公开公报（公開実用新案公報）。

1994 年实用新型法再次修改，将早期公开延迟审查制改为登记制。因而实用新型单行本发生变化，主要有以下几类：

9. 注册实用新型公报（登録実用新案公報），文献种类标识代码 U

自 1994 年 1 月 1 日起，实用新型新申请改以登记制，即形式审查之后予以注册，授予实用新型注册证书。1994 年 4 月 27 日开始出版，由于实施注册后的技术评价报告制，因而在这种单行本的扉页上注明是否提出技术评价请求（见图 5－1－4）。

10. 实用新型注册公报（実用新案登録公報），文献种类标识代码 Y2

1994 年 1 月 1 日前已经提出的实用新型申请，继续按照 1971 年实用新型法的早期公开、延迟审查制度审批。在 1996 年实用新型法与专利法同时修改，取消公告制，对于 1994 年 1 月 1 日前提出的实用新型申请同样取消公告制，采取经实质审查合格授予注册证书，于 1996 年 6 月 5 日开始出版这种实用新型注册公报（実用新案登録公報）。尽管文献种类代码与实用新型公告（実用新案公報）一样，但法律属性已是经实质审查并且授权的文本。Y2 表示该申请在先出版过实用新型申请公开公报（公開実用新案公報）。

(19)**日本国特许厅(JP)** (12)**登録実用新案公報(U)** (11)実用新案登録番号

実用新案登録第3113678号
(U3113678)

(45)発行日 平成17年9月15日(2005.9.15) (24)登録日 平成17年8月3日(2005.8.3)

(51)int.Cl.$^7$ F I
A47L 9/02 A47L 9/02 D

評価者の請求 未請求 請求項の数 4 OL (全5頁)

(21)出願番号 実願2005-4427(U2005-4427)
(22)出願日 平成17年6月14日(2005.6.14)
出願変更の表示 特願2004-313507(P2004-313507)
の変更
原出願日 平成16年10月28日(2004.10.28)

(73)実用新案権者 504401466
関口 明美
神奈川県南足柄市緑原2624
(74)代理人 100107711
弁理士 鴇巢 智生
(72)考案者 関口 明美
神奈川県南足柄市緑原2624

(54)【考案の名称】電気掃除機の吸込みヘッド用アダプター

(57)【要約】 (修正有)
【課題】電気掃除機の吸込みヘッドに装着される起毛布
部分の埃を吸込みヘッドにより吸い込んで掃除をするこ
とができるようにする電気掃除機の吸込ヘッド用アダプ
ター。
【解決手段】電気掃除機の吸込みヘッドYに装着される
電気掃除機の吸込みヘッド用アダプターXであって、前
記吸込みヘッドの吸込み面を覆いかつゴミを吸う開口を
設けた起毛布よりなるモップ部10と、前記モップ部を
前記吸込みヘッドの吸込み面を覆った状態で前記吸込み
ヘッドに着脱可能に固定する固定手段とを有するように
構成する。
【選択図】図2

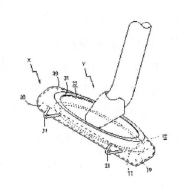

图 5 - 1 - 4 注册实用新型公报扉页

11. 外观设计公报（意匠公报），文献种类标识代码 S

日本外观设计公报（意匠公报）根据 1889 年外观设计法出版，是经
过实质审查的注册外观设计单行本。日本外观设计单行本出版量很大，每
2~3 天出版一期，每期公报公布 100 件注册的外观设计，包括著录项目和
各种视图（见图 5 - 1 - 5）。

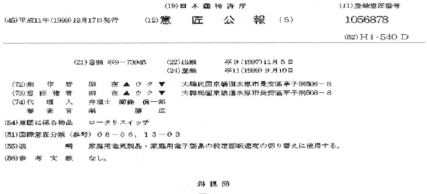

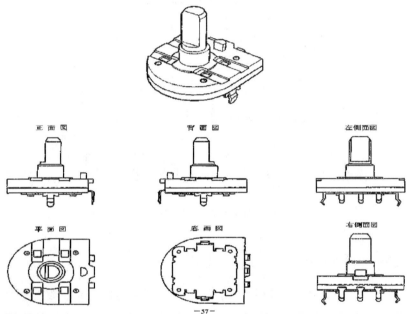

图 5 - 1 - 5　意匠公报扉页

　　下面以 1971 年为界，用示意图（见图 5 - 1 - 6、图 5 - 1 - 7 和图 5 - 1 - 8）对上述各种日本专利单行本的产生和变更进行归纳、总结。

　　1. 1971 年以前

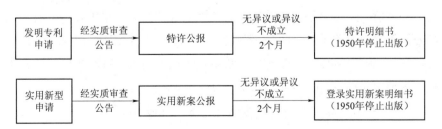

图 5 - 1 - 6　1971 年以前日本专利单行本的产生和变更

### 2. 1971 年以后

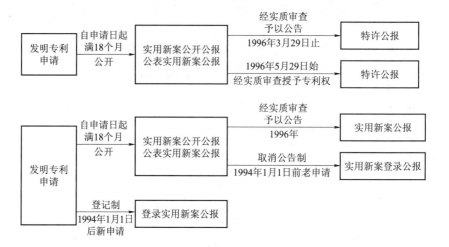

图 5 - 1 - 7　1971 年以后日本专利单行本的产生和变更

### 3. 外观设计（1889 年至今）

图 5 - 1 - 8　日本外观设计专利文献出版情况

## 三、日本专利编号

由于相关法律变化频繁，导致日本专利编号也随之改变，颇具特点。

### （一）申请编号

申请编号（见表 5 - 1 - 1）的特点：

（1）三种申请号均采用固定格式，按年编排。其中，第一个字表示申请种类：特——专利，实——实用新型，意——外观设计。第二个字：愿——申请。第三个字和破折号前的数字组合是用日本纪年表示申请年代，与公元年的换算关系为：明——明治年（代码 M）+1867 = 公元年，大——大正年（代码 T）+1911 = 公元年，昭——昭和年（代码 S）+1925 = 公元年，平——平成年（代码 H）+1988 = 公元年。

（2）自 2000 年起申请年代改为公元年，其他不变。

表 5 – 1 – 1　日本专利申请编号

| | 申请号格式 | 2000 年前 | 2000 年后 |
|---|---|---|---|
| 专利申请 | 种类 + 申请 + 年代 + 当年序号 | 特願平 3 – 352420 | 特願 2000 – 1234 |
| 实用新型申请 | | 実願平 6 – 289 | 実願 2000 – 2356 |
| 外观设计申请 | | 意願平 5 – 2365 | 意願 2000 – 4728 |

**（二）发明专利单行本的文献编号体系**

专利文献编号（见表 5 – 1 – 2）的特点：

（1）公开、公告号与申请号一样，按年编排。固定格式：种类 + 公布方式 + 年代 + 当年序号。其中，公布方式分别有：開——公开，表——再公开，公——公告。2000 年后，按公元年编排，字母 P 表示专利。

（2）公表号每年从 500001 开始编排。

（3）再公表号沿用国际申请公布号。

（4）专利说明书（特許明細書）的专利号从 1 号开始大流水号顺排。1950 年以后停止出版这种专利单行本，但授予专利权时给予专利号，并继续沿此序列接排，直到 1996 年 5 月 29 日开始出版的专利公报（特許公报），专利号又从 2500001 开始顺排。

表 5 – 1 – 2　专利单行本的文献编号

| 单行本名称 | 文　献　号 | | |
|---|---|---|---|
| | 编号名称 | 2000 年前 | 2000 年后 |
| 公开专利公报（公开特許公报 A） | 专利申请公开号（特許出願公開番号） | 特開平 5 – 344801 | P2000 – 1A |
| 公表专利公报（公表特許公报 A） | 专利申请公表号（特許出願公表番号） | 特表平 1 – 500001 | P2000 – 500001A |
| 再公表专利（再公表特許 A1） | 国际申请公布号（國際公開番号） | WO98/23680 | WO00/12345A |
| 专利公报（特許公报 B2） | 专利申请公告号（特許出願公告番号） | 特公平 8 – 34772（1996 年 3 月 29 日止） | |
| 专利公报（特許公报 B2） | 专利号（特許番号） | 第 2500001 ~（1996 年 5 月 29 日起） | 特許第 2996501 号（P2996501） |
| 专利说明书（特許明細書 C，1885 ~ 1950 年） | 专利号（特許番号） | 1 – 216017，1950 年以后的专利号继续沿此序列接排。1996 年改法后从 2500001 号开始顺排 | |

### （三） 实用新型与外观设计文献编号

实用新型文献（见表5-1-3）的编号特点：

（1）公开、公告号总的特点也是按年编排，固定格式：种类 + 公布方式 + 年代 + 当年序号，种类中第一个字：实——实用新型。

（2）实用新型公表号序号每年自500001开始编排。2000年后按公元年编排，字母U表示实用新型。

表5-1-3　实用新型与外观设计文献编号

| 单行本名称 | 文 献 号 | | |
|---|---|---|---|
| | 编号名称 | 2000年前 | 2000年后 |
| 实用新型公开公报（公开实用新案公报U） | 实用新型申请公开号（实用新案出願公开番号） | 实开平5-344801 | 实用新案出願公开番号实开2000-1（U2000-1A） |
| 注册实用新型公报（登錄实用新案公报U） | 实用新型注册号（实用新案登錄番号） | 第3000001号～（1994年7月26日起） | 实用新案登錄第3064201号（U3064201） |
| 公表实用新型公报（公表实用新案公报U1） | 实用新型申请公表号（实用新案出願公表番号） | 实表平8-500003 | U2000-600001U |
| 实用新型公报（実用新案公报Y2） | 实用新型申请公告号（实用新案出願公告番号） | 1996年3月29日止 | |
| | | 实公平8-34772 | |
| 实用新型注册公报（实用新案登錄公报Y2） | 实用新型注册号（实用新案登錄番号） | 1996年6月5日开始 | 实用新案登錄第2602201号（U2602201U） |
| | | 第2500001号～ | |
| 注册实用新型说明书（登錄实用新案明细书Z，1905～1950年） | 实用新型注册号（实用新案登錄番号） | 1-406203，1950年以后的注册号继续沿此序列编排。1994年新申请的注册号从3000001号开始，1994年前老申请的注册号从2500001号开始。 | |
| 外观设计公报（意匠公报S） | 外观设计注册号（意匠登錄番号） | 自1号开始顺排 | |

（3）注册实用新型说明书的注册号从 1 号开始大流水号顺排。1950 年停止出版这种单行本，但授予注册证书时给予注册号，并继续沿此序列接排，直到 1994 年实用新型改以登记制，对于 1994 年 1 月 1 日以后提出的新申请，形式审查合格即授予注册证书，因而自 1994 年 7 月 26 日开始出版的注册实用新型公报，注册号另从 3000001 开始顺排。同时，对于 1994 年前的老申请继续按照早期公开延迟审查程序出版，由于取消公告程序，实审合格即授予注册证书，因而自 1996 年 6 月 5 日开始出版的实用新型注册公报，注册号从 2500001 开始顺排。由此造成实用新型注册号分为三段。

### 四、日本专利局公报（日本特許庁公報）

日本专利局公报是报道专利事务的日本专利局官方公报，包括专利、实用新型、商标的注册目录，专利、实用新型的审查请求，专利、实用新型、商标申请的放弃、驳回、无效，统计年报等。其按不同种类分册发行，一般为月刊，是详细报道日本专利局各项专利事务和行政管理的检索工具及资料性文献。主要有以下几类。

（1）审查请求目录（《審査請求リスト》）：提出审查请求的申请案公开号目录。

（2）专利目录（《特許目録》）：专利号与公开号或公告号对照目录。

注册实用新型目录（《登録実用新案目録》）：注册号与公开号或公告号对照目录。

（3）驳回、申请放弃、撤销、无效目录（《拒絶査定、出願放棄、取下、無効リスト》）：驳回、放弃、撤回、无效的专利申请，以及逾期未提实审请求视撤的公开号目录。

（4）年报（《年報》）：公布专利局当年各项统计数据。

## 第二节　日本专利局网站专利信息检索

日本专利局网站的工业产权数字图书馆（Industrial Property Digital Library，IPDL）收录了自 1885 年以来公布的所有日本专利、实用新型和外观设计电子文献。IPDL 设有英文版和日文版两个系统，分别包含不同的数据库。比较而言，IPDL 日文版比英文版提供了更多的信息。

网址：http：//www.jpo.go.jp/。

## 一、英文版 IPDL

英文版 IPDL 主要包括发明与实用新型公报数据库、发明与实用新型号码对照数据库、日本专利英文文摘数据库、FI/F-term 检索数据库、外观设计公报数据库，可通过各种号码、日本专利分类号等获取日本发明或实用新型专利文献。其中，PAJ 数据库还可以通过主题词等检索日本专利申请公布文献。

输入网址进入日本专利局网站的英文主页（图 5 - 2 - 1），选择右下方的 "Industrial Property Digital Library（IPDL）" 即可进入英文版 IPDL。

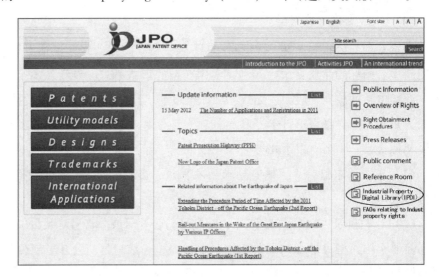

图 5 - 2 - 1　日本专利局网站的英文主页

### （一）发明与实用新型公报数据库

发明与实用新型公报数据库收录了自 1885 年起的日本发明与实用新型说明书，仅能通过文献号码进行检索。

1. 检索方式

在英文版 IPDL 的主页选择 "Patent & Utility Model Gazette DB" 进入检索界面（图 5 - 2 - 2）。

检索时，依次输入文献种类标识代码以及文献号码。文献号码一般由年份及序列号两部分构成，两部分之间需以 " - " 分隔；年份应当为日本纪年或 4 位公元纪年。

通过该数据库提供的 12 个输入框，可一次最多检索 12 件专利文献。

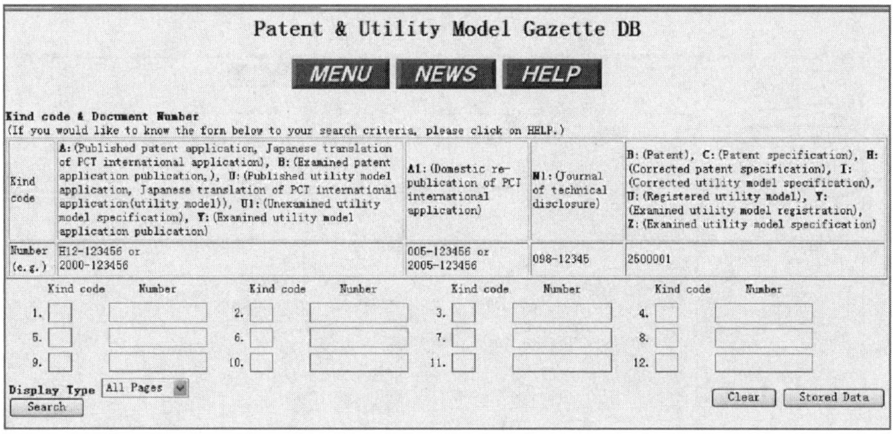

图 5-2-2　英文版 "Patent & Utility Model Gazette DB" 检索界面

2. 检索结果显示

通过该数据库检索后，首先可以得到专利检索结果的英文文摘（PAJ）显示界面，在该状态下，可进入英文翻译公报显示（Translated gazette document）、日文公报图像显示（Japanese gazette image）或法律状态（Legal Status）显示。

（1）PAJ 显示（图 5-2-3）。页面右侧下方显示本专利的英文著录项目、摘要附图，如果有申请人或发明人的修正信息，也将显示在页面右侧下方。页面左侧上方显示检索得到的文献号列表。当选择了某一号码时，对应于号码的文献著录项目和附图在右侧窗口显示。

（2）英文译文显示。在 PAJ 页面选择 "DETAIL" 按钮，进入翻译公报显示页面（图 5-2-4），该页面将显示使用机器翻译的英文专利公报。

通过页面中间上方的各个链接，可在下方窗口分别浏览公报的各个部分：CLAIMS（权利要求）、DETAILED DESCRIPTION（详细说明）、TECHNICAL FIELD（技术领域）、PRIOR ART（背景技术）、EFFECT OF THE INVENTION（发明效果）、TECHNICAL PROBLEM（技术问题）、MEANS（技术手段）、DESCRIPTION OF DRAWINGS（附图说明）和 DRAWINGS（附图）等；译文中显示的 "****" 表示未被翻译的内容。

页面右侧为专利公报附图的显示窗口。可通过选择 "Drawing selection" 项的下拉菜单选择浏览附图。

（3）日文公报图像显示。在 PAJ 或英文译文显示页面中选择 "JAPANESE" 按钮，进入日文公报图像显示页面（图 5-2-5）。

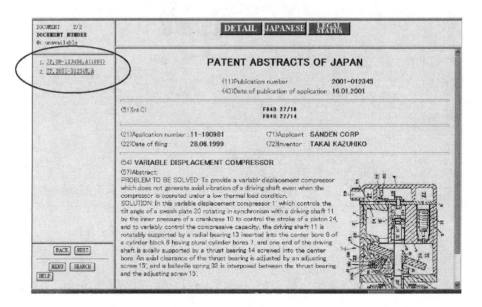

图 5 - 2 - 3　PAJ 检索结果显示界面

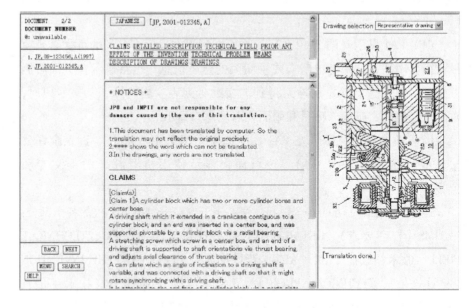

图 5 - 2 - 4　PAJ 翻译公报显示界面

　　通过页面下方的各个选项或按钮，可对公报图像进行翻页、放大、缩小、翻转等操作。

### （二）发明与实用新型号码对照数据库

　　发明与实用新型号码对照数据库收录了自 1913 年以来的日本发明与实

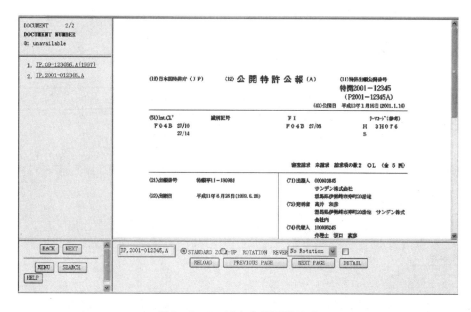

图 5 - 2 - 5　日文公报图像显示

用新型数据，可供用户通过申请号、公布号、公告号等号码查询该申请其他相关编号，并获取日本发明和实用新型的公报全文。

在英文版 IPDL 主页面选择"Patent & Utility Model Concordance"进入检索界面（图 5 - 2 - 6）。

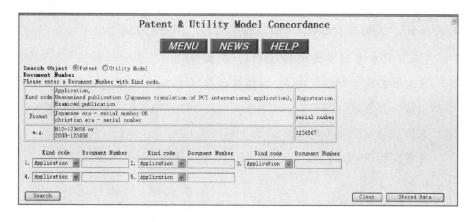

图 5 - 2 - 6　英文版"Patent & Utility Model Concordance"检索界面

## 1. 检索方式

检索时，首先通过页面上方"Patent"和"Utility Model"选择所要检索的专利类型，然后通过页面下方的号码类型选项选择号码的类型，再将相应号码输入至输入框。

可选择的号码类型包括：申请号"Application"、公布号"Unexamined"、公告号"Examined"和注册号"Registration"。

2. 检索结果显示（图5-2-7）

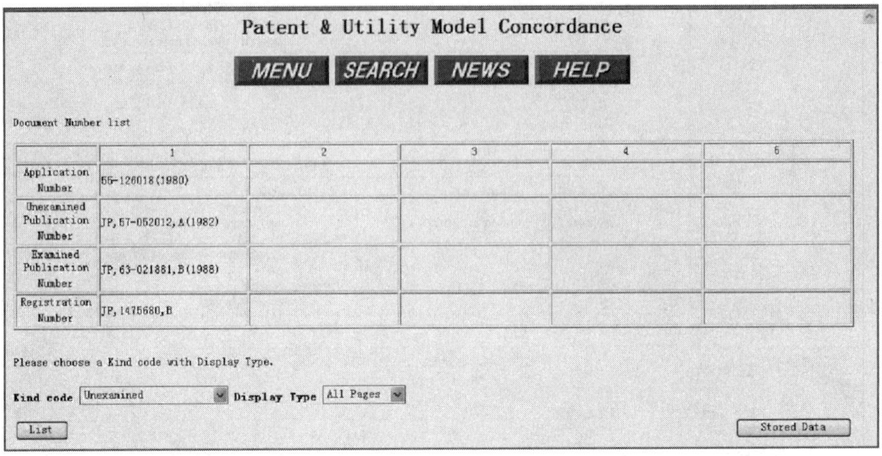

图5-2-7 检索结果显示

检索后，首先得到的是号码列表，包括了输入号码对应的专利申请的申请号以及各阶段文献号。

根据页面下方的"Kind code"选项，可选择浏览该专利申请的公开文本"Unexamined"、公告文本"Examined"、公开文本和公告文本"Unexamined & Examined"、说明书"Specification"或授权文本"Registration"。

**（三）日本专利英文文摘（PAJ）数据库**

日本专利英文文摘（PAJ）数据库收录了1976年以来公布的日本发明专利申请公开文献（每月更新一次），以及1990年以来日本专利申请的法律状态信息（legal status）（每两周更新一次）。

在英文版IPDL的主页面选择"PAJ"进入检索界面（图5-2-8）。

1. 检索方式

PAJ数据库提供两种检索方式：文本检索（Text Search）和号码检索（Number Search）。

（1）文本检索。PAJ数据库默认文本检索方式。该检索方式下提供3类检索字段：申请人、发明名称及文摘；申请公布日期；国际专利分类号。3类检索字段之间为逻辑"与"关系。

使用申请人、发明名称和文摘字段时，可在同一检索窗口中输入以空格间隔的多个词，并通过"AND"或"OR"下拉列表选择各词之间的逻

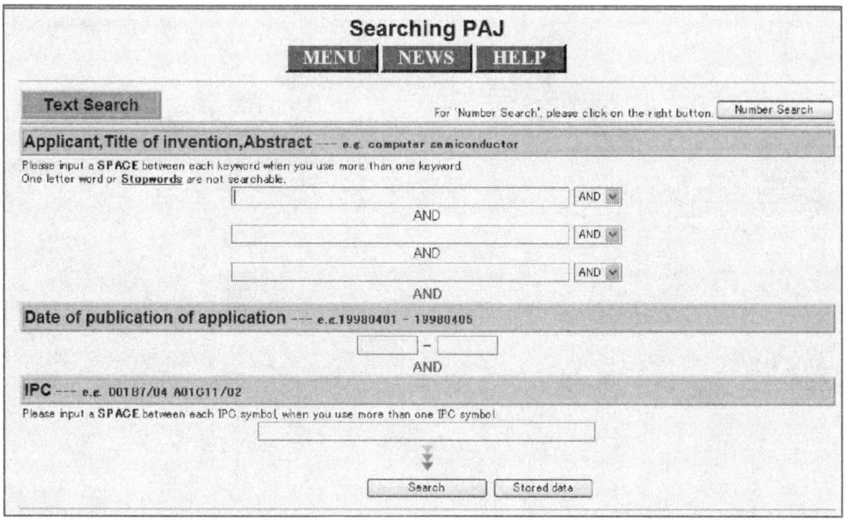

图 5 - 2 - 8　PAJ 检索界面

辑关系。检索词中包含 "!"、"JHJ"、"MYM"、"％"、"－"、"/" 等分隔符时，这些分隔符被视为通配符，例如：输入 "input-output"，检索结果中将包括含 "input-output"、"input output"、"input/output" 的专利文献。此外，输入检索词时，系统将自动对检索词的多种形式进行检索，如输入 "run" 时，检索结果中将包括含 "run"、"runs"、"running" 或 "run's" 等的专利文献。

（2）号码检索。号码检索方式（图 5 - 2 - 9）下可以通过申请号（Application number）、公布号（Publication number）、专利号（Patent number）和审查员驳回决定诉讼案号（Number of appeal against examiner's decision of rejection）检索。

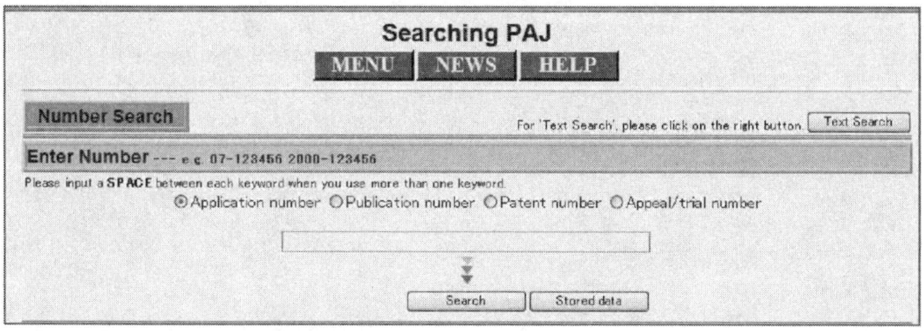

图 5 - 2 - 9　PAJ 号码检索界面

2. 检索结果显示（见图 5 – 2 – 10）

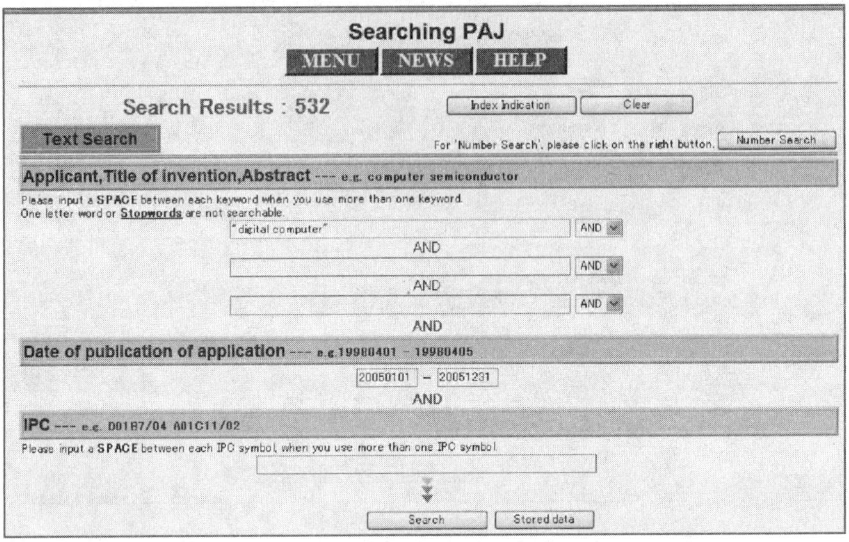

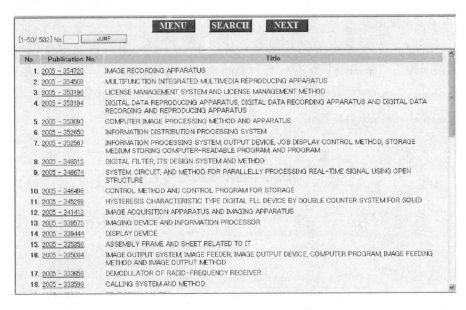

图 5 – 2 – 10  PAJ 检索结果显示

输入检索条件进行检索后，当检索结果在 1 000 件以内时，检索结果数量将在检索页面的上方显示，可通过"Index Indication"按钮获取检索结果列表页面（图 5 – 2 – 11）。检索结果超出 1 000 件时，应进一步限定检索条件以减少检索结果。

图 5 – 2 – 11  PAJ 检索结果列表页面

在检索结果列表显示页面中，选择公布号和专利名称对应的链接可进入英文文摘（PAJ）显示界面（图 5 – 2 – 12），在该界面，可进入英文翻译公报（Translated gazette document）、日文公报图像（Japanese gazette image）或法律状态（Legal Status）等显示页面。

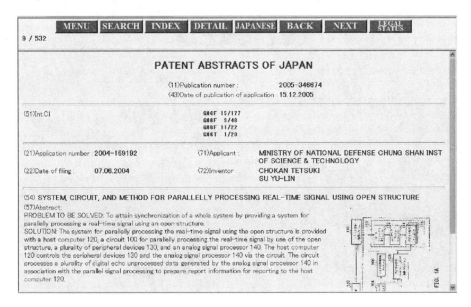

图 5 – 2 – 12　英文文摘显示界面

**（四）英文版日本专利分类检索**

1. 英文版日本专利分类表的查询浏览

可通过日本专利局 IPDL 英文界面中的"patent map guidance"查询日本专利分类表英文版（图 5 – 2 – 13）。

点击 FI 可以浏览 FI 分类表（图 5 – 2 – 14），A – H 部相应的 FI 分类号需进一步点击查看。最后一个链接给出的是广义方面的分类号 Facet。

点击"Patent Map Guidance"，进入英文版 FI/F-term 分类表查询页面（图 5 – 2 – 15）。

在 FI 检索入口中输入"C09K11/00"，点击"search"进入 FI 查询结果页面（图 5 – 2 – 16）。

点击右侧一栏"4H001"进入相应的 F-term 分类表（图 5 – 2 – 17）。

2. 英文版日本专利分类的检索

在英文版 IPDL 的主页面选择"FI/F-term Search"的链接可通过日本专利分类号检索自 1885 年起的日本发明和实用新型专利文献（图 5 – 2 – 18）。

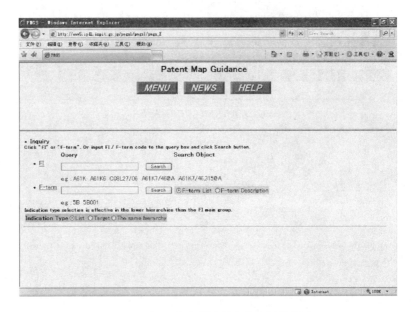

图 5 – 2 – 13　日本专利分类表英文版检索界面

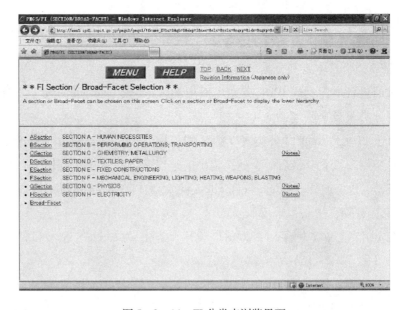

图 5 – 2 – 14　FI 分类表浏览界面

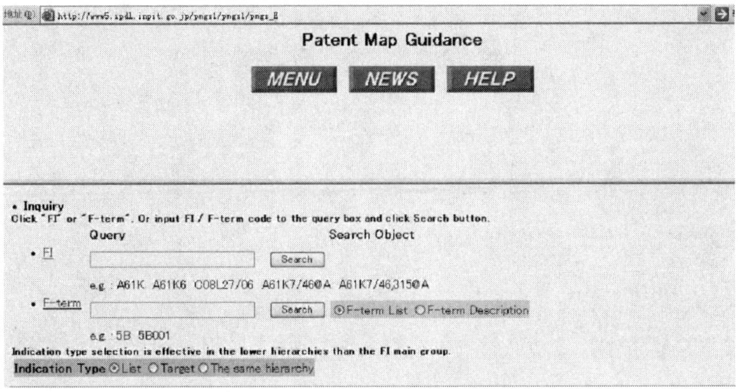

图 5 – 2 – 15　英文版 FI/F-term 分类表查询页面

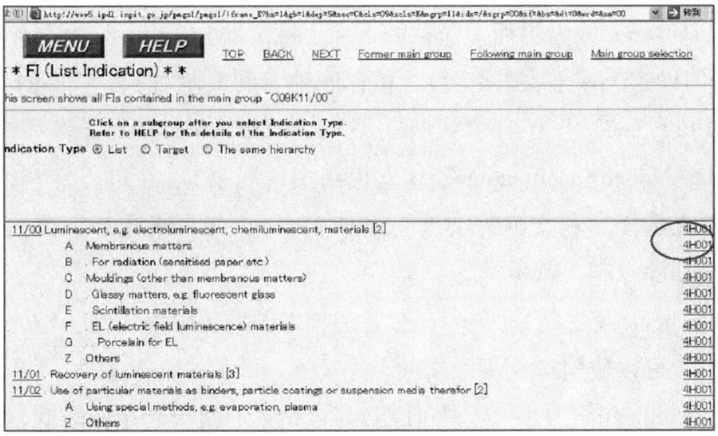

图 5 – 2 – 16　FI 查询结果页面

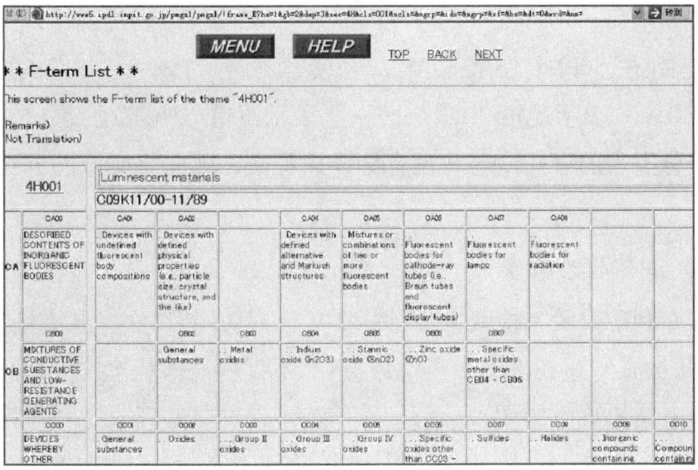

图 5 – 2 – 17　F-term 分类表

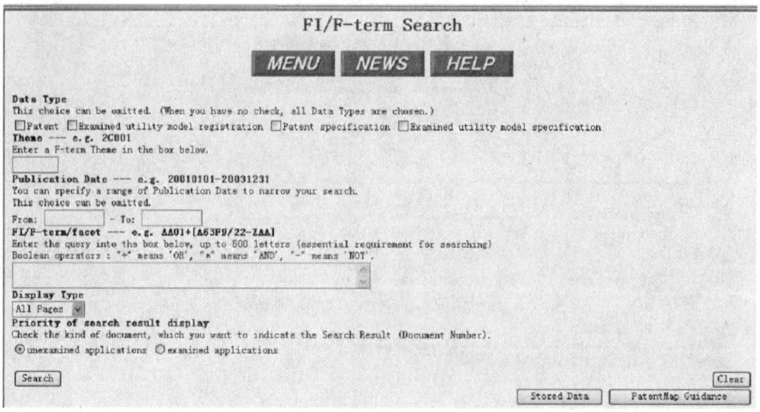

图 5 – 2 – 18　FI/F-term 检索界面

在 FI/F-term 检索界面，包括如下 4 个检索部分：

（1）Data Type（数据类型）。包含四种专利文献种类："Patent"（专利）、"Utility model"（实用新型）、"Patent Specification"（专利说明书）和 "Utility Model Specification"（实用新型说明书）。在进行专利检索时，用户需要先选择专利文献种类（一个或多个）；如果未选择，数据库将默认显示全部的专利文献种类。

（2）Theme（主题）。F-term 分解的技术领域代码输入框。输入多个分类主题时，可以使用"AND"算符。

（3）Publication Date（公布日期）。申请第一次被公布的时间，主要用于限制检索的时间范围。检索时如果未对时间进行限制，数据库将在所有文献中进行检索。

（4）FI/F-term/facet。FI、F – term 及 facet 的检索表达式输入框。输入时必须控制在 500 个字符以内；可使用的算符有："＊"表示逻辑"AND"；"＋"表示逻辑"OR"，"－"表示逻辑"NOT"。

由于分类表的有些内容并没有翻译成英文，因此英文版的分类表内容不完整。

**（五）法律状态检索**

日本专利法律状态检索主要通过日文版 IPDL 的"法律状态信息检索"（经过情报检索）进行查询，英文版 IPDL 不提供法律状态检索入口，但可以通过检索结果页面的"Legal Status"按钮查看该专利或专利申请的法律状态（1990 年后的日本申请才能显示"LEGAL STATUS"信息，图 5 – 2 – 19、图 5 – 2 – 20）。

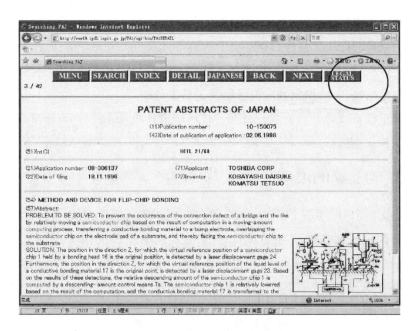

图 5 - 2 - 19　检索结果页面

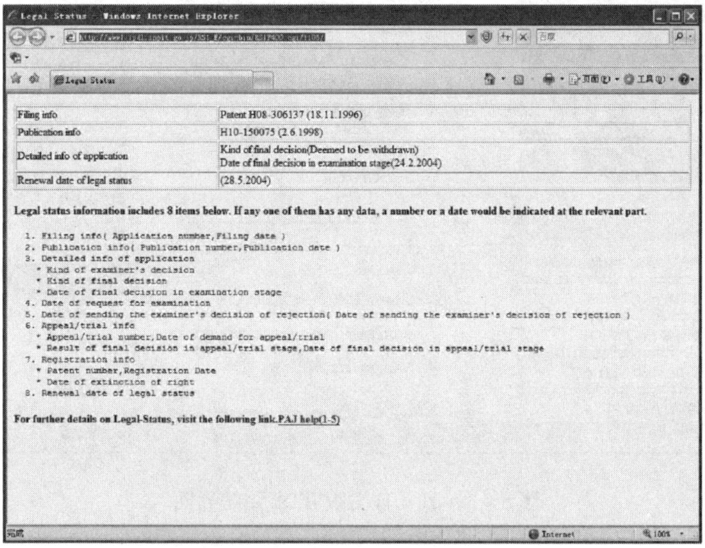

图 5 - 2 - 20　法律状态信息

检索结果中对法律状态信息的显示主要包括以下 8 项内容：

申请信息（申请号、提交日期）；

公开信息（公开号、公开日期）；

申请详细信息（审查员决定类型、最终决定类型、审查阶段最终决定

日期）；

请求审查日期；

审查员驳回决定发送日期；

上诉/审判信息（上诉/审判号、上诉/审判需求日期、上诉/审判阶段最终决定结果、上诉/审判阶段最终决定结果日期）；

登记信息（专利号、登记日期、权利终止日期）；

法律状态更新日期。

## 二、日文版 IPDL

日文版 IPDL 系统（图 5 - 2 - 21）中主要包括公报文本检索数据库、外国公报数据库、外观设计公报检索数据库、法律状态信息检索（経過情報検索）、复审检索（審判検索）、审查文件信息检索（审查书类情报查询）等数据库，其中后 4 个数据库分别涉及外观设计检索与法律状态检索。

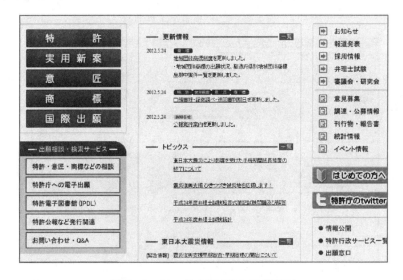

图 5 - 2 - 21    日文版 IPDL 系统界面

### （一）公报文本检索数据库

公报文本检索数据库可以通过主题词、人名、日期等字段检索日本公开专利公报（公开、公表、再公表）、专利公报（公告、授权）、公开实用新型公报（公开、公表、实用新型授权）、实用新型公报（公告、实用新型公告）和美国及欧洲专利及专利申请的日文译文（文摘抄录）。

在日文版 IPDL 的主页面选择"特许·实用新案检索"项目下的"公

報テキスト検索"链接直接进入检索界面（图 5 - 2 - 22）。

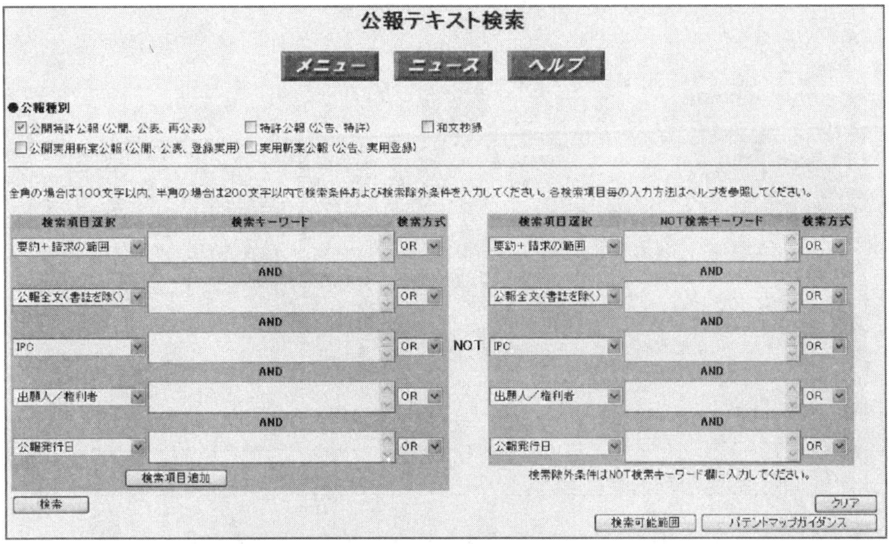

图 5 - 2 - 22　公报文本检索数据库检索页面

1. 检索方式

该数据库提供的检索字段包括主题词类、日期类、号码类以及公司/人名类。

主题词类字段包括摘要 + 权利要求、摘要、权利要求和发明名称；

分类号类字段包括 IPC 以及 FI；

公司/人名类字段包括发明人、代理人、审查员；

号码类字段包括申请号、申请日、公开号、公开日、公告号、授权号；

日期类字段包括公告日和授权日等。

可以在同一个输入框中输入多个检索词，通过输入框后方的下拉列表选择检索词之间的逻辑关系。

在该数据库中，还可以使用":"连接分类号或日期，表示某一分类号范围或日期范围，"A01C11/00：A01C11/022"。该数据库中可使用"？"表示截断符。

2. 检索结果显示

输入检索式后，当检索结果少于 1 000 条时，检索页面下方将显示检索结果的数量，通过其后的"一览表示"可以链接至检索结果列表显示界面。该检索结果按照公开号降序排列，选择号码下的链接进入该专利详细信息显示页面（图 5 - 2 - 23），该页面中可以选择浏览著录项目以及说明书的各部分。

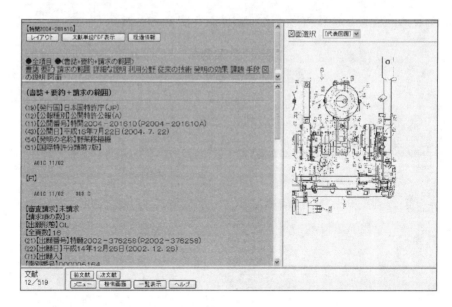

图 5 - 2 - 23 公报文本检索数据库显示页面

选择页面上方的"文献单位 PDF 表示"可浏览 PDF 格式专利说明书；通过"经过情报"链接则可以查看该专利的法律状态。

### （二）外国公报数据库

外国公报数据库中可以通过文献号码获取美国、欧洲、英国、德国、法国、瑞士、世界知识产权组织、加拿大和韩国等的部分专利文献。

在日文版 IPDL 的主页面选择"特许·实用新案检索"项目下的子项"外国公报 DB"进入检索界面（图 5 - 2 - 24）。

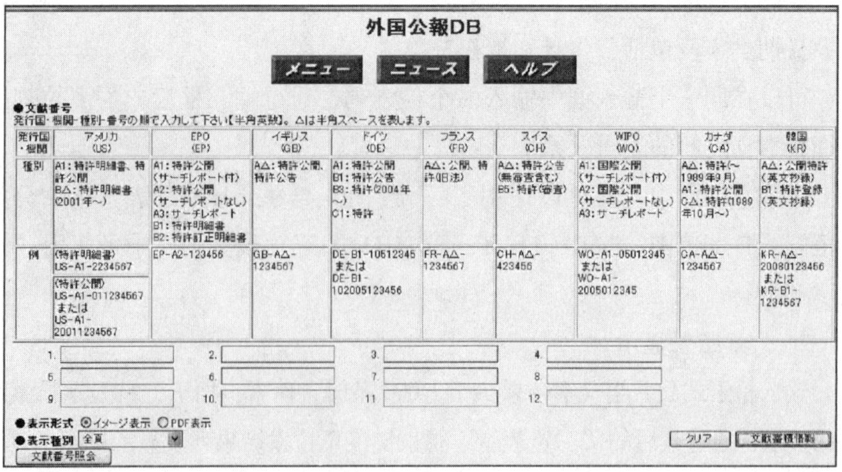

图 5 - 2 - 24 外国公报数据库检索页面

该数据库中，应按照"国别代码 + 文献种类标识代码 + 文献号码"的方式输入待查询的专利文献号码。通过系统提供的输入框，可一次性检索12 件专利文献。

通过检索页面下方的"表示形式"、"表示种类"选项，可选择以文本格式或 PDF 格式显示全部页面、扉页、权利要求或附图等。

### （三）日本专利分类表的查询和使用

日本专利局为了弥补 IPC 分类不够详细的缺陷，方便文献的归类和检索，建立了日本专利分类体系——FI 和 F-term 两种分类体系，用于对专利进行分类。

日本专利局的英文界面和日文界面中分别提供了日本专利分类表英文版和日文版的查询和检索。

查询日文版的日本专利分类表可通过日本特许厅主页（http：//www.jpo.go.jp/）的 IPDL 数字图书馆界面链接到日本专利分类查询系统（图 5 - 2 - 25），日文版的网址为 http：//www5.ipdl.inpit.go.jp/pmgs1/pmgs1/pmgs。在此界面上点击"FI 照会"或者"Fターム照会"分别浏览FI、F - term 分类表，也可以输入 FI、F - term 分类号检索相应类名、说明。

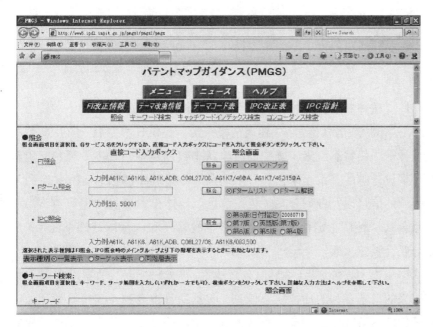

图 5 - 2 - 25 日文版的日本专利分类表检索页面

此处同样可以查看 F-term 的解释以及 IPC 与 F-term 之间的对应转换关系。

可以使用 FI、F-term 检索日本专利文献及实用新型专利文献。

### （四）专利法律状态检索

通过日文版 IPDL "法律状态信息检索"（経過情報検索）和 "复审检索"（審判検索）进行法律状态信息查询（图 5 – 2 – 26）。

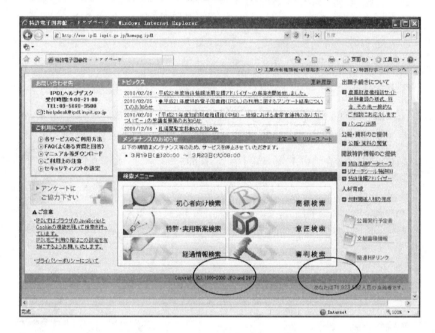

图 5 – 2 – 26　日文版 IPDL 主页

1. "法律状态信息检索"（経過情報検索）

"法律状态信息检索"（経過情報検索）提供日本专利、实用新型和外观设计等法律状态检索。其中的法律状态数据包括：日本专利、实用新型和外观设计等的基本著录信息，申请及审查过程中的信息，有关专利复审过程中的信息以及专利分案等相关信息。具体检索通过 "号码查询"（番号照会）、"范围指定检索"（範囲指定検索）和 "最终处理查询"（最終处分照会）来实现。

（1）"号码查询"（番号照会）检索。"号码查询" 数据库收录了 1990 年以来的日本专利的法律状态信息，包括：日本专利、实用新型和外观设计等的基本著录信息、申请及审查过程中的信息、有关专利复审过程中的信息以及分案申请等相关信息。

在日文版 IPDL 的主页面选择 "法律状态信息检索"（経過情報検索）

项目下的子项"号码查询"、"番号照会"进入检索界面（如图5-2-27）。

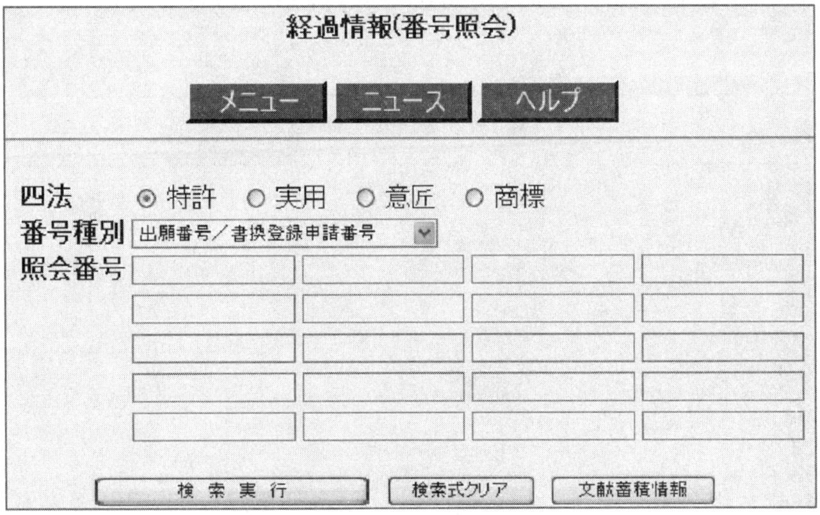

图5-2-27　号码查询数据库检索页面

在检索页面需要选择权利种类即发明、实用新型、外观设计及商标；并从下拉列表中选择号码类型（号码类型包括申请号、公开号、专利号等），在输入框中输入号码进行检索，共有20个号码输入框，输入框之间是逻辑"OR"的关系。点击检索结果中相应文献号，进入该文献号对应的详细著录数据信息界面。

如图5-2-28所示，数据库在详细著录数据信息页面上提供的法律状态信息，被分成如下内容：

① 基本项目：显示该专利基本的著录项目数据以及案卷大致的审批过程；

② 出愿情报：显示该专利的申请信息；

③ 登录情报：显示该专利的授权信息；

④ 分割出愿情报：显示该专利的分案申请。

不同的专利记录显示的项目个数及内容不同，还可能显示的项目有：

⑤ 审判情报：显示该专利的审判（复审）信息；

⑥ 侵害诉讼情报：显示该专利的侵权诉讼信息。

（2）"范围指定检索"（範囲指定検索）。范围指定检索数据库，可以不同种类和日期为检索条件进行的检索，查看一定时间范围内处于某种法律状态的所有专利列表。选择"法律状态信息检索"（経過情報検索）检索项中的"范围指定检索"（範囲指定検索），即可直接进入检索

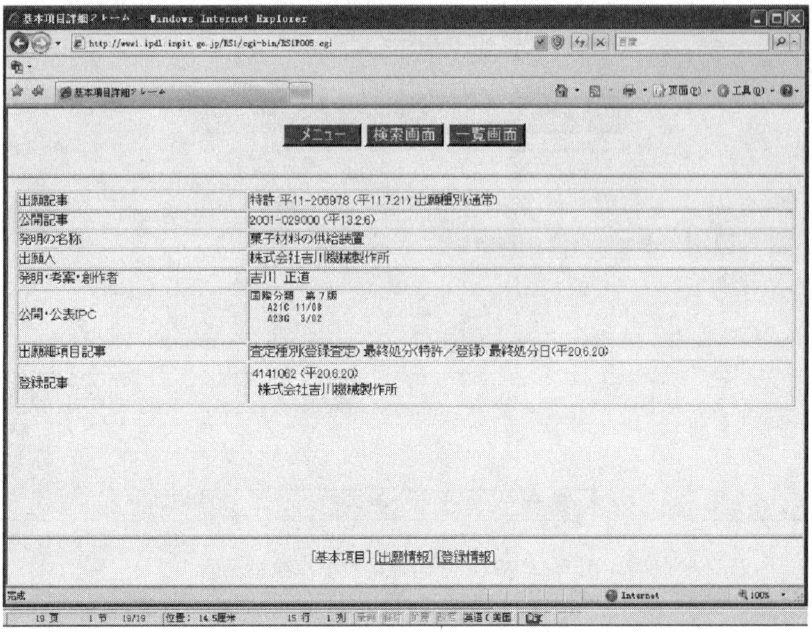

图 5 - 2 - 28　号码查询数据库显示页面

界面（图 5 - 2 - 29）。在该检索界面中，从下拉列表中选择需要查看的
法律状态项目，然后在时间范围的输入框中输入时间范围（时间范围最
多一个月），就可以获得所需的检索结果。

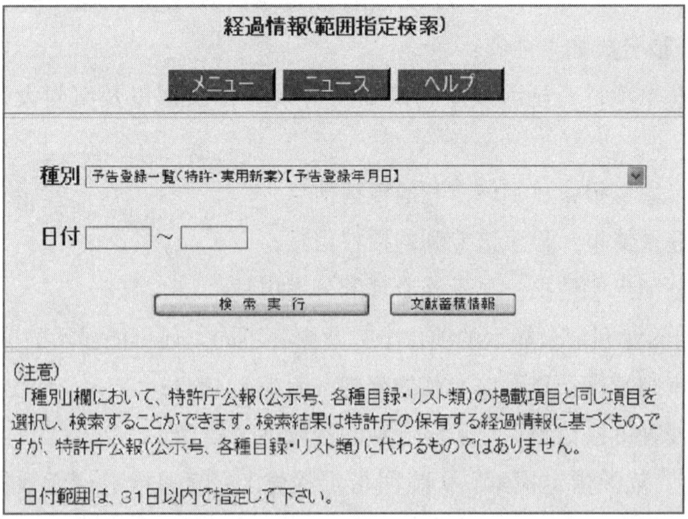

图 5 - 2 - 29　范围指定检索数据库检索页面

图 5 - 2 - 30 为检索结果列表显示页面。

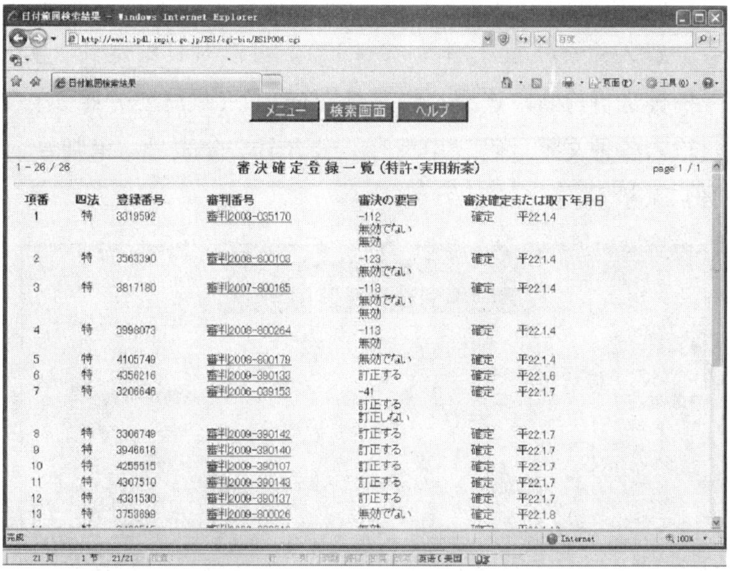

图 5 - 2 - 30　范围指定检索数据库结果显示页面

通过选择检索结果列表显示页面上的某一复审决定号码（审判番号），
进入相应详细信息浏览界面（图 5 - 2 - 31），查看该件专利申请的基本信
息、复审信息、注册信息等。

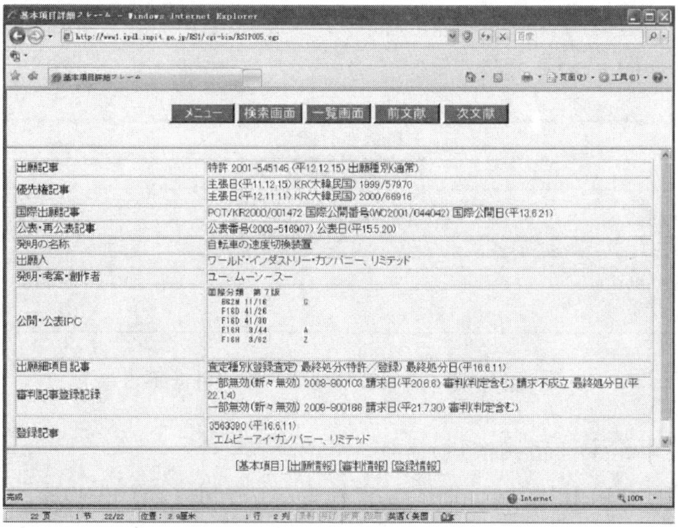

图 5 - 2 - 31　复审决定结果显示页面

（3）"最终处理查询"（最終処分照会）。最终处理查询数据库，可以
看到案卷在审批阶段的最终结果，其中仅包含整个法律状态过程中是否曾

经授权的信息。除此以外，该数据库还记录了对案卷做出的各种决定的时间。在日文版 IPDL 的主页面选择"经过情报检索"项目下的子项"最终处分照会"进入检索界面（图 5 – 2 – 32）。可以对日本专利、实用新型、外观以及商标进行检索。选择"最终处理查询"（最终处分照会）数据库，可以通过输入各种文献号码（申请号、公开号、公表号、审判号、公告号和登録号）来检索。

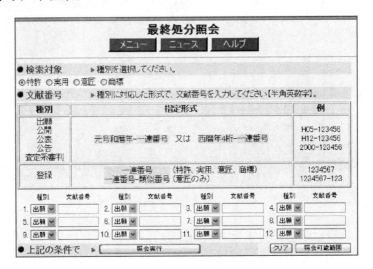

图 5 – 2 – 32　最终处理查询数据库检索界面

在"最终处分照会"结果页面中，"最终处分"一栏记载本案是否曾经授权，如图 5 – 2 – 33。

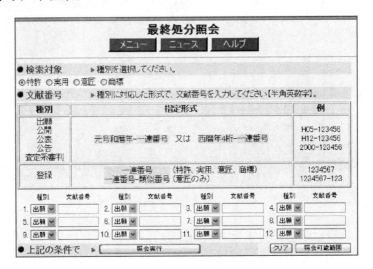

图 5 – 2 – 33　最终处分照会结果页面

2. 复审检索（审判检索）

通过日文版 IPDL 网页上"复审检索"（审判检索）来检索复审阶段的详细信息。

检索复审阶段的详细信息，"复审检索"（审判检索）检索项包括三个子项："复审决定公报数据库"（审决公报 DB）、"复审决定快报"（审决速报）、"复审决定、撤销、诉讼判决集"（审决取消诉讼判决集）。

（1）"复审决定公报数据库"检索。通过"复审检索"来查询经历了复审阶段的专利案卷，其中"复审决定公报数据库"可检索日本专利复审委员会的复审决定（異議決定和審判）和法院的诉讼决定（判決）。如图 5 - 2 - 34 所示，可以在检索页面选择检索公报的种类，进而对一个或多个文献号进行检索。

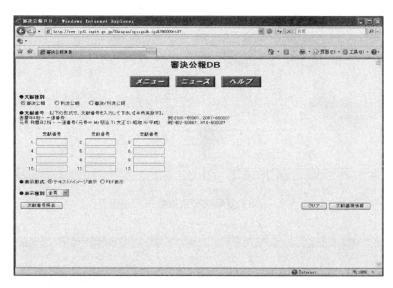

图 5 - 2 - 34　复审决定公报数据库检索界面

在"复审决定公报数据库"中可以检索的文献范围为"異議決定"自平成 21 年至 2009 年，"審判"自昭和 15 年到 2009 年。"判決"自昭和 63 年到平成 21 年。

（2）"复审决定快报数据库"检索。"复审决定快报数据库"可检索自复审决定做出后至复审决定公报发行这一段时间内的相关信息。通过该数据库可以检索复审决定的内容。在使用该项进行检索时，可以使用号码、当事人、分类等进行检索（见图 5 - 2 - 35）。

（3）"复审撤销、诉讼判决文集"检索。"复审撤销、诉讼判决文集"，可以查询平成 9 年 3 月至平成 11 年 3 月间对复审决定不服而进行的相关诉讼信息。

图 5 - 2 - 36 显示的是这些文集的一览表，点击每个文集的名称，即可浏览详细内容。

3. 审查文件信息检索数据库

该数据库收录了自 2003 年 7 月以来专利审批过程中产生的中间文件。在日文版 IPDL 的主页面选择"特许·实用新案检索"项目下的子项"审

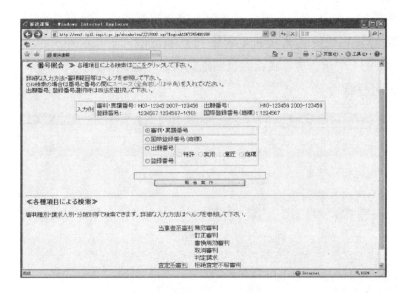

图 5 - 2 - 35    复审决定快报数据库检索界面

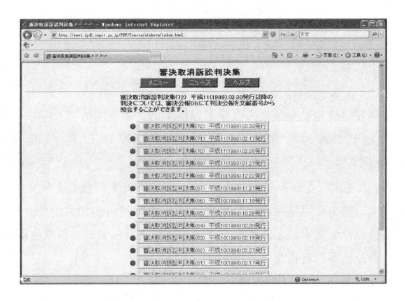

图 5 - 2 - 36    复审撤销、诉讼判决文集一览表

查书类情报检索"进入检索界面（图 5 - 2 - 37）。

在检索界面上方显示文献种类、指定形式和举例，用户可以参照使用。

检索界面下方显示输入的号码种类，打开下拉菜单，可浏览供选择的文献类型及其代码，如专利申请、实用新型申请、专利公开、专利公告、专利授权、实用新型公开、实用新型公告、实用新型授权等；下方是供输

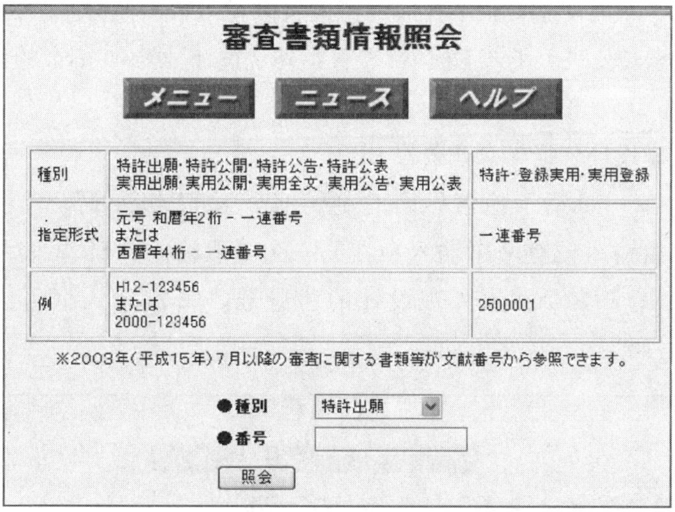

图5-2-37　审查文件信息检索数据库检索界面

入号码的输入框。

　　图5-2-38为检索结果列表显示页面，与本专利申请相关的其他文件可以从上述页面中浏览。

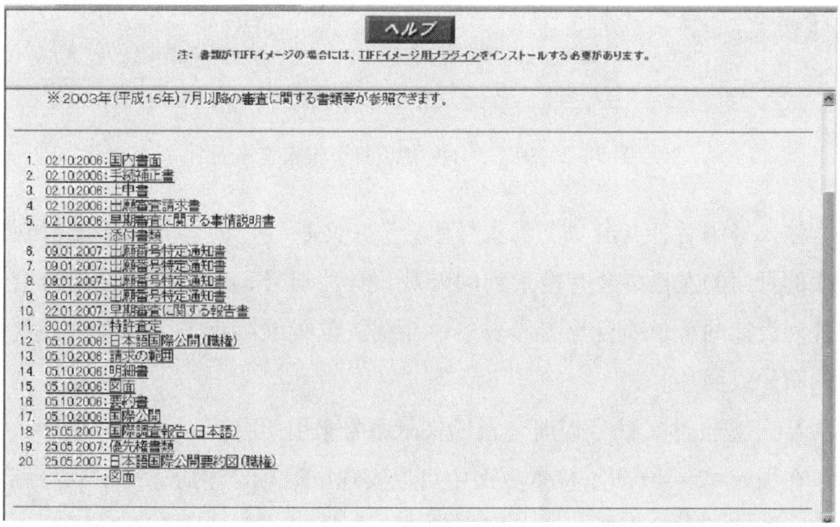

图5-2-38　审查文件信息检索数据库检索结果列表显示页面

### （五）外观设计检索

在IPDL的日文网页点击"外观设计检索"（意匠検索）后，就进入了日本外观设计的检索主界面。该界面主要可以检索：外观设计公报（意匠公报 DB）、外观设计文献号查询（意匠文献番号索引照会）、外观设计原文检索（意匠公报テキスト検索）、日本外观设计分类/D-term 检索（日本意匠分類·D タ一ム検索）。

1. 外观设计公报（意匠公报 DB）

图 5 - 2 - 39 所示检索界面的主要部分为 12 组外观设计注册号输入框，每组输入框有两个输入项，第一个一般输入 "S"（表示外观设计的标识）；第二个输入外观设计的注册号。12 组输入框可以同时检索 12 个号码。

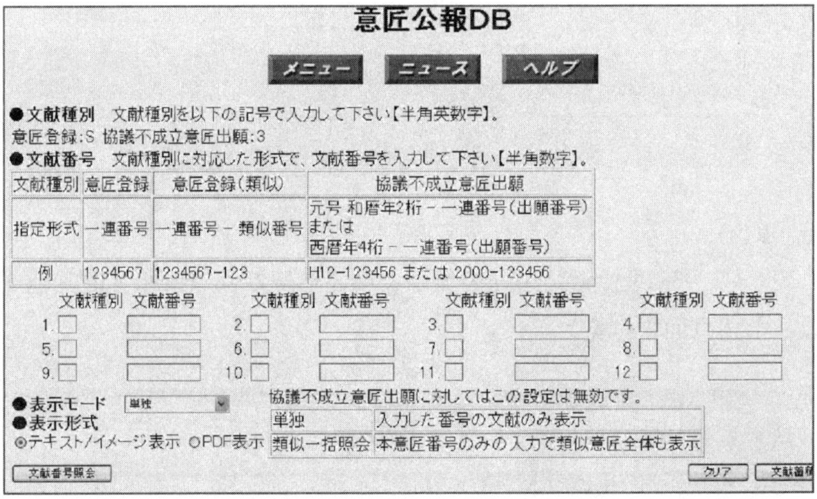

图 5 - 2 - 39　日本外观设计公报检索界面

输入号码后，点击 "文献番号照会"（文献号查询）开始检索。在经转换的页面的左栏中会有检索到的外观设计注册号，继续点击注册号会出现外观设计的著录项目及图形表述；在相关位置继续点击可以看到外观设计的图片或照片。

2. 外观设计文献号查询（意匠文献番号索引照会）

在图 5 - 2 - 40 所示检索界面中可以实现申请号、注册号、审判号相互对照。共有 5 个输入框，可以同时检索 5 个号码，而且这 5 个号码可以是不同种类的号码。

3. 外观设计公报文本检索（意匠公报テキスト検索）

图 5 - 2 - 41 所示检索界面，可以实现文本型、日期型、代码型等各种类型字段的检索，并可以实现检索项之间的逻辑运算。

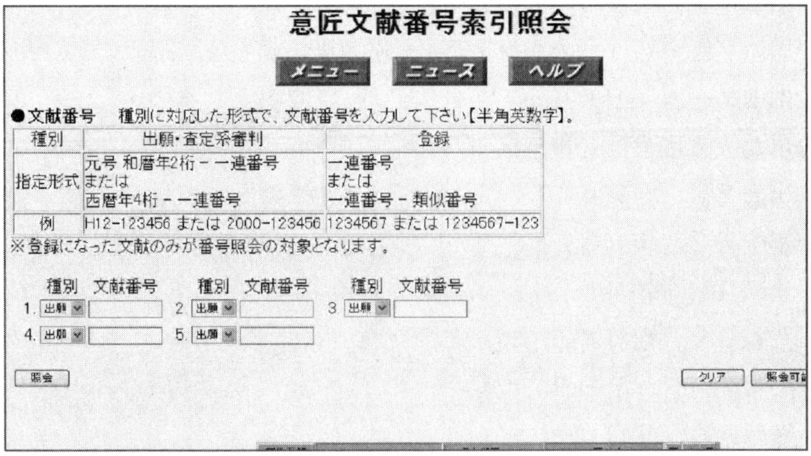

图 5 - 2 - 40　日本外观设计文献号索引查询

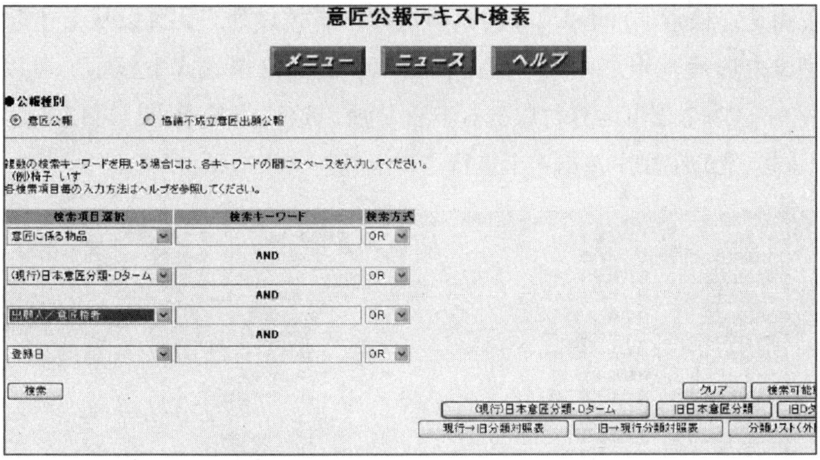

图 5 - 2 - 41　日本外观设计公报文本检索

图 5 - 2 - 41 所示检索界面可以实现以下字段的检索：

意匠に係る物品（外观设计物品名称）

意匠に係る物品の説明（外观设计物品名称说明）

意匠の説明（外观设计说明）

参考文献（参考文献）

出願人/意匠権者（申请人/所有人）

創作者（设计人）

代理人（代理人）

（現行）日本意匠分類・Dターム（现行日本外观设计分类/D-term）

旧日本意匠分類（旧日本外观设计分类）

国際意匠分類（ロカルノ分類）（洛迦诺分类）

旧 Dターム（旧 D-term）

申請人識別番号（申请人 ID 号）

出願番号（申请号）

審判番号（审判号）

出願日（申请日）

登録日（注册日）

公報発行日（公布日）

登録番号（注册号）

優先権主張番号（优先申请号）

图 5－2－42 所示检索界面有四组检索入口。每组入口由三部分构成：最左侧是“検索項目選択”（检索项选择）下拉式列表，可以从上述近 20 个字段中选择其中之一；中间是输入框；右侧是单选式下拉框，可以从 and、or 这两个逻辑运算符中选择其一。所以这四组检索入口可以从近 20 个不同类型的字段中选出 4 个进行逻辑运算。

| 項番 | 文献番号 | 意匠に係る物品 | 出願人／意匠権者 |
|---|---|---|---|
| 1. | 意匠登録1352538 | 乗用自動車 | フィアット・アウト・ソシエタ・ペル・アチオニ |
| 2. | 意匠登録1352537 | 乗用自動車 | フェラーリ・ソシエタ・ペル・アチオニ |
| 3. | 意匠登録1352450 | 自動車用タイヤ | 横浜ゴム株式会社 |
| 4. | 意匠登録1352439 | 乗用自動車 | トヨタ自動車株式会社 |
| 5. | 意匠登録1352361 | 自動車用リヤコンビネーションランプ | トヨタ自動車株式会社 |
| 6. | 意匠登録1352360 | 乗用自動車 | トヨタ自動車株式会社 |
| 7. | 意匠登録1352134 | 自動車用表示機 | 日産自動車株式会社 |
| 8. | 意匠登録1352133 | 自動車用表示機 | 日産自動車株式会社 |
| 9. | 意匠登録1352132 | 自動車用表示機 | 日産自動車株式会社 |
| 10. | 意匠登録1352042 | 乗用自動車 | バイエリッシェ モートーレン ウエルケ アクチエ |
| 11. | 意匠登録1352037 | 乗用自動車 | ダイハツ工業株式会社 |
| 12. | 意匠登録1352036 | 乗用自動車 | ダイハツ工業株式会社 |
| 13. | 意匠登録1352035 | 乗用自動車 | ダイハツ工業株式会社 |
| 14. | 意匠登録1352010 | 自動車用ヒーターコントロールパネル | フォルクスワーゲン・アクチエンゲゼルシャフト |
| 15. | 意匠登録1351963 | 自動車用シフトノブ | 株式会社カーメイト |
| 16. | 意匠登録1351913 | 自動車用ホイール | トピー工業株式会社 |
| 17. | 意匠登録1351912 | 自動車用ホイール | トピー工業株式会社 |
| 18. | 意匠登録1351848 | 自動車用ホイールの可飾体 | 株式会社クリムソン |

图 5－2－42　列表方式显示检索结果

在图 5－2－41 所示检索界面输入检索项时，文本输入框一般要用日文输入（如外观设计物品名称、外观设计物品名称说明、外观设计说明、申请人/所有人、设计人、代理人），但对于与汉字相同或相似的日文，有时也可以用汉字进行输入。

在图 5－2－42 所示页面上点击该表左栏的注册号，会打开该外观设计的著录项目及图形表述（图 5－2－43）。

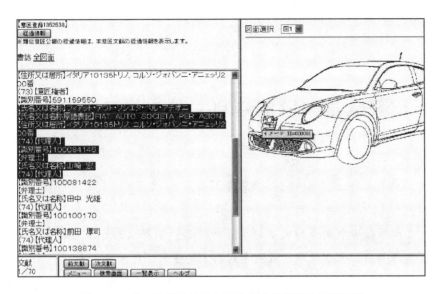

图 5 - 2 - 43 以著录项目和图形表述双栏显示检索结果

## 本章思考与练习

1. 日本专利单行本有哪些？简述日本专利单行本的发展变化。

2. 日本专利申请编号有哪些特点？

3. 日本专利文献编号有哪些特点？

4. 日本专利局网站提供的英文版检索系统的专利数据范围是什么？有哪些检索系统？

5. 如果需要检索日本专利的法律状态，应该在哪个检索系统中进行？该系统收录了哪些法律状态信息？

# 第六章　欧洲专利文献与信息检索

## 本章学习要点

了解欧洲专利局专利文献的特点和结构；了解欧洲专利文献种类、编号、著录项目；掌握互联网欧洲专利局主要检索工具使用方法。

## 第一节　欧洲专利文献

### 一、欧洲专利公约与专利文献

欧洲是专利制度最早的发源地，从 1474 年威尼斯诞生世界上第一部专利法，到十八九世纪欧洲各国专利法的相继颁布，并且欧洲各国相互间在立法思想上较为接近，这为国家法之间的协调及欧洲专利公约的最终形成奠定了基础。

随着欧洲各国经济、科技的发展，逐渐显露出统一协调欧洲各国专利法并建立一个从申请到授权一体化的专利制度的热切愿望。经过几十年一波三折的磨合与磋商，终于在 1973 年由欧洲 16 国签订了《欧洲专利公约》，并于1978 年正式生效。目前，欧洲专利公约成员国已达 38 个，欧洲专利局的授权专利在 40 个欧洲国家生效（包括 38 个缔约国和 2 个延伸国）。

欧洲专利公约是一个地区性的国家间的专利组织，只对欧洲国家开放。《欧洲专利公约》为各成员国提供了一个共同的法律制度和统一授予专利的程序。审查程序采取早期公开、延迟审查和授权后的异议制度。申请人提出欧洲专利申请时，可以指定一个、几个或全部成员国，当申请依照公约授予欧洲专利后，该授权申请在成员国的生效还需要一个国内注册程序。一般而言，申请人在收到欧洲专利授权通知后，必须在指定国中选择生效国，根据各生效国的规定，需要将该欧洲专利的全部或部分内容翻译成生效国的语言，并提交给生效国，以便该欧洲专利在该国生效。一般欧洲成员国要求在授权公告起 3 个月内完成翻译工作并在各国生效。在所有指定的成员国生效，与指定的各成员国依国家法授予的专利具有同等效力。

《欧洲专利公约》仅对发明提供专利保护。该公约规定：对于任何有创造性并且能在工业中应用的新发明，若其符合法律规定，授予欧洲专利。以下各项不属于发明：发现、科学理论和数学方法；美学创作；执行智力行为、进行比赛游戏或经营业务的计划、规则和方法，以及计算机程序；情报的提供。

欧洲专利权有效期自申请日起 20 年。然而，《欧洲专利公约》仅仅是一个负责审查和授予欧洲专利的公约，对于欧洲专利的维持、行使、保护，以及他人请求宣告欧洲专利无效，均由各指定的成员国依照国家法进行。

**二、欧洲专利单行本**

根据欧洲专利公约成立的欧洲专利局，负责欧洲专利申请的审查、批准及欧洲专利授权公告后异议的审理以及文献出版工作。欧洲专利单行本有以下几类。

**（一）欧洲专利申请单行本**

欧洲专利申请（European Patent Application），文献种类代码为：A 加 1 位阿拉伯数字。

这是一种自欧洲专利申请日（或优先权日）起满 18 个月未经实质审查，也尚未授予专利权的专利申请单行本，1978 年开始出版。

《欧洲专利公约》规定，对专利申请经形式审查后进行专利检索，即对发明的新颖性和创造性作必要的调查。因而公开出版的全部欧洲专利申请单行本都应附有检索报告。检索报告通常作为欧洲专利申请单行本的一部分与其一起出版，当不能与欧洲专利申请说明书一起出版时则单独出版。

为了表明所出版的欧洲专利申请单行本是否附有检索报告，在文献种类代码 A 后加注一位阿拉伯数字：

A1——附有检索报告的欧洲专利申请单行本（见图 6 - 1 - 1）；

A2——未附检索报告的欧洲专利申请单行本；

A3——单独出版的检索报告（见图 6 - 1 - 2）；

A4——对国际申请检索报告所做的补充检索报告。

图 6-1-1　附有检索报告的欧洲专利申请单行本扉页

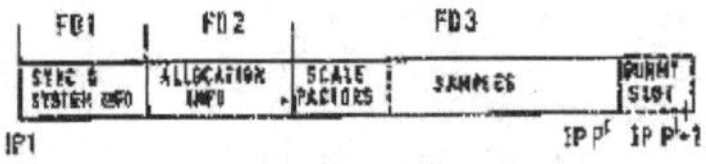

EP 0 949 763 A3

| Category | Citation of document with indication, where appropriate, of relevant passages | Relevant to claim | CLASSIFICATION OF THE APPLICATION (Int.Cl.7) |
|---|---|---|---|

EUROPEAN SEARCH REPORT

Application Number

EP 99 20 2037

DOCUMENTS CONSIDERED TO BE RELEVANT

| Category | Citation of document with indication, where appropriate, of relevant passages | Relevant to claim | CLASSIFICATION OF THE APPLICATION (Int.Cl.7) |
|---|---|---|---|
| A | EP 0 289 080 A (PHILIPS NV) 2 November 1988 (1988-11-02) * the whole document * | 1-9 | H04B1/66 G11B20/10 H04S3/00 H04K1/00 |
| D,A | KRASNER M A: "The critical band coder-digital encoding of speech signals based on the perceptual requirements of the auditory system" ICASSP 80 PROCEEDINGS. IEEE INTERNATIONAL CONFERENCE ON ACOUSTICS, SPEECH AND SIGNAL PROCESSING IEEE NEW YORK, NY, USA, vol. II, no. 9.4.1980, 11 April 1980 (1980-04-11), pages 327-331, XP002308981 * the whole document * | 1-9 | H04H5/00 G11B20/00 G10L19/02 G10L19/14 |
| A | VOROS P: "High-quality sound coding within 2*64 kbit/s using instantaneous dynamic bit-allocation" ICASSP 88: 1988 INTERNATIONAL CONFERENCE ON ACOUSTICS, SPEECH, AND SIGNAL PROCESSING (CAT. NO.88CH2561-9) IEEE NEW YORK, NY, USA, no. 11.4.1988, 14 April 1988 (1988-04-14), pages 2536-2539, XP002308982 * abstract * | 1-9 | TECHNICAL FIELDS SEARCHED (Int.Cl.7) G10L |

The present search report has been drawn up for all claims

| Place of search | Date of completion of the search | Examiner |
|---|---|---|
| The Hague | 29 November 2004 | Quélavoine, R |

CATEGORY OF CITED DOCUMENTS

X : particularly relevant if taken alone
Y : particularly relevant if combined with another document of the same category
A : technological background
O : non-written disclosure
P : intermediate document

T : theory or principle underlying the invention
E : earlier patent document, but published on, or after the filing date
D : document cited in the application
L : document cited for other reasons

& : member of the same patent family, corresponding document

图 6-1-2 单独出版的欧洲检索报告

此外，还有两种经过更正的欧洲专利申请单行本，在文献种类代码 A 后分别加一位阿拉伯数字 8 或 9 表示：

A8——专利申请单行本更正的扉页版；

A9——专利申请单行本更正的全文版。

### （二）欧洲专利说明书单行本

欧洲专利说明书（European Patent Specification），文献种类代码为 B 加 1 位阿拉伯数字。

欧洲专利申请人应在检索报告公布之日起 6 个月内提出实质审查请求。经实质审查合格，即公告授权，出版欧洲专利说明书单行本，文献种类代码为 B1（见图 6-1-3）。

(19)  Europäisches Patentamt
European Patent Office
Office européen des brevets

(11) **EP 0 751 520 B1**

(12) **EUROPEAN PATENT SPECIFICATION**

(45) Date of publication and mention
of the grant of the patent:
**17.03.2004  Bulletin 2004/12**

(51) Int Cl.7: **G11B 20/12, G11B 20/10,
G11B 20/00**

(21) Application number: 96201857.6

(22) Date of filing: 29.05.1990

(54) **Transmission of digital signals by means of a record carrier**
Digitale Signalübertragung durch einen Aufzeichnungträger
Transmission de signaux numériques au moyen d'un support d'enregistrement

(84) Designated Contracting States:
AT BE CH DE DK ES FR GB GR IT LI LU NL SE

(30) Priority: 02.06.1989  NL 8901402
13.02.1990  NL 9000338

(43) Date of publication of application:
02.01.1997  Bulletin 1997/01

(62) Document number(s) of the earlier application(s) in
accordance with Art. 76 EPC:
94200240.3 / 0 599 825
90201956.4 / 0 402 973

(73) Proprietors:
• Koninklijke Philips Electronics N.V.
5621 BA Eindhoven (NL)
• FRANCE TELECOM
75015 Paris (FR)
• S.A. TELEDIFFUSION DE FRANCE
75015 Paris (FR)
• Institut für Rundfunktechnik GmbH
80939 München (DE)

(72) Inventors:
• Lokhoff, Gerardus Cornelis Petrus
5656 AA Eindhoven (NL)
• Déhery, Yves François
Cesson-Sévigne (FR)
• Stoll, Gerhard
80939 München (DE)

(74) Representative: van der Kruk, Willem Leonardus
Philips
Intellectual Property & Standards
P.O. Box 220
5600 AE Eindhoven (NL)

(56) References cited:
EP-A- 0 271 866

• THEILE G ET AL: "LOW BIT-RATE CODING OF
HIGH-QUALITY AUDIO SIGNALS, AN
INTRODUCTION TO THE MASCAM SYSTEM"
EBU REVIEW- TECHNICAL, no. 230, 1 August
1988, pages 158-181, XP000003965

EP 0 751 520 B1

Printed by Jouve, 75001 PARIS (FR)

图 6-1-3  欧洲专利说明书单行本扉页

自授权公告日起 9 个月内任何人可以提出异议，欧洲专利说明书一旦修改，将再公告一次，出版新的欧洲专利说明书，文献种类代码为 B2。欧洲专利说明书单行本自 1980 年开始出版。

此外，还有三种经过修改或更正再次公告的欧洲专利说明书单行本，在文献种类代码 B 后分别加一位阿拉伯数字 3、8、9 表示：

B3——根据限制性程序修改的欧洲专利说明书单行本；

B8——欧洲专利说明书单行本更正的扉页版；

B9——欧洲专利说明书单行本更正的全文版。

### 三、欧洲专利编号

#### （一）申请编号

欧洲专利申请号按年编排，前两位数字表示申请年号，中间六位数字为序号，小数点后数字为计算机校验位。如：86116190.9。

#### （二）专利文献编号

第一次公布的欧洲专利申请单行本的文献号按总流水顺序编排。同一件专利申请第二次或其后公布的所有单行本的文献号沿用该申请第一次公布的公布号，如下表中列出的三种情况示例（见表 6 - 1 - 1）。

表 6 - 1 - 1　欧洲专利文献编号

| 文献种类 | 例 1 | 例 2 | 例 3 |
| --- | --- | --- | --- |
| 附有检索报告的欧洲专利申请单行本 A1 | EP591199A1 | | EP1025426 A1 |
| 未附检索报告的欧洲专利申请单行本 A2 | | EP 509230 A2 | |
| 单独出版的检索报告 A3 | | EP 509230 A3 | |
| 对国际申请检索报告所做的补充检索报告 A4 | | | |
| 欧洲专利申请单行本的扉页更正 A8 | | | |
| 欧洲专利申请单行本的全文再版 A9 | | | |
| 欧洲专利说明书单行本 B1 | EP591199B1 | EP 509230 B1 | EP1025426 B1 |

续表

| 文献种类 | 例1 | 例2 | 例3 |
|---|---|---|---|
| 新的欧洲专利说明书单行本（部分无效）B2 | | EP 509230 B2 | |
| 根据限制性程序修改的欧洲专利说明书单行本 B3 | EP591199B3 | | |
| 欧洲专利说明书单行本的扉页更正 B8 | EP591199B8 | | |
| 欧洲专利说明书单行本的全文再版 B9 | | EP 509230 B9 | |

## 四、欧洲专利公报及文摘

### （一）欧洲专利公报

《欧洲专利公报》 （Europaisches Patent blatt/European Patent Bulletin/Bulletin Européen des Brevets）是题录型专利公报。1978 年创刊，现为周刊，每周三用德、英、法三种文字同时出版。每期公报由两部分组成。

第一部分：欧洲专利申请和将欧洲专利局作为指定局的国际申请著录项目，按国际专利分类编排的专利申请信息，检索报告的有关信息，各种法律状态变更信息。

第二部分：授予专利权的欧洲专利著录项目，按国际专利分类编排的欧洲专利信息，欧洲专利异议的有关信息，各种法律状态变更信息。

上述两部分中按国际专利分类号编排的专利申请和授权专利的著录项目是公报中的主要内容，著录项目有：国际专利分类号（包括所有分类号）、文献号、说明书类型代码、申请时所用语言、公布时所用语言、申请号、申请日期、指定国、巴黎公约优先权数据、发明名称、申请人、发明人、代理人、批准专利的目录及申请公开日期。

### （二）欧洲专利分类文摘

《欧洲专利分类文摘》 （Klassifizierte Zusammenfassungen/Classified Abstracts/Abrègès classès）是题录型欧洲专利公报的补充出版物。该文摘按国际专利分类 A～H 八个部的 20 个分部共计 21 个分册出版。用英、法、德三种语言报道。欧洲专利文摘按国际专利分类号顺序编排，一页刊载两条文摘，每条文摘包括著录项目、摘要及附图。

## 第二节 欧洲专利局网站专利信息检索

欧洲专利局通过互联网提供了多个专利数据库，用以检索欧洲乃至全世界多个国家的专利信息。本节介绍其中 espacenet 检索系统、欧洲专利文献公布服务器、欧洲专利公报及欧洲专利登记簿中专利信息资源的获取。

### 一、espacenet 系统专利信息检索

espacenet 系统的网址是 worldwide. espacenet. com。

#### （一）数据范围

espacenet 检索系统中包含了 90 多个国家超过 8 000 万件专利文献，这些专利文献收录在不同的数据库中。

espacenet 检索系统中主要有三个数据库，分别是 worldwide 数据库、EP 数据库和 WIPO 数据库。

1. worldwide 数据库

worldwide 数据库提供超过 90 个不同国家和地区公布的专利申请信息，它以 PCT 最低文献量为基础。

表 6 - 2 - 1 给出了 worldwide 数据库中可获得的 PCT 最低文献量范围。

表 6 - 2 - 1 worldwide 数据库 PCT 最低文献量数据范围

| 国家及组织 | 图像文件 | 摘要起始年代 | 欧洲分类起始年代 |
| --- | --- | --- | --- |
| CH | 1888 | 1970 | 1888 |
| DE | 1877 | 1970 | 1877 |
| EP | 1978 | 1978 | 1978 |
| FR | 1900 | 1970 | 1902 |
| GB | 1859 | 1893 | 1859 |
| US | 1836 | 1970 | 1836 |
| WO | 1978 | 1978 | 1978 |

附：由于从日语到英语的翻译过程，日本英文摘要只能在公布 6 个月后进行检索。

2. EP 数据库

EP 数据库提供欧洲专利局公布的所有专利申请。

3. WIPO 数据库

WIPO 数据库可供检索 WIPO 公布的所有专利申请。

4. 数据类型

espacenet 检索系统中收录每个国家的数据范围不同，数据类型也不同。数据类型包括：题录数据、文摘、文本格式的说明书及权利要求，扫描图像格式的专利说明书的首页、附图、权利要求及全文。

## （二）检索方式

espacenet 检索系统主要提供 5 种检索方式：智能检索（Smart Search）、快速检索（Quick Search）、高级检索（Advanced Search）、号码检索（Number Search）和分类检索（Classification Search）。

1. 智能检索

（1）智能检索使用说明。智能检索（如图 6 – 2 – 1）允许用户在输入框中输入单个词、多个词或者更加复杂的检索条件。使用智能检索，每次最多可以输入 20 个检索词，一次最多能在 10 个著录项目字段中进行检索，不支持左截词符（ * puter）和词中间使用截词符（com#uter），检索时必须输入英文，进行日期、IPC、EC 检索时必须使用相应格式。

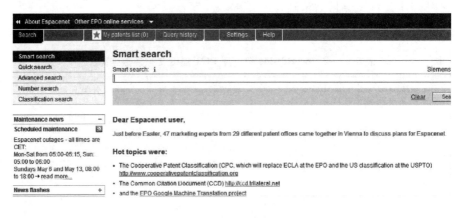

图 6 – 2 – 1　智能检索页面

智能检索支持布尔算符、临近算符和比较算符。其中布尔算符包括"and"、"or"、"not"，默认运算为"and"，左边检索词的优先级高，运算符之间没有优先顺序。

临近算符及其解释见表 6 – 2 – 2，关系算符及其解释见表 6 – 2 – 3。

表6-2-2　临近算符表示及其解释

| 算符表示 | 说　明 | 举　例 |
|---|---|---|
| prox/distance < x | 互相之间间隔 x 个词 | mouse prox/distance < 3 trap |
| prox/unit = sentence | 同一个句子中 | mouse prox/unit = sentence trap |
| prox/unit = paragraph | 同一个段落中 | mouse prox/unit = paragraph trap |
| prox/ordered | 按照既定的顺序出现 | ia = Apple prox/ordered ia = Corp |

表6-2-3　关系算符表示及其解释

| 算符表示 | 说　明 | 举　例 |
|---|---|---|
| = | 等于 | pa = siemens |
| = = | 严格等于（按照顺序显示） | ia = = " Mason Henry" |
| All | 全部（不按照顺序） | ti all " paint brush hair" |
| Any | 任意一个 | ti any " motor engine" |
| Within | 日期范围 | pd within " 2005 2006"  pd within " 2005，2006" |
| > = | 大于或等于 | pd > = 2005 |
| < = | 小于或等于 | pd < = 2005 |

（2）智能检索的使用。使用智能检索有两种方式：一是仅输入检索词和/或运算符作为检索式；二是输入检索词、字段代码和/或运算符作为检索式。其中检索词包括描述技术主题、技术方案类型的词，专利文献的号码、发明人或公司的名称、专利申请的日期或年代等，系统将分别对上述词语按默认的字段进行检索。

如：siemens EP 2007，系统将在名称、摘要、申请人、发明人数据中检索"siemens"，在文献号、申请号、优先权号中检索"EP"，在公告日中检索"2007"，三者之间的逻辑运算默认为"and"。同时满足这三个条件的检索结果，即为"命中结果"。

在检索式中使用字段代码时，表示方式为："字段代码 = 检索要素"。例如（ab = backpack or rucksack）and pa = adidas 或者 pa = siemens pn = ep pd = 2007。

（3）智能检索的可检索字段。智能检索方式中可以使用的字段代码见表6-2-4。

表 6 – 2 – 4　智能检索使用的字段代码

| 字段代码 | 字段描述 | 举　　例 |
|---|---|---|
| in | 发明人 | in = smith |
| pa | 申请人 | pa = Siemens |
| ti | 发明名称 | ti = " mouse trap" |
| ab | 摘要 | ab = " mouse trap" |
| pr | 优先权号 | pr = ep20050104792 |
| pn | 公布号 | pn = ep1000000 |
| ap | 申请号 | ap = jp19890234567 |
| pd | 公布日 | pd = 20080107 OR pd = " 07/01/2008" OR pd = 07/01/2008 |
| ct | 引用/被引用文献（引文） | ct = ep1000000 |
| ec | 欧洲专利分类号 | ec = " A61K31/13" |
| ci | IPC 基本版、发明信息 | ci = A63B49/02 |
| cn | IPC 基本版、附加信息 | cn = A63B49/02 |
| ai | IPC 高级版、发明信息 | ai = A63B49/08 |
| an | IPC 高级版、附加信息 | an = A63B49/08 |
| ia | 发明人和申请人 | ia = Apple OR ia = " Ries klaus" |
| ta | 名称和摘要 | ta = " laser printer" |
| txt | 名称、摘要、发明人、申请人 | txt = microscope lens |
| num | 申请号、公布号、优先权号 | num = ep1000000 |
| c | IPC 基本版中的发明信息和附加信息 | c = A63B49/02 |
| a | IPC 高级版中的发明信息和附加信息 | a = A63B49/08 |
| ipc | 国际专利分类号 | ipc = A63B49/08 |
| cl | 国际专利分类号和欧洲专利分类号 | cl = C10J3 |

### 2. 快速检索

快速检索（如图 6 – 2 – 2）允许用户在 worldwide 数据库、EP 数据库或 WIPO 数据库中进行检索，但仅限于在名称摘要或发明人申请人字段中进行快捷简便的检索。检索步骤如下。

图 6 - 2 - 2　快速检索页面

（1）选择检索数据库。通过下拉列表，可以选择数据库。

（2）选择检索字段。根据待检索的检索要素的类型，可以选择使用主题词在"发明名称或摘要"中进行检索，或使用人名/公司名在"发明人或申请人"中进行检索。

（3）输入检索词。在输入框中输入的检索词应与所选择的检索字段相对应，输入的检索词不区分大小写。

3. 高级检索

高级检索（如图6 - 2 - 3）提供了多个检索字段，每个字段中可一次

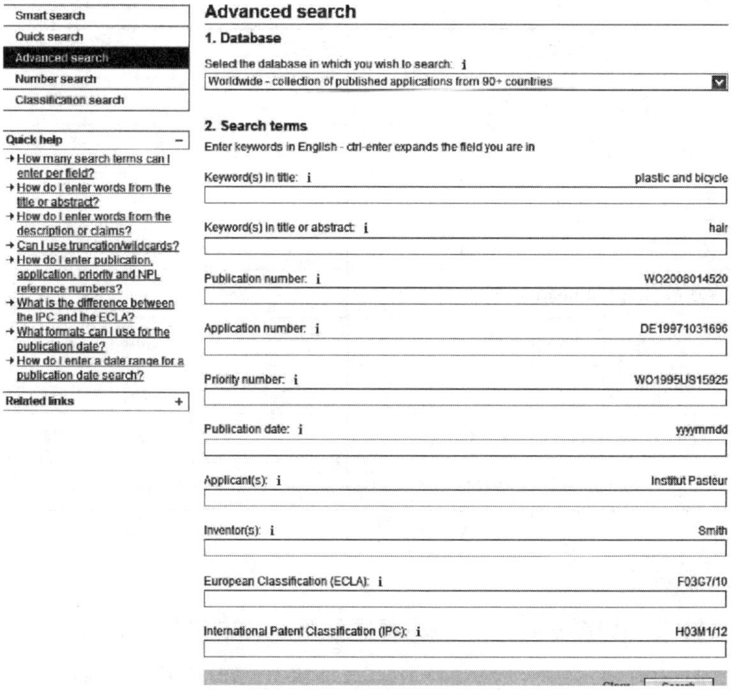

图 6 - 2 - 3　高级检索页面

性输入最多 10 个检索词，每次检索最多可以检索 20 个检索词和 19 个运算符。但选择不同的数据库时，显示的检索字段有所不同，见表 6 – 2 – 5。

表 6 – 2 – 5　各数据库高级检索字段对比

| 序号 | 数据库名称 | 高级检索字段 |
|---|---|---|
| 1 | WORLDWIDE | 发明名称、发明名称或摘要、申请号、公开号、公开日、优先权号、申请人、发明人和欧洲分类（ECLA）、IPC 分类号 |
| 2 | EP-ESPACENET | 发明名称、发明名称或摘要、全文检索、申请号、公开号、公开日、优先权号、申请人、发明人和 IPC 分类号 |
| 3 | WIPO-ESPACENET | 发明名称、发明名称或摘要、全文检索、申请号、公开号、公开日、优先权号、申请人、发明人和 IPC 分类号 |

检索时可以只在一个检索字段中进行检索，也可在多个字段中进行组配检索，各字段之间默认逻辑关系为"and"。同一检索字段的检索词之间默认逻辑关系见表 6 – 2 – 6。

表 6 – 2 – 6　各检索字段默认逻辑运算参照表

| 字段名称 | 默认逻辑关系 |
|---|---|
| 名称（Title） | and |
| 摘要（Abstract） | and |
| 公布号（Publication number） | or |
| 申请号（Application number） | or |
| 优先权号（Priority number） | or |
| 公布日（Publication date） | or |
| 申请人（Applicant） | and |
| 发明人（Inventor） | and |
| 欧洲专利分类号（ECLA） | and |
| 国际专利分类号（IPC） | and |

4. 号码检索

号码检索（如图 6 – 2 – 4）是通过公布号、申请号或优先权号快速获得专利文献的方法。输入号码时，国家/地区代码可省略，此时，检索结果中将包含所有含有该号码的文献。

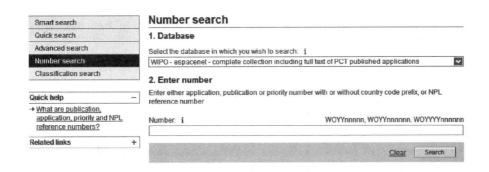

图 6 - 2 - 4　号码检索页面

## （三）系统使用的算符

espacenet 检索系统中可使用下述逻辑组配符及通配符等。

### 1. 日期范围连接符

使用日期类型的字段时，可以使用"："、"，"或""""来表达日期范围，如 2000：2001、2000，2002 或者"2000 2002"。

### 2. 短语连接符

本系统中可以使用引号进行短语检索，如："plastic bicycle"或"Smith John"。

### 3. 通配符

（1）　＊——代表任意长度的字符串；

（2）　? ——代表 0 或 1 个字符；

（3）　#——代表 1 个字符。

## （四）检索结果显示

每个检索式最多能命中 10 万条记录，但系统只显示 500 条记录的内容，选择列表中某一记录，可浏览该记录对应的专利申请的详细信息，通过该详细信息显示页面，许多专利申请还可以获取其说明书全文。

### 1. 结果列表显示页面

检索结果列表显示页面（图 6 - 2 - 5）显示检索式、检索结果的数量及检索结果列表。当检索结果大于 500 条时，系统将默认按照上传日期（Upload date）进行排序，并只显示前 500 条结果；如果检索结果不超过 500 条，在检索结果上方将可以选择其排序方式和显示内容（图 6 - 2 - 6）。

系统提供上传日期（Upload date）、优先权日期（Priority date）、发明

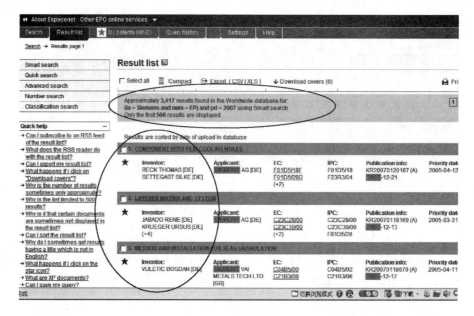

图 6 - 2 - 5 检索结果列表显示页面

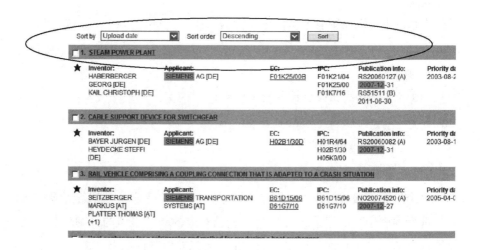

图 6 - 2 - 6 检索结果显示方式调整页面

人（Inventor）、申请人（Applicant）和欧洲专利分类（ECLA）5 种排序条件，并提供升序（Asending）、降序（Descending）两种排序方式。

系统提供 2 种显示方式。一是扩展显示。系统默认以扩展的方式显示（图 6 - 2 - 6），检索页面一次最多显示 15 条记录。每一条记录显示发明名称、发明人、申请人、ECLA、IPC、公布号、公布信息和优先权日期。其中，发明名称和 ECLA 提供超级链接：选择专利名称，可进入文献详细信息页面；选择 ECLA，可进入"分类检索"页面，并显示该分类位置的层级分布。二是简洁显示。用户可以点击页面上方的"Compact"，系统将进入简洁显示页面。在简洁显示方式下，一页最多显示 30 条记录，每一条记录显示发明名称、公布号（含文献种类代码）和公布日期。

系统支持保存检索结果，如图 6 - 2 - 7 所示。"My patents list"列表最多可存储 100 条记录，保存时间最多 1 年。

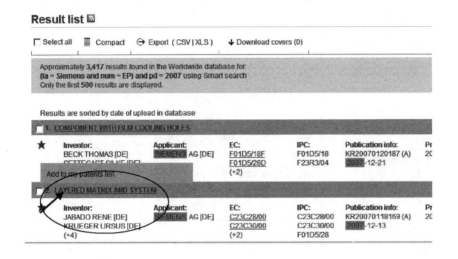

图 6 - 2 - 7 检索结果保存功能

系统提供导出检索结果功能。通过"Export"按钮可以将本页结果列表以 Excel 格式导出。

2. 详细信息显示页面

在检索结果列表页面中点击发明名称，可以链接进入该专利申请详细信息页面（图 6 - 2 - 8）。在该页面中可浏览该专利的著录项目数据、说明书、权利要求、附图等信息，还可通过该页面中的各种链接获取专利引文、同族专利、法律状态等信息。

（1）著录项目数据。如图 6 - 2 - 8 所示，著录项目数据（Bibliographic Data）按顺序包括公布号、发明名称、发明人、申请人、分类号（含 IPC 和 ECLA）、申请号（含申请日）、优先权号（含优先权日）、同一文献的其他公布、摘要。其中系统支持将摘要翻译为德、西、法、意、葡、瑞典语。

（2）说明书。说明书（Description）显示该专利的文本型说明书部分（如图 6 - 2 - 9）。

图 6 - 2 - 8　详细信息显示页面

图 6 - 2 - 9　文本型说明书显示页面

　　选择"Translate this text"按钮可以进行在线翻译：如果原文是英文，系统支持将其翻译为德、西、法、意、葡、瑞典语；同时，系统支持将非英文的说明书翻译成英文。

　　（3）权利要求。权利要求（Claims）显示该专利的文本型权利要求书部分（图 6 - 2 - 10）。

　　在图 6 - 2 - 10 中，点击"Claims tree"可获得独立权利要求和从属权利要求的树状图表示（如图 6 - 2 - 11）。

　　在图 6 - 2 - 11 中，点击"＋"，系统将展开权利要求以浏览相关等级的从属权利要求。

　　（4）附图。通过"Mosaics"按钮可查看文献的附图，每页最多显示 6 幅附图。

图 6 - 2 - 10　文本型权利要求书页面

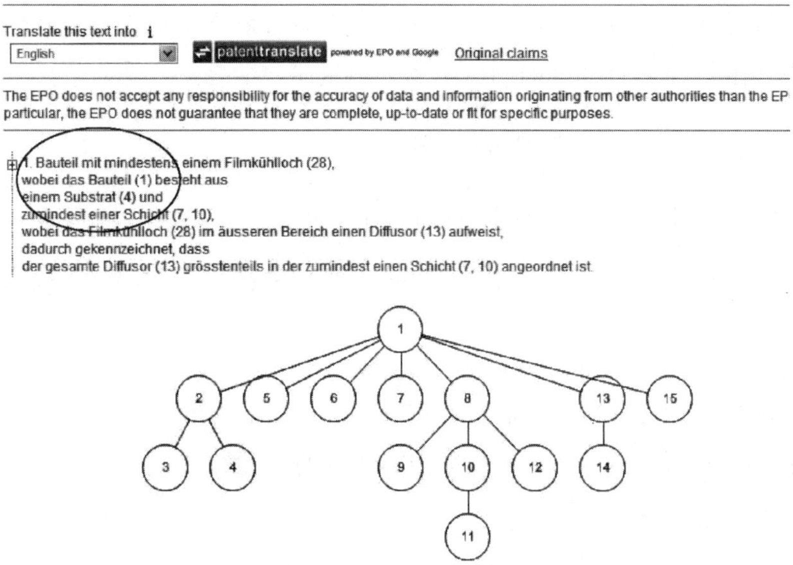

图 6 - 2 - 11　独立权利要求和从属权利要求的树状图

（5）原始文献。通过 "Original document" 按钮可查看 PDF 格式的原始专利文献（图 6 - 2 - 12）。

　　该显示方式下，可以使用 "print" 按钮打印文献的当前页（单页打印）；文献页码小于 500 页时，还可以使用 "download" 保存 PDF 格式的文献。

图 6 - 2 - 12　PDF 格式原始文献页面

该页面中提供的同族专利、专利引文、法律状态等链接及其显示方式已包含在本书相对应的章节中，在此不再赘述。

### 二、欧洲专利文献出版服务器

欧洲专利文献出版服务器（European Publication Server）是获取欧洲专利申请副本、授权的欧洲专利说明书、修正文本的官方位置，包含 1978 年 12 月 20 日以来出版的欧洲专利文献。

网址：https：//data. epo. org/publication-server/？ hp = stages。

在欧洲专利局网站主页（网址：www. epo. org）中点击"European publication server"进入欧洲专利文献出版服务器（图 6 - 2 - 13）。

#### （一）检索字段

欧洲专利文献出版服务器的检索页面上含有 5 个检索字段：公布号、申请号、IPC 分类号、公开日/日期范围和文献种类标识代码选项。

#### （二）检索结果显示

检索结果显示页面（图 6 - 2 - 14）上方显示输入的检索条件及检索结果数，下方显示检索结果列表。每一页显示 20 条记录，每一条记录显示公布号、文献种类标识代码、公布日，可以选择以 PDF、ZIP 或 XML 格式进行下载，下载单件文献没有页码限制。

图 6-2-13　欧洲专利文献出版服务器页面

图 6-2-14　检索结果显示页面

### 三、欧洲专利公报检索系统

欧洲专利公报（European Patent Bulletin）包括欧洲专利申请和专利的著录项目数据、法律状态数据。在欧洲专利局网站点击 "more online

searching", 然后点击 "European Patent Bulletin" 即可进入欧洲专利公报的
说明页面；再选择页面中间的 "Download Bulletin files" 链接可进入欧洲专
利公报列表页面（图 6 - 2 - 15）。点击公报序号即可浏览或下载 PDF 格式
的公报（图 6 - 2 - 16）。

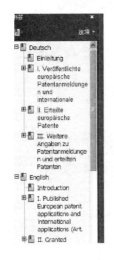

图 6 - 2 - 15　欧洲专利公报列表页面

图 6 - 2 - 16　PDF 格式的公报显示页面

## 四、欧洲专利登记簿

欧洲专利登记簿（European Patent Register）收录了欧洲专利局授权程
序以及授权后进入各指定国阶段的法律状态信息，包括：著录项目数据、
同族专利数据以及法律状态信息、审查过程中的文档查阅等数据。在欧洲
专利局网站点击 "European Patent Register"，在打开页面中点击 "open the
European Patent Register"，即可进入欧洲专利登记簿检索系统。

系统提供三种检索方式：快速检索（Quick Search）、高级检索（Advanced Search）和智能检索（SmartSearch）。

1. 智能检索

智能检索（如图 6 - 2 - 17）方式可最多输入 20 个检索词（每个检索字段可最多输入 10 个检索词），并使用布尔算符 and、or、not 连接。

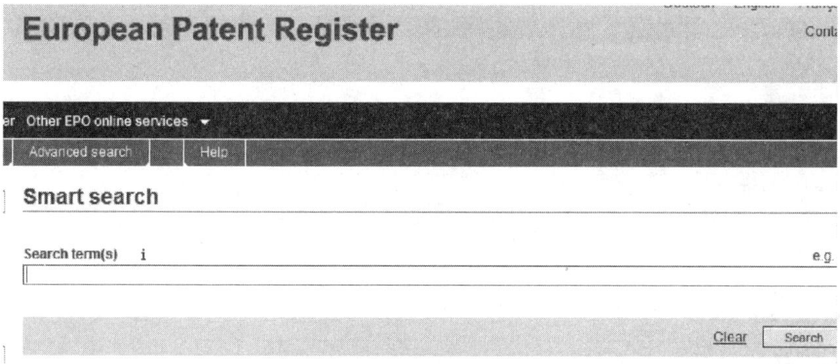

图 6 - 2 - 17 智能检索页面

本检索方式既可以直接输入检索词（如：Siemens EP 200701），也可使用字段标识符（如：ti = " mouse trap"）。

2. 快速检索（Quick Search）

快速检索（如图 6 - 2 - 18）支持 3 个字段的检索，分别是公布号、申请号和申请日。每个输入框最多输入 10 个检索词，每次检索最多允许检索20 个词，各字段内检索词之间默认的逻辑关系为 "or"。

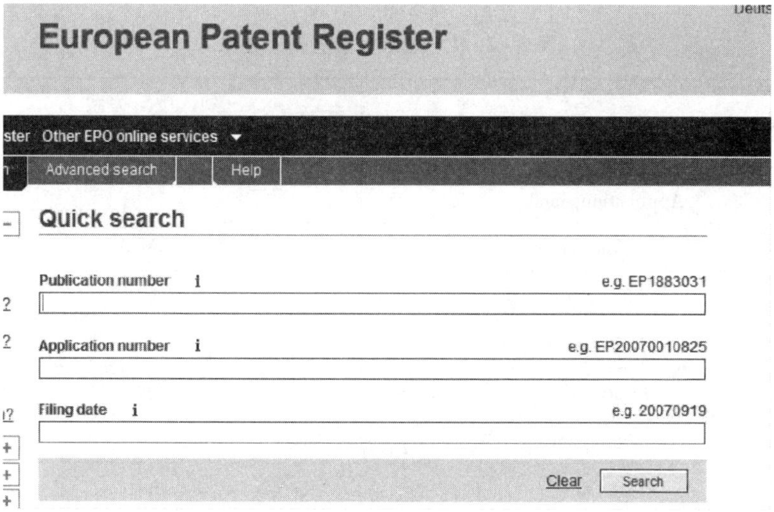

图 6 - 2 - 18 快速检索页面

### 3. 高级检索（Advanced Search）

高级检索（如图 6-2-19）支持公布号、申请号、申请日、公布日、优先权号、优先权日、申请人、发明人、代理人、异议人、国际专利分类号（IPC）、发明名称共 12 个字段的检索。各字段内检索词之间默认的逻辑关系见表 6-2-7。

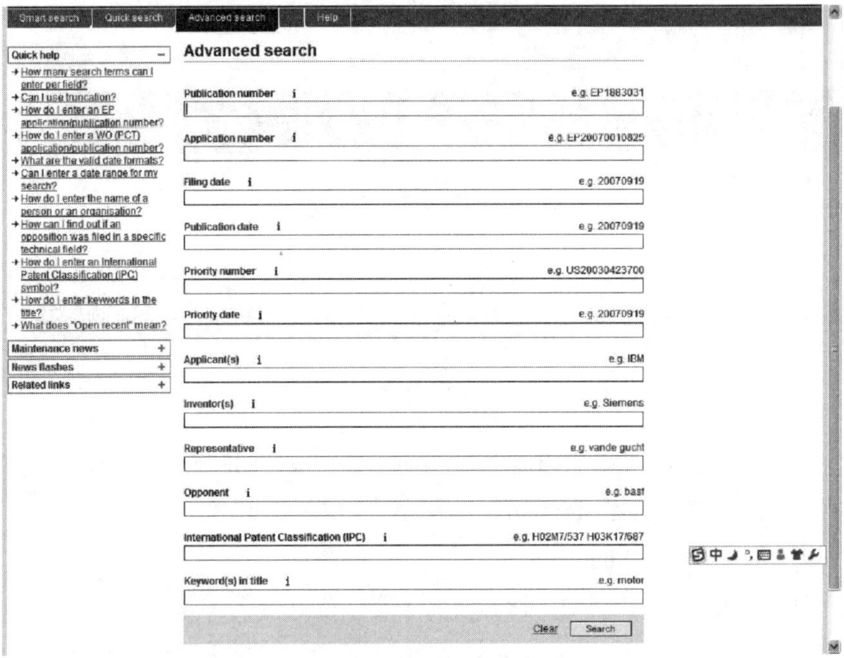

图 6-2-19　高级检索页面

表 6-2-7　默认检索逻辑关系表

| 字段名称 | 默认逻辑关系 |
| --- | --- |
| Publication number | or |
| Application number | or |
| Filing date | or |
| Publication date | or |
| Priority number | or |
| Priority date | or |
| Applicant | and |
| Inventor | and |
| Representative | and |

续表

| 字段名称 | 默认逻辑关系 |
| --- | --- |
| Opponent | and |
| IPC | and |
| Title | and |

4. 输入方式

（1）快速检索和高级检索的输入方式见表 6 - 2 - 8。

表 6 - 2 - 8　检索输入方式

| 字段 | 输入形式及举例 |
| --- | --- |
| Publication No.（公布号） | EP 公布号：EP1023455 |
| | WO 公布号<br>WOyynnnnn：WO0251230<br>WOyynnnnnn：WO02051231，WO03107732<br>WOyyyynnnnnn：WO2008149449（2004 年 1 月起） |
| Application No.（申请号） | EP 申请号：99203729（8 位数字） |
| | 国际申请号<br>PCT/US/1998004141 可输入：WO1998US04141<br>PCT/IB2008/012345 可输入：WO2008IB12345（去掉顺序号前的 0） |
| | espacenet 数据形式 EP19990402065，WO1998US04141 |
| Filing date（申请日） | yyyymmdd，yyyy-mm-dd，dd/mm/yyyy，dd. mm. yyyy |
| Publication date（公布日） | yyyymmdd，yyyy-mm-dd，dd/mm/yyyy，dd. mm. yyyy |
| Priority No.（优先权号） | EP20070006671 |
| Priority date（优先权日） | yyyymmdd，yyyy-mm-dd，dd/mm/yyyy，dd. mm. yyyy |
| Applicant（申请人） | 姓，名 |
| Inventor（发明人） | 姓，名 |
| Representative（代理人） | 姓，名 |
| Opponent（异议人） | 姓，名 |
| Classification（IPC 分类号） | G09G5/00 |
| Title（发明名称） | computer |

（2）智能检索的输入方式见表6-2-9。

表6-2-9 检索输入方式

| 字段名 | 举 例 |
|---|---|
| Inventor（发明人） | in = siemens |
| Applicant（申请人） | pa = smith |
| Representative（代理人） | re = " vande gucht" |
| Opponent（异议人） | op = basf |
| Title（名称） | ti = " mouse trap" |
| application number（EP/WO 申请号） | ap = ep99203729 |
| publication number（EP/WO 公布号） | pn = ep1000000 |
| priority number（优先权号） | pr = ep20050104792 |
| filing date（申请日） | fd = 20010526 |
| publication date（公布日） | pd = 20020103 |
| priority date（优先权日） | prd = 19780707 |
| international classification（IPC 分类号） | ic = a63b49/08 |

其中，日期的输入方式多种多样，如表6-2-10所示。

表6-2-10 日期输入方式

| 日期输入方式 | 格 式 |
|---|---|
| 单个日期 | dd/mm/yyyy<br>mm/yyyy<br>yyyy-mm-dd<br>yyyy-mm<br>yyyymmdd<br>yyyymm<br>yyyy<br>dd. mm. yyyy<br>mm. yyyy |
| 日期范围 | 2005：2007<br>2005-01：2007-01<br>01. 2005：01. 2007<br>pd = " 2005 2007"<br>pd = " 2005，2007"<br>pd = " 2005：2007"<br>pd = " 2005-01：2007-01"<br>pd = " 01. 2005：01. 2007 |

续表

| 日期输入方式 | 格 式 |
|---|---|
| 仅适用于"Publication date" | pd within 2005，2007<br><br>pd within " 2005，2007"<br><br>pd within " 2005，2007"<br><br>pd within " 2005 2007"<br><br>pd ＞01. 2005<br><br>pd ＞2005－01<br><br>pd ＞＝200501 AND pd ＜＝200503<br><br>pd ＞＝2005－01 AND pd ＜＝2005－03 |

5. 检索结果显示

检索结果显示（如图 6－2－20）如下内容。

图 6－2－20 检索结果显示页面

（1）关于本申请（About this file）。显示专利申请的著录项目以及审查过程数据，如：状态、最新事件（Most recent event）、申请人、发明人、代理人、申请号、申请日、优先权号、优先权日、申请语种、过程语种、公布信息（含公布号、公布日、文献种类代码，有多次公布的，逐一显示）、分类号、指定国、名称、审查过程、母案申请、分案申请、交纳的费用、引用文献等（如果有的话）。

（2）法律状态（Legal Status）。显示欧洲程序中最重要的法律状态数据（包括审查、异议、上诉等程序数据以及 INPADOC 提供的数据），也显示欧洲专利指定国授权后的任何信息。

（3）事件历史（Event History）。显示按时间顺序排列的从申请、公开到授权及授权后的异议、上诉等过程数据。

（4）引文（Citations）。显示欧洲专利申请授权检索时的文献列表，或申请人引用文献列表；此处的引文可按照"检索获得"或"申请人引用"分类，也可以按照"专利文献"和"非专利文献"分类。

（5）专利族（Patent Family）。显示与欧洲专利申请具有一个共同的优先权号的世界范围内的专利文献。

其中，"Patent family member"指 INPADOC 提供的扩展专利族；"Equivalent"指全部的优先权都是相同的（与 espacenet 检索系统中"also published as"显示的内容相同）；"Earlier application"指作为优先权基础的较早申请。

（6）所有文件（All Documents）。显示审查过程中欧洲专利局收到、发出或涉及诉讼的文件内容的全部列表，以 PDF 格式显示。

另外，检索结果可打印、保存（用 Register Plus 浏览的全部文献都可以以 PDF 格式下载；自 panels［有关文件、法律状态等］获得的全部的著录数据都可以作为单个的 XML 文件下载）或者转入 espacenet 检索系统中浏览原文。

**注意：**

欧洲专利局声明：对于本数据库列出的法律状态数据的准确性、完整性及及时性不承担责任。如果想获得确切的信息，应分别联系相应的国家机构。

**本章思考与练习**

1. 欧洲专利单行本有哪些？简述欧洲专利单行本的发展变化。
2. 欧洲专利申请编号有哪些特点？欧洲专利文献编号有哪些特点？
3. 欧洲专利局网站提供哪些检索系统？这些检索系统的专利数据范围是什么？
4. 如果需要检索欧洲专利的法律状态，应该在哪个检索系统中进行？该系统收录了哪些法律状态信息？
5. 如何利用欧洲专利局网站提供的检索系统进行同族专利检索？

# 第七章　国际申请文献与信息检索

## 本章学习要点

了解国际申请文献的特点和结构；了解国际申请文献种类、编号、著录项目；掌握互联网世界知识产权组织专利检索工具使用方法。

## 第一节　国际申请文献

### 一、《专利合作条约》与专利文献

20 世纪 70 年代初，伴随着建立《欧洲专利公约》的热烈讨论，签订全球化《专利合作条约》的时机已趋成熟。

1970 年 6 月 19 日在美国华盛顿举行的外交会议上，与会缔约方签订了《专利合作条约》，迈出了专利制度从地区性走向国际化的关键性一步。1978 年 1 月 24 日，《专利合作条约》生效实施，并分别于 1979 年、1984 年和 2001 年三次修订。目前成员国已达 146 个。

《专利合作条约》是一个非开放性公约，只对《巴黎公约》成员国开放。其宗旨是简化国际间专利申请手续和程序，加快技术信息的传播和利用。PCT 作为《巴黎公约》下的一个专门性条约，行政管理工作由世界知识产权组织负责，由世界知识产权组织国际局（简称 IB）负责国际申请的公布、管理及其他一些有关国际申请的工作，如接受委托作为受理局等。

专利合作条约有以下特点。

（1）统一申请。申请人可用英、德、日、法、俄、中、西班牙、韩等任意一种语言，向 PCT 受理局用一种格式、一种货币提出国际申请，即可取得相当于成员国国家或地区专利申请的效力。

（2）两个阶段。国际阶段和国家阶段。前者解决国际申请的受理、公布、检索和审查。后者决定是否授予国家或地区专利。

（3）国际检索。条约规定，国际申请必须经过国际检索。由指定的国家/地区专利局（中国、美国、俄罗斯、日本、澳大利亚、奥地利、西班牙、瑞典、欧洲专利局、韩国）担任国际检索单位。IB 只受理国际专利申请、进行文献检索和初步审查，最终的专利授权与否由申请案提交时的指定国各自决定，因此世界知识产权组织只出版国际申请单行本。

### 二、国际申请单行本

由于国际申请的实质审查及授予专利权的决定权在各指定成员国，因而国际局只出版一种单行本：国际申请公布或称为国际申请公布（International Applications），文献种类代码为：A 后附 1 位阿拉伯数字。

这是申请人通过受理局按照 PCT 程序向多个国家申请专利，国际局收到申请文件后，自国际申请的优先权日起满 18 个月公布并出版的一种未经各指定国实质性审查也尚未被各指定国授予专利权的国际申请单行本。PCT 规定，对国际申请经形式审查后由国际检索单位进行专利检索，并作出检索报告。因而公开出版的全部国际申请单行本都应附有检索报告。检索报告通常作为国际申请单行本的一部分与其一起出版，当不能与国际申请单行本一起出版时则单独出版。

为了表明所出版的国际申请单行本是否同时附有检索报告，文献种类代码字母后加注一位阿拉伯数字进行说明。

A1——附有检索报告的国际申请单行本（如图 7 - 1 - 1）；

A2——未附检索报告的国际申请单行本；带有依 PCT 第 17 条（2）（a）款的宣布的国际申请单行本；

A3——单独出版的检索报告。

此外，还有三种经过修正的国际申请单行本，在文献种类标识代码字母后分别加注一位阿拉伯数字 4、8 或 9 表示：

A4——带有修订的权利要求和/或声明（依 PCT 第 19 条）的在后公布（从 2009 年 1 月 1 日）；

A8——国际申请单行本更正的扉页版；

A9——国际申请或检索报告再公布，更正、变更或补充（参见 WIPO 标准 ST. 50）。

(12) NACH DEM VERTRAG ÜBER DIE INTERNATIONALE ZUSAMMENARBEIT AUF DEM GEBIET DES PATENTWESENS (PCT) VERÖFFENTLICHTE INTERNATIONALE ANMELDUNG

(19) Weltorganisation für geistiges Eigentum
Internationales Büro

(43) Internationales Veröffentlichungsdatum
10. Februar 2005 (10.02.2005) **PCT**

(10) Internationale Veröffentlichungsnummer
**WO 2005/012345 A1**

(51) Internationale Patentklassifikation[7]: C07K 14/505, 1/00, C12M 13/06

(21) Internationales Aktenzeichen: PCT/EP2004/007762

(22) Internationales Anmeldedatum:
14. Juli 2004 (14.07.2004)

(25) Einreichungssprache: Deutsch

(26) Veröffentlichungssprache: Deutsch

(30) Angaben zur Priorität:
103 33 675.3 24. Juli 2003 (24.07.2003) DE

(71) Anmelder: AVENTIS PHARMA DEUTSCHLAND GMBH [DE/DE]; Brüningstrasse 50, 65929 Frankfurt (DE).

(72) Erfinder: STAERK, Andreas; Eppenhainer Weg 3, 65817 Eppstein (DE). SCHARFENBERG, Klaus; Königsberger Strasse 8, 26725 Emden (DE). SCHULZE, Norbert; Lindenstrasse 44, 67595 Hattersheim (DE). BAUMEISTER, Kathrin; Nieder Kirchweg 17, 65934 Frankfurt (DE). BELTZ, Wilhelm; In Rodenbach 6a, 35216 Biedenkopf (DE).

(81) Bestimmungsstaaten (soweit nicht anders angegeben, für jede verfügbare nationale Schutzrechtsart): AE, AG, AL, AM, AT, AU, AZ, BA, BB, BG, BR, BW, BY, BZ, CA, CH, CN, CO, CR, CU, CZ, DE, DK, DM, DZ, EC, EE, EG, ES, FI, GB, GD, GE, GH, GM, HR, HU, ID, IL, IN, IS, JP, KE, KG, KP, KR, KZ, LC, LK, LR, LS, LT, LU, LV, MA, MD, MG, MK, MN, MW, MX, MZ, NA, NI, NO, NZ, OM, PG, PH, PL, PT, RO, RU, SC, SD, SE, SG, SK, SL, SY, TJ, TM, TN, TR, TT, TZ, UA, UG, US, UZ, VC, VN, YU, ZA, ZM, ZW.

(84) Bestimmungsstaaten (soweit nicht anders angegeben, für jede verfügbare regionale Schutzrechtsart): ARIPO (BW, GH, GM, KE, LS, MW, MZ, NA, SD, SL, SZ, TZ, UG, ZM, ZW), eurasisches (AM, AZ, BY, KG, KZ, MD, RU, TJ, TM), europäisches (AT, BE, BG, CH, CY, CZ, DE, DK, EE, ES, FI, FR, GB, GR, HU, IE, IT, LU, MC, NL, PL, PT, RO, SE, SI, SK, TR), OAPI (BF, BJ, CF, CG, CI, CM, GA, GN, GQ, GW, ML, MR, NE, SN, TD, TG).

Veröffentlicht:
— mit internationalem Recherchebericht

Zur Erklärung der Zweibuchstaben-Codes und der anderen Abkürzungen wird auf die Erklärungen ("Guidance Notes on Codes and Abbreviations") am Anfang jeder regulären Ausgabe der PCT-Gazette verwiesen.

(54) Title: PERFUSION METHOD FOR PRODUCING ERYTHROPOIETIN

(54) Bezeichnung: PERFUSIONSVERFAHREN FÜR DIE PRODUKTION VON ERYTHROPOIETIN

(57) Abstract: The invention relates to a method for producing erythropoietin (EPO), whereby eukaryotic cells that are suitable for expressing EPO are adapted to an SMIF7 medium in a suitable bioreactor, the obtained cells are transferred into a larger bioreactor and further expanded with the SMIF7 medium, and the expressed EPO is isolated from the larger bioreactor and purified by means of continuous bleeding and perfusion.

(57) Zusammenfassung: Die Erfindung bezieht sich auf ein Verfahren zur Herstellung von Erythropoietin (EPO), bei dem eukaryontische Zellen, die zur Expression von EPO geeignet sind, in einem geeigneten Bioreaktor an SMIF7-Medium adaptiert, die erhaltenen Zellen in einen grösseren Bioreaktor überführt und mit SMIF7-Medium weiter expandiert werden, und bei ständigem Bleeding und ständiger Perfusion das exprimierte EPO aus dem grösseren Bioreaktor isoliert und gereinigt wird.

WO 2005/012345 A1

图 7 - 1 - 1　附有检索报告的国际申请单行本

## 三、国际申请编号

### （一）申请编号

国际申请的申请号按年编排，由四部分组成：条约名称缩写 PCT，受理国际申请的国家或组织代码，两位数字的申请年代，当年申请顺序号。如：PCT/GB 86/00716。自 2004 年起，两位数字的申请年代改为四位数字，其他部分不变，如：PCT/EP 2004/005002。

### （二）专利文献编号

文献号按年编排，由两部分组成：两位数字的公布年代和当年公布顺序号，如：92/09150。自 2004 年起，两位数字的公布年代改为四位数字，其他部分不变，如：2005/12345。在国际申请单行本上刊出时，与组织代码 WO 和文献种类代码配合使用。

与欧洲专利文献编号一样，同一件专利申请第二次或其后公布的所有文献号沿用该申请第一次公布的公布号，如下表中列出的三种情况示例（见表 7 - 1 - 1）。

表 7 - 1 - 1　国际申请文献编号

| 文献种类 | 2004 年前 | 2004 年后 | |
|---|---|---|---|
| 附有检索报告的国际申请单行本 A1 | WO 92/09150 A1 | | WO 2008/040723 A1 |
| 未附检索报告的国际申请单行本 A2 | | WO 2004/100112 A2 | |
| 单独出版的检索报告 A3 | | WO 2004/100112 A3 | |
| 带有修订的权利要求和/或声明（依条约第19 条）的在后公布 A4 | | | WO 2009/130735 A4 |
| 国际申请单行本更正的扉页版 A8 | | | WO 2005/012345 A8 |
| 国际申请或检索报告再公布，更正、变更或补充（参见 WIPO 标准 ST. 50）A9 | | | WO 2008/081160 A9 |

### 四、PCT 公报

《PCT 公报》（The PCT Gazette），创刊于 1978 年，每月 2～3 期，用英、法两种语言分别出版发行。每期包括四部分内容。

第一部分：公布的国际申请，包括著录项目，摘要和附图；

第二部分：与第一部分公布的国际申请有关的通知、公告；

第三部分：索引；

第四部分：专利事务通知。

第一部分为主要内容。它以文摘的形式按国际专利分类号顺序报道本期公报公告的国际申请。报道的国际申请包括著录项目、文摘和附图。每页刊载两条国际申请。

第三部分包括四个索引表：

（1）申请号与文献号对照索引：文献号后标注带括号的英文字母表示申请公布时的语种，如（E）——英语，（F）——法语，（G）——德语，（J）——日语，（R）——俄语。

（2）指定国索引：其中的＊号的含义如下。

＊表示请求获得非洲知识产权组织"地区专利"的国际申请；

＊＊表示请求获得欧洲专利的国际申请；

＊＊＊表示请求获得实用新型专利的国际申请；

＊＊＊＊表示请求获得补充范围实用新型专利的国际申请；

＊＊＊＊＊表示请求获得发明人证书的国际申请。

（3）申请人索引。

（4）国际专利分类索引。

自 1998 年 1 月 1 日起，《PCT 公报》纸件与 CD-ROM 形式并行出版。自 1998 年 4 月第 13 期公报开始，纸件《PCT 公报》采取英、法双语合并出版，只刊登国际专利申请的著录项目，不再刊登文摘和附图，并尽可能以 WIPO 制定的专利文献著录项目代码代替文字注解，对于不便使用代码表示的信息则用英、法两种文字同时刊出。著录项目中增加 2 项：

（25）国际申请提交时的语种；

（26）国际申请公布时的语种。

表示语种的字母代码为：da——丹麦语，de——德语，en——英语，es——西班牙语，fi——芬兰语，it——意大利语，ja——日语，nl——荷兰语，no——挪威语，ru——俄语，sv——瑞典语，zh——汉语。

需要特别注意的是，由于 2004 年 PCT 指定制度的全面改革，使得申请人可以"指定"他们希望国际申请在其境内生效的 PCT 缔约国的方法进一步简化。根据新的指定制度，申请人将获得自动和全部涵盖该条约所有指定国的便利，而无须在提交国际申请时分别指定各成员国。因此，著录项目 INID 代码（81）和（84）在 2004 年前后内容上有所区别。

（81）对于 2004 年 1 月 1 日前提交的国际申请，依据 PCT 的指定国。对于 2004 年 1 月 1 日及其后提交的国际申请，依据 PCT 的指定国（如无另外指明，该国际申请是为获得各指定国的每一种保护类型）。

（84）对于 2004 年 1 月 1 日前提交的国际申请，依据地区专利公约的指定国。对于 2004 年 1 月 1 日及其后提交的国际申请，依据地区专利公约的指定国（如无另外指明，该国际申请是为获得各地区的每一种保护类型）。

同时，在公布栏"Published"中，将文字释义全部以字母代码代替：

（a）附有修正的权利要求。

（b）附有修正的权利要求和声明。

（c）权利要求的修改在期限届满之前，在收到修改后的权利要求情况下再次公布。

（d）按条约第 64 条（3）（c）（i）的规定，根据申请人的请求。

（e）根据条约第 64 条（3）（c）（ii），基于已由美国专利商标局出版的（日期，顺序号）国际申请公布日。

（f）与条约第 21 条（2）（a）有关的期限届满前，根据申请人的请求。

（g）无国际专利分类，发明题目名称及摘要未经国际检索单位检查。

（h）根据条约第 17 条（2）（a）的公布；无国际专利分类及摘要；发明题目未经国际检索单位检查。这是指国际申请涉及的内容按细则规定不要求国际检索单位检查，而且该单位对其决定不作检索，或者说明书、权利要求书或附图不符合规定要求，以至于不进行有意义的检索。

（i）附有根据条约第 17 条（2）（a）的声明；无摘要，发明名称未经国际检索单位检索。

（m）附有指定的根据细则 13bis 提供涉及微生物样品的保藏。

（n）附有关于非有意泄露的声明或对缺乏新颖性有异议的声明。

自 2006 年 4 月 1 日起，《PCT 公报》将不再以纸载体出版，仅以电子版形式在网上公布。

## 第二节　WIPO 网站专利信息检索

世界知识产权组织（WIPO）官方网站上的 PATENTSCOPE 检索系统可免费检索国际申请以及非洲知识产权组织、古巴、以色列、韩国、墨西哥、新加坡、南非和越南等国家/地区的专利文献。

网址：http：//patentscope. wipo. int/search/en/search. jsf。

通过 WIPO patentscope ® 检索系统中的国际申请检索系统，用户可以检索国际申请公开文献。

在世界知识产权组织网站的主页面，选择左侧列表中的"Patent-Data Search-PCT Application"可直接进入国际申请的检索页面。

## 一、检索方式

国际申请的检索页面提供四种检索方式：字段检索（Structured Search）、简单检索（Simple Search）、高级检索（Advanced Search）和专利文献浏览（Browsed by Week）。这些检索方式均支持英语、法语、西班牙语、日语等多语种检索。四种检索方式可通过页面上的"options"项进行切换。

### （一）字段检索

字段检索（如图 7 - 2 - 1）提供了 12 个检索输入框以及 28 个检索字段。通过输入框最左侧的下拉菜单，可选择各字段之间的逻辑关系。

图 7 - 2 - 1　字段检索页面

通过页面上方"Keywords"下拉菜单，可以选择将检索式在专利文献扉页（Front Page）或者扉页与全文文本（包括扉页、说明书和权利要求）中进行检索。

### （二）简单检索

简单检索页面（如图7－2－2）提供唯一检索输入框，输入的检索式将在扉页的所有字段中进行检索。

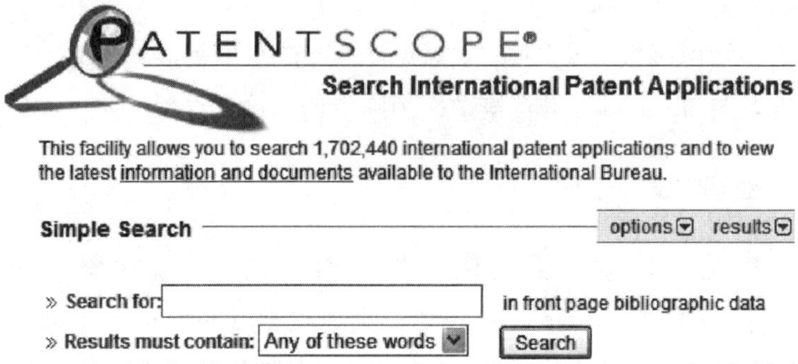

图7－2－2 简单检索页面

该输入框中可以一次输入多个词，词与词之间以空格间隔，默认为逻辑"或"，通过简单检索页面下方的下拉列表，可选择各检索词之间的逻辑关系：

——All of these words：检索结果中包含输入的所有检索条件，即逻辑"与"；

——Any of these words：检索结果中包含输入的任意一个检索条件，即逻辑"或"；

——This exact phrase：输入的检索条件作为短语进行检索。

### （三）高级检索

在高级检索页面（如图7－2－3），用户可在输入框中输入复杂的检索提问式，检索提问式的基本格式为：字段代码/检索字符串。

图7－2－3 高级检索页面

### （四）专利文献浏览

专利文献浏览页面（图7-2-4）可以浏览2006年1月5日起每周公布的国际申请文献。从页面上方的周列表中选择某一周，即可浏览该期公布的国际申请公布文献。

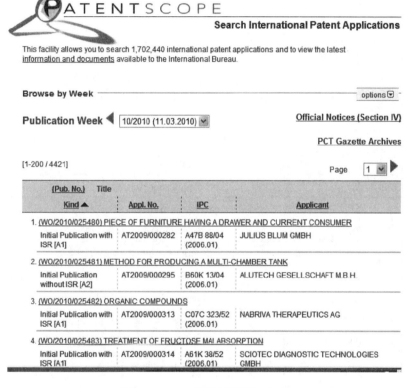

图7-2-4　专利文献浏览页面

检索页面右上方的官方公告"Official Notices（Section IV）"项可供用户浏览自1998年起《PCT公报》中的官方公告，"PCT Gazette Archives"项可供用户进入1998年至2006年6月出版的《PCT公报》的PDF档案库。

### 二、检索字段

字段检索及高级检索方式中提供的检索字段见表7-2-1。

表7-2-1　检索字段及代码表

| 高级检索中的字段代码 | 字 段 名 |
|---|---|
| WO | Publication Number（公布号） |
| AN | Application Number（申请号） |

| 高级检索中的字段代码 | 字 段 名 |
|---|---|
| ET | English Title（英文名称） |
| FT | French Title（法文名称） |
| JT | Japanes Title（日文名称） |
| IC | International Class（IPC）国际专利分类号 |
| ABE | English Abstract（英文摘要） |
| ABF | French Abstract（法文摘要） |
| ΛBJ | Japanese Abstract（日文摘要） |
| DE | Description（说明书） |
| CL | Claims（权利要求） |
| FP | Front Page Bibliographic Data（扉页的著录项目） |
| DP | Publication Date（公布日） |
| AD | Application Date（申请日） |
| NP | Priority Number（优先权号） |
| PD | Priority Date（优先权日） |
| PCN | Priority Country（优先权国家） |
| DS | Designated States（指定国） |
| IN | Inventor Name（发明人名字） |
| IAD | Inventor Address（发明人地址） |
| PA | Applicant Name（申请人名字） |
| AAD | Applicant Address（申请人地址） |
| ARE | Applicant Residence（申请人居住地） |
| ANA | Applicant Nationality（申请人国籍） |
| RP | Legal Rep. Name（法定代理人名字） |
| RAD | Legal Rep. Address（法定代理人地址） |
| RCN | Legal Rep. Country（法定代理人国籍） |
| LGP | Language of Pub.（公布语言） |
| LGF | Language of Filing（申请语言） |
| ICI | International Class（inventive）（IPC 分类号，发明） |
| ICN | International Class（non-inventive）（IPC 分类号，非发明） |
| NPCC | National Phase Country Code（国家阶段国家代码） |
| NPED | National Phase Entry Date（进入国家阶段日期） |
| NPAN | National Phase Application Number（国家阶段申请号） |
| NPET | National Phase Entry Type（国家阶段进入类型） |

检索时应注意，字段名不能联合使用，如："et/（nasal or nose）"的输入形式并不表示检索"在英文标题中含有 nose 或 nasal 的文献"，要表示该含义，正确的输入形式是"et/nasal or et/nose"。

### 三、系统使用的算符

1. 运算符

XOR：该系统可以使用 XOR 算符，如 cat XOR dog 表示在文献中要么含有 cat，要么含有 dog，但这两个词不能同时被包含；

NEAR：邻近算符，用于两词之间，表示中间最多间隔 5 个词。

2. 通配符

字段检索和高级检索方式下，可以使用右截断检索，截断符为"＊"，如：elec ＊。

3. 其他算符

使用"－＞"进行日期范围的检索，如：DP/1. 11. 97 －＞12. 5. 01。

使用双引号""进行短语检索。

### 四、检索结果的显示

1. 预先设置检索结果的显示方式

在显示检索结果之前，用户可预先设置检索结果的显示方式及检索结果的排序方式。

（1）显示方式。

用户预先对列表状态下的检索结果进行的设置包括：

每页显示的结果数为 25，50，100，250 和 500；

"Separate window"选项允许用户在独立的新窗口中浏览某件文献的详细信息，而保留检索结果列表显示页面，否则，文献详细信息显示页面将会覆盖检索结果列表显示页面；

选择在结果列表中体现哪些字段或显示哪些内容；其中，Pub. No. 和 Title 项是默认显示的，其他字段可根据需要选择。

（2）排序方式。

系统提供两种不同的排序方式：

按照年代顺序（By Chronologically）排序（系统默认），即最新出版/公布的文献优先显示；

按照相关度（By Relevance）排序。

2. 检索结果显示

执行检索后,首先可以进入检索结果列表显示页面(如图 7-2-5),选择列表中某一文献号,进入检索结果详细信息显示页面(如图 7-2-6)。

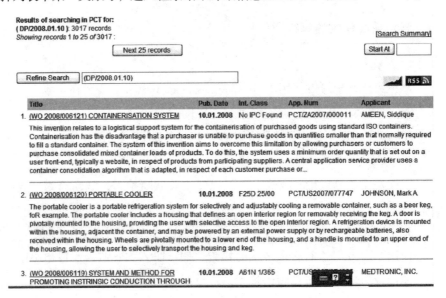

图 7-2-5 检索结果列表显示页面

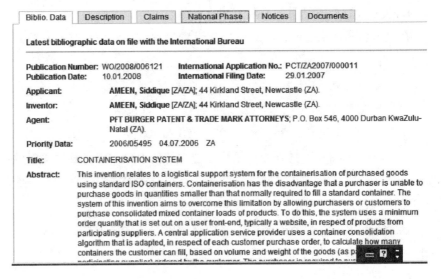

图 7-2-6 检索结果详细信息显示页面

(1)检索结果列表显示。

检索结果列表页面上方显示检索条件、检索结果数量及提示本页面显示的记录数;按钮"Start At"右侧输入框可以输入数字,检索结果列表从输入的序号开始显示；

通过"Refine Search"，系统可以在现有检索结果的基础上进行二次检索；

通过系统提供的"Search Summary"链接，还可以显示检索式在所选择的检索字段中出现的频率。

（2）检索结果详细信息显示。

通过页面上部的按钮，可以分别浏览该专利申请的著录项目（Biblio Data）、说明书（Description）、权利要求（Claims）、进入国家阶段的信息（National Phase）、相关通知（Notices）以及国际初审报告、国际检索报告等相关文献（Documents）。下面仅对"进入国家阶段的情况"以及"相关文献"进一步说明。

① 进入国家阶段的情况。"进入国家阶段的情况"中的信息由 PCT 组织各成员国/组织提供，可供用户了解该申请指定进入哪些国家/组织，何时进入；若"National Reference Number"下的号码含有超链接，则提示该申请在相应的国家/组织进行了再次出版；此处还提供了该申请在各国家阶段的法律状态信息。使用该信息时应当注意，这些信息由不同国家提供，有可能存在滞后期。

图 7-2-7　相关文献页面

② 相关文献。对于大多数检索结果来说，点击"Documents"项目进入相关文献页面（如图 7-2-7），其中包括国际申请的状态、国际申请公

布文本以及国际检索报告、国际初审报告等相关文件。

"国际申请的状态"显示国际局记录的最新状态信息和著录项目，一般包括：最新著录项目数据、国际申请的撤回信息、全部可获得语种的发明名称和摘要等。

"公布的国际申请"项目下选择"view"或"download"按钮可浏览和下载国际申请公布的图像文本。

"国际局公布的相关文件"项包括国际局存档的国际检索报告、国际初审报告、各国提供的优先权文本等相关文件。

### 本章思考与练习

1. 国际申请单行本有哪些？
2. 国际申请的申请编号有哪些特点？
3. 国际申请的文献编号有哪些特点？
4. 世界知识产权组织网站专利检索系统的专利数据范围是什么？
5. 世界知识产权组织网站专利检索系统的检索方式有哪些？

# 第八章 其他专利检索系统

## 本章学习要点

了解专利检索与服务平台的特点，掌握该检索系统使用方法；了解重点产业专利信息服务平台的特点，掌握该检索系统使用方法；了解专利检索服务系统的特点，掌握该检索系统使用方法。

## 第一节 专利检索与服务平台

专利检索与服务平台由国家知识产权局研发设计，于 2011 年"知识产权宣传周"期间正式推出使用，提供包括中国、美国、日本、英国、法国、德国、瑞士、韩国、俄罗斯（包括苏联）、澳大利亚、印度、巴西和世界知识产权组织、欧洲专利局、非洲知识产权组织、香港特区以及台湾地区等 90 多个国家、地区和组织的专利文献信息。平台除了提供专利信息检索功能，还提供专利统计快报、经典案例分析等服务栏目。

网址：http：//www. pss-system. gov. cn/。

### 一、检索方式

系统提供常规检索和表格检索两种方式。系统提供中文专利联合检索、中国专利检索、国外及港澳台专利检索三个检索数据库，默认使用中外专利联合检索，用户可以根据检索需要选择其他数据库。

#### （一）系统检索字段

在中外专利联合检索、国外及港澳台专利检索中，系统提供以下检索字段（见表 8 – 1 – 1）。

号码类型：申请（专利）号、公开（公告）号、优先权号；

日期类型：申请日、公开（公告）日、优先权日；

公司/人名类型：申请（专利权）人、发明人；

技术信息类型：名称、摘要、权利要求书、说明书、关键词和 IPC 分类号。

中国专利检索除了提供以上字段，还提供：

外观设计洛迦诺分类号、外观设计简要说明、申请（专利权）人所在国（省）、申请人地址、申请人邮编。

表 8-1-1　检索字段说明及举例

| 检索字段 | 说　　明 | 举　　例 |
|---|---|---|
| 申请（专利）号 | 支持模糊匹配 | 输入 1234，系统将按 1234 + 或 CN1234 检索 |
| 公开（公告）号 | | |
| 优先权号 | | |
| 申请日 | 格式 yyyymmdd、yyyy-mm-dd、yyyy. mm. dd | |
| 公开（公告）日 | | |
| 优先权日 | | |
| 名称 | 字段内各检索词之间可进行 and、or、not 运算 | "计算机 or 控制"或"计算机 控制"，均表示名称中包含计算机或控制 |
| 摘要 | | |
| 权利要求书 | | |
| 说明书 | | |
| 关键词 | | |
| 申请人地址 | | |
| 外观设计简要说明 | | |
| IPC 分类号 | 可进行模糊检索，模糊字符在末尾时可省略 | |
| 外观设计洛迦诺分类号 | | |
| 申请（专利权）人 | 字段内各检索词之间可进行 and、or 运算 | （北京 or 上海）and（电子 or 开关），表示申请人为北京或上海的某厂，厂名中包含"电子"或"开关" |
| 发明人 | | |

**（二）系统算符**

系统中可使用下述连接符及通配符。

1. 日期范围连接符

使用日期类型的字段时，可以选择"　"来表达日期范围，在输入时输入"2000 2002"，中间 1 个空格。

2. 通配符

（1）　+——代表任意长度的字符串；

（2）　? ——代表 0 或 1 个字符；

（3）　#——代表 1 个字符。

**（三）常规检索**

常规检索中，用户可以按照申请内容、申请号、公开（公告）号、申请（专利权）人、发明人、发明名称等检索类型进行检索，如图 8 - 1 - 1 所示。

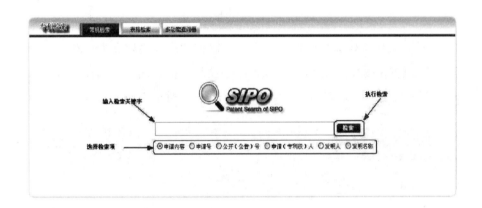

图 8 - 1 - 1　常规检索界面

1. 申请内容检索

选择"申请内容"，系统将在摘要、关键词、权利要求和分类号中同时检索。

多个关键词间用空格分隔的，系统按照逻辑"或"的关系进行检索，若多个英文词加半角双引号，系统将按词组检索；

支持逻辑运算符"and"、"or"、"not"和截词符"#"、"＋"、"?"。

2. 其他字段检索

用户在使用申请号、公开（公告）号检索时，系统支持国别联想输入，在使用申请（专利权）人、发明人和发明名称检索时，支持联想输入。

**（四）表格检索**

以中外专利联合检索为例介绍表格检索的使用方法，检索界面见图 8 - 1 - 2。

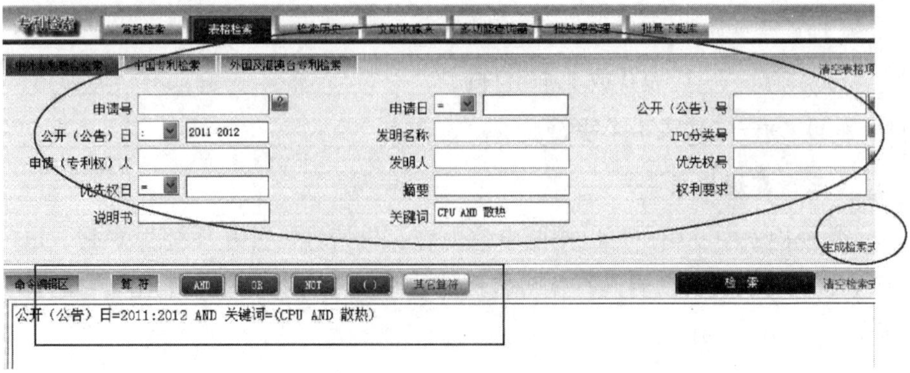

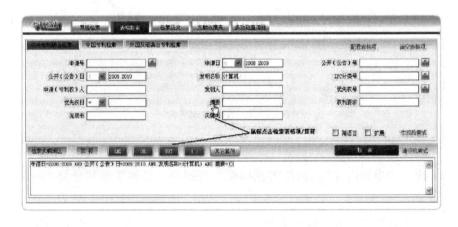

图 8 - 1 - 2 表格检索界面

表格检索中提供命令编辑区，用户可以在填写表格后点击"生成检索式"自动生成检索式，也可以在编辑区手动编写检索式，并选择"检索表格项"和"算符"实现快速输入，如图 8 - 1 - 3 所示。

图 8 - 1 - 3 快速输入界面

## 二、检索结果的显示与处理

### （一）显示检索结果列表

检索结果会显示在检索结果列表页面中，如图 8 - 1 - 4 所示。

1. 显示设置

（1）设置显示字段。用户可以利用"设置显示字段"功能选择检索结果显示字段，如图 8 - 1 - 5 所示，获取最想浏览的字段信息。

（2）过滤中国文献类型。系统提供三种中国专利文献类型，分别是文

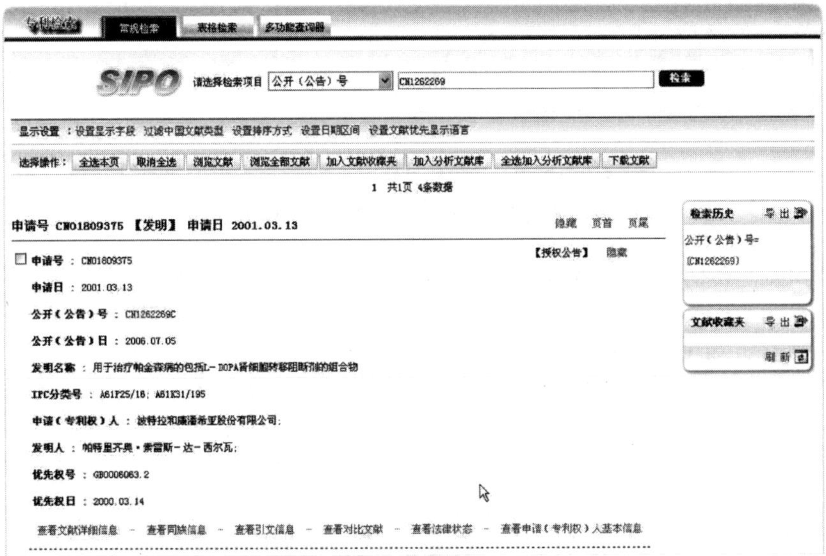

图 8-1-4 检索结果显示

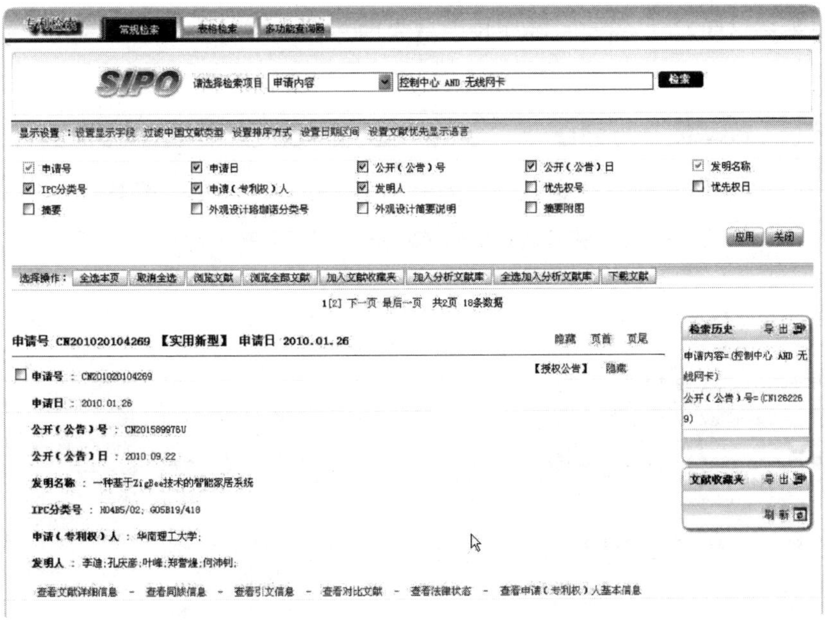

图 8-1-5 设置显示字段界面

献类型、发明类型和有效专利，其中，文献类型可以选择公开文献或授权文献，发明类型可以选择发明、实用新型或外观设计。用户可以使用该功能选择感兴趣的文献来浏览（见图 8-1-6）。

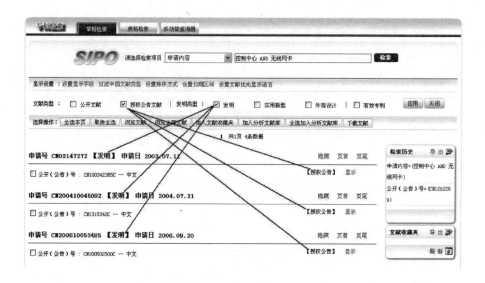

图 8 - 1 - 6    过滤中国文献类型界面

（3）设置排序方式。系统提供按申请日和公开（公告）日两种排序方式，默认按照公开/公告日降序排序（见图 8 - 1 - 7）。

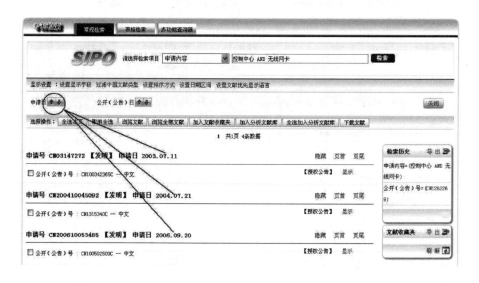

图 8 - 1 - 7    设置排序方式页面

## 2. 浏览文献

在当前检索结果列表页面存在已选择的记录时，使用此功能，可以进入浏览文献页面，如图 8 - 1 - 8 所示。

图 8 - 1 - 8　浏览文献页面

当检索结果不超过 100 时，系统支持浏览全部文献功能。

3. 查看信息

系统提供对检索结果详细信息的查看功能，包括文献的详细信息、同族、引文、法律状态、对比文件和申请人（专利权人）基本信息等。

**（二）检索结果的处理**

1. 文献收藏

文献收藏夹为用户提供对检索结果的分类管理，形成逻辑分组，方便用户操作，使检索过程更加科学合理。用户选择"文献收藏夹"进入文献收藏夹页面，在页面中可以查看文献收藏夹列表，可以对文献收藏夹进行创建、删除、查询、修改、浏览操作，如图 8 - 1 - 9 所示。

2. 加入分析文献库

系统支持用户将 1 个或多个检索结果加入分析文献库，如图 8 - 1 - 10 所示。

**（三）检索历史**

系统提供自动保存检索历史的功能，为注册用户自动保存近 100 次检

图 8 – 1 – 9    文献收藏页面

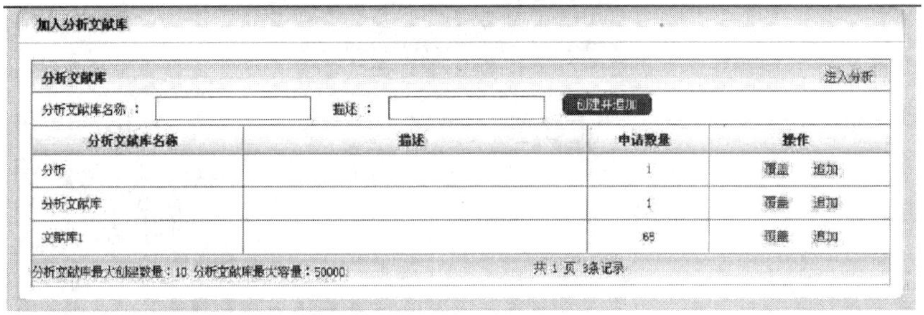

图 8 – 1 – 10    加入分析文献库

索历史。用户可以通过检索结果列表页面直接管理检索历史，包括检索式运算、删除、清空、加入分析库等。

在检索历史中，可以使用检索式查看检索结果，也可以执行相应的检索策略进行再次检索，从而得到便于浏览的检索结果，其中：

——检索历史列表中的编号为按检索时间倒序排列；

——如果检索式的命中结果大于零，则在检索历史列表的相应检索式记录中提供浏览检索结果列表、二次检索和限定范围检索功能；

——用户使用限定范围检索功能时，之后的检索（包括常规和表格检索）范围为该限定检索式的检索结果；如果用户需要取消限定范围检索时，可使用"取消限定"功能或"取消全部限定"功能来取消限定。

1. 检索式运算

系统提供了"检索式运算"功能，可以将检索历史列表中记录的检索式按照一定算符规则进行运算，得出相应的检索结果。使用此功能时，检索式编号即可表示检索式，使用编号即可进行检索式之间的逻辑运算，如图 8 – 1 – 11 所示。

图 8 - 1 - 11　检索式运算界面

### 2. 加入分析库

在检索历史页面中，用户可以勾选指定检索式的编号，点击"加入分析文献库"，将该检索式下的所有专利文献添加到分析库中。在加入分析库页面中，可以使用"新建"、"追加"或"覆盖"功能。文献被添加到用户的分析库后，可随时用于分析使用。

### 3. 二次检索

点击每条检索式记录后面的"贰"字样可以使用二次检索，二次检索是指在某次检索的基础上，为某个字段增加新的约束条件，以便获取更加精确的检索结果，如图 8 - 1 - 12 所示：

图 8 - 1 - 12　二次检索界面

### 4. 限定检索

限定检索的检索结果是当前检索结果的一个子集，用户点击指定检索式编号执行列下的"限"，检索历史列表左上方显示被限定的检索式编号，如图 8 - 1 - 13 所示。

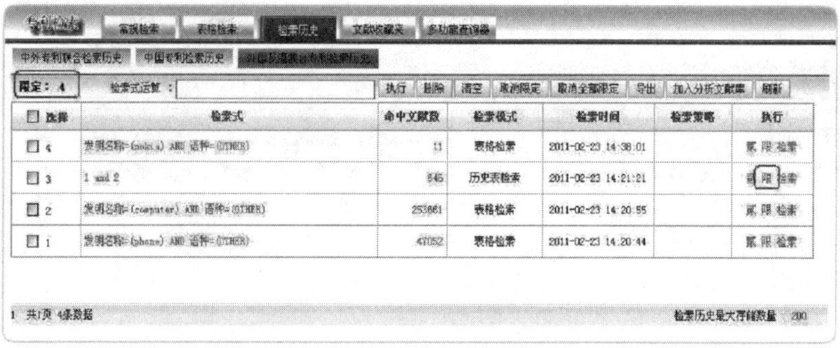

图 8 - 1 - 13　限定检索界面

　　继续执行"检索"，会在已限定的检索结果集中再次进行检索，检索策略项以"限 + 检索式编号"形式显示，在检索结果列表中显示检索结果的概要信息。

　　使用了限定检索后可以通过"取消限定范围"功能将检索结果及范围取消，限定多个检索范围时，一次取消限定只针对当前最外层限定的检索范围，可多次使用取消限定范围功能，从最近一次限定向前取消，直到没有限定范围。如果用户想一次性取消全部限定范围，可以使用"取消全部限定"功能。

　　5. 编辑检索式

　　在某个历史检索式的基础上可以进行修改后重新检索，可以点击列表中检索式的链接（见图 8 - 1 - 14），进入编辑检索式的页面后，直接进行检索式修改。

图 8 - 1 - 14　编辑检索式界面

　　点击"检索"按钮，对新的检索式进行检索，生成新的检索结果列表，并且编辑的检索会被记录到检索历史中。

6. 历史记录检索

用户在浏览检索历史记录时，可以直接使用当前历史记录进行检索，点击执行列中的"检索"或命中文献数列中的数字都可以实现，如图 8 - 1 - 15 所示。

图 8 - 1 - 15　历史记录检索界面

**（四）多功能查询器**

在提供专利文献检索的基础上，专利检索与服务平台还提供引文、国别代码、法律状态、同族专利、申请人（专利权人）别名、分类号管理、关联词、双语、IPC 分类号等查询功能，称为多功能查询器。

1. 引文查询

主要用于查看指定文献的相关引证与被引证文献概要信息。通过引证与被引证查询中提供的功能，可快速了解相关技术的发展脉络。

输入公开（公告）号或申请号，使用查询"引证信息"或"被引证信息"功能，系统将获取的信息显示在专利引证文献列表、非专利引证文献列表中。如图 8 - 1 - 16 所示。

2. 国别代码查询

通过国别代码查询中提供的功能，可以快速查找到所需要的国家/地区/组织代码信息。如图 8 - 1 - 17 所示。

3. 法律状态查询

通过法律状态查询中提供的功能，可以了解文献的审批历史。如图 8 - 1 - 18 所示。

使用"查看复审"功能，弹出国家知识产权局复审结果页面。

4. 申请人专利权人别名查询

检索、浏览与此申请（专利权）人相关的文献信息。

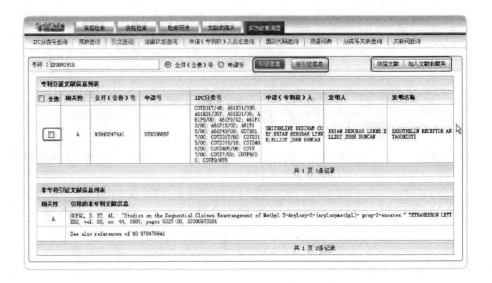

图 8 - 1 - 16　引文查询界面

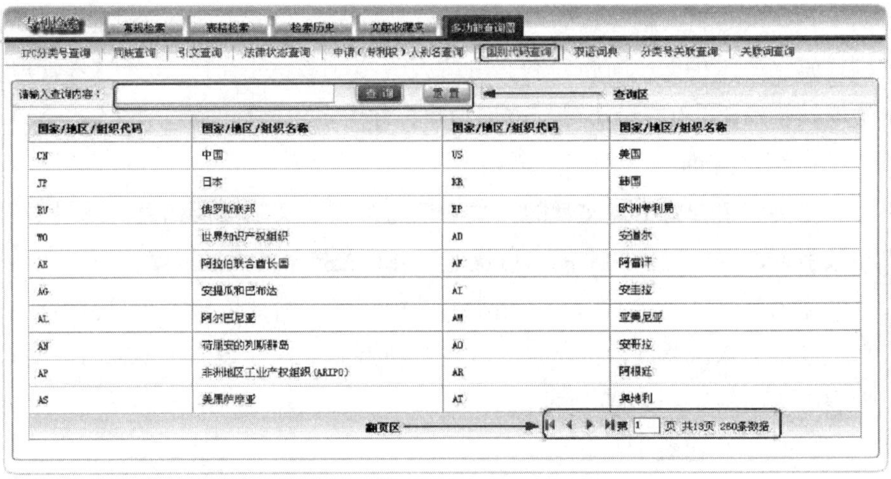

图 8 - 1 - 17　国别代码查询界面

（1）申请（专利权）人别名查询。在"申请（专利权）人名称"输入框中输入所要查询的申请（专利权）人名称，系统会根据用户所输入的申请人名称将查询结果显示在下面的列表中，如图 8 - 1 - 19 所示。

在查询结果中可以选择对指定或全部别名执行检索，如图 8 - 1 - 20 所示。

图 8 - 1 - 18　法律状态查询界面

图 8 - 1 - 19　申请人别名查询界面

5. 分类号关联查询

　　主要用于查询指定分类体系的分类号在其他分类体系中的表现形式和含义以及该分类号的中英文含义。用户输入 IPC8 分类号，然后选择与 IPC8 关联分类体系，此分类体系用户有以下四项可以选择 ECLA/UC/FI/FT。然后使用查询功能，系统将使用用户所输入的 IPC8 分类号信息到相应用户所选的分类体系中进行查询，并将查询后的关联分类号结果信息全部显示在下面的列表中，如图 8 - 1 - 21 所示。

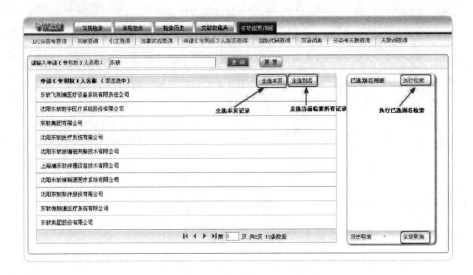

图 8 – 1 – 20　申请人别名检索执行界面

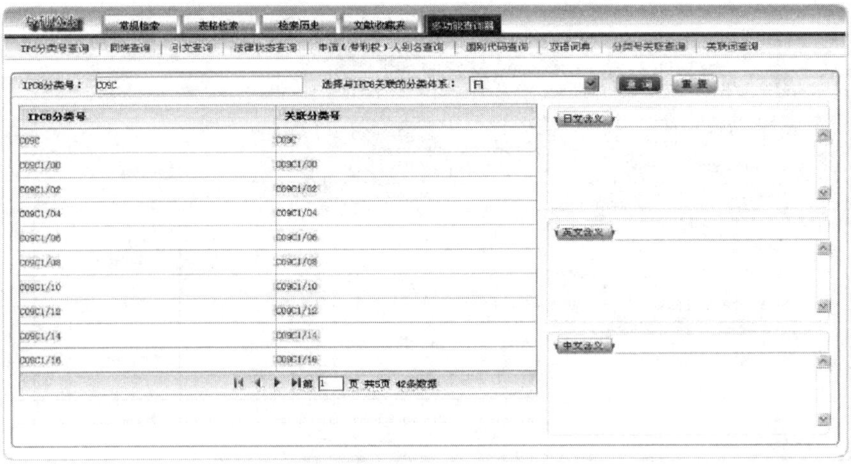

图 8 – 1 – 21　分类号关联查询界面

选择任意一个分类号，查看该分类号的中英文含义。

### 三、专利分析模块

专利分析模块提供包括技术领域分析、申请人分析、中国专项分析、区域分析和发明人分析在内的快速分析功能，分析结果以表格或图形方式呈现出来。

### （一）技术领域分析

技术领域分析包括技术领域趋势分析、技术领域构成分析、技术领域申请人分析、技术领域发明人分析和技术领域区域分布情况分析。

1. 技术领域趋势分析

通过对技术领域趋势的统计分析，可以查看各技术领域年申请量的变化情况，针对目前分析的主题，了解各技术领域在特定时间内的发展变化趋势，如图 8 - 1 - 22 所示。

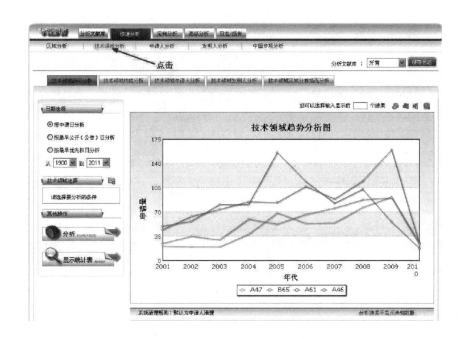

图 8 - 1 - 22 技术领域趋势分析

2. 技术领域构成分析

通过对技术领域构成的统计分析，可以查看指定时间段内各技术领域的专利申请情况，针对目前分析的主题，了解特定时间内的研发核心技术领域，如图 8 - 1 - 23 所示。

3. 技术领域申请人分析

通过对技术领域申请人构成的统计分析，可以查看指定技术领域的申请人情况，针对目前分析的主题，了解特定技术领域的主要申请人，如图 8 - 1 - 24 所示。

4. 技术领域发明人分析

通过对技术领域发明人构成的统计分析，可以查看指定技术领域的发明人情况，针对目前分析的主题，了解特定技术领域的主要发明人，如图 8 - 1 - 25 所示。

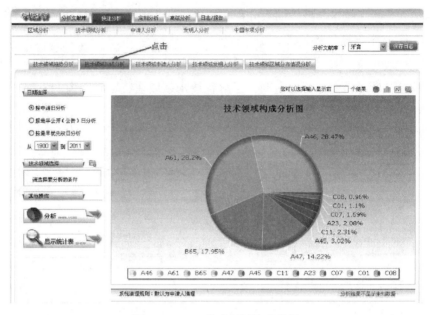

图 8 - 1 - 23　技术领域构成分析

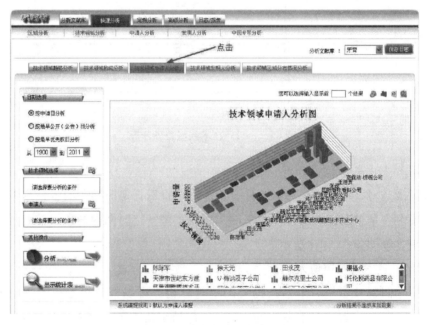

图 8 - 1 - 24　技术领域申请人分析

5. 技术领域区域分布情况分析

通过对技术领域区域构成的统计分析，可以查看指定技术领域的各国专利申请情况，针对目前分析的主题，了解特定技术领域的重点区域，如图 8 - 1 - 26 所示。

图 8 - 1 - 25　技术领域发明人分析

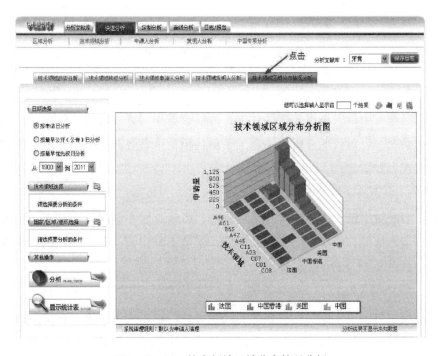

图 8 - 1 - 26　技术领域区域分布情况分析

### （二）申请人分析

1. 申请人趋势分析

通过对申请人趋势的统计分析，可以查看申请人年专利申请量变化情况，针对目前分析的主题，了解各申请人在特定时间内的申请量变化趋势，如图 8 - 1 - 27 所示。

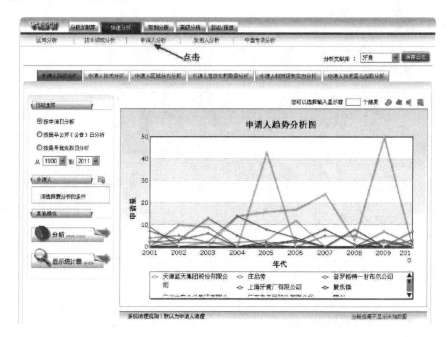

图 8 - 1 - 27　申请人趋势分析

2. 申请人技术分析

通过对申请人技术的统计分析，可以查看申请人在各技术领域的专利申请情况，针对目前分析的主题，了解各申请人在各技术领域中的专利申请情况，如图 8 - 1 - 28 所示。

3. 申请人区域分布分析

通过对申请人区域分布的统计分析，可以查看不同申请人在不同国家的申请量情况，针对目前分析的主题，了解不同申请人各自关注的竞争区域，如图 8 - 1 - 29 所示。

4. 申请人授权专利数量分析

通过对申请人授权专利数量的统计分析，可以查看申请人在某一技术领域每年的专利授权情况，针对目前分析的主题，了解各申请人授权专利数量的变化情况，如图 8 - 1 - 30 所示。

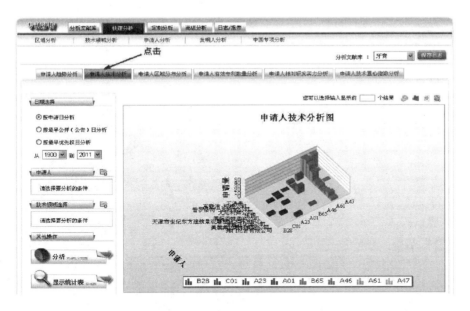

图 8 - 1 - 28　申请人技术分析

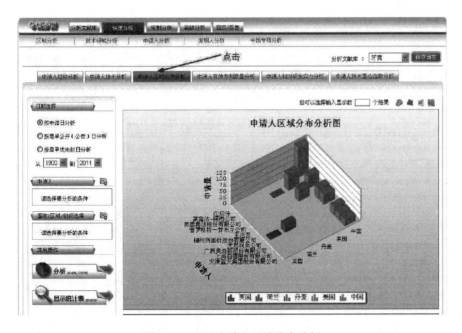

图 8 - 1 - 29　申请人区域分布分析

## 5. 申请人相对研发实力分析

通过对申请人研发实力的统计分析，可以查看申请人在某一技术领域的申请量占该领域全部申请量的比例，针对目前分析的主题，了解各申请人在某一技术领域的研发实力，如图 8 - 1 - 31 所示。

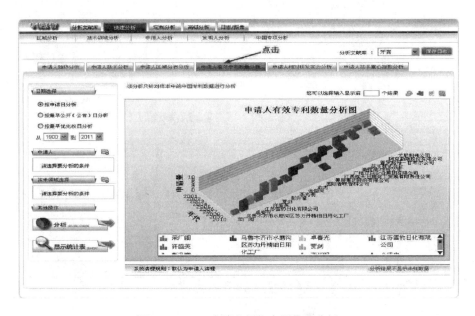

图 8 - 1 - 30 申请人授权专利数量分析

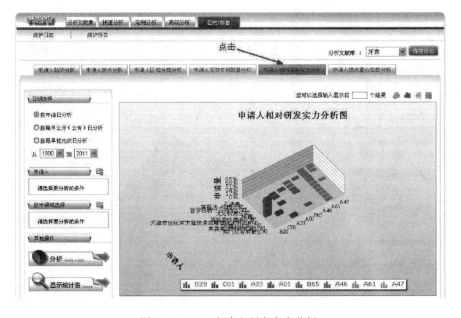

图 8 - 1 - 31 申请人研发实力分析

6. 申请人技术重心指数分析

通过对申请人技术重心指数的统计分析，可以查看申请人在某一技术领域的申请量占其专利申请总量的比例情况，针对目前分析的主题，了解各申请人技术研发重点，如图 8 - 1 - 32 所示。

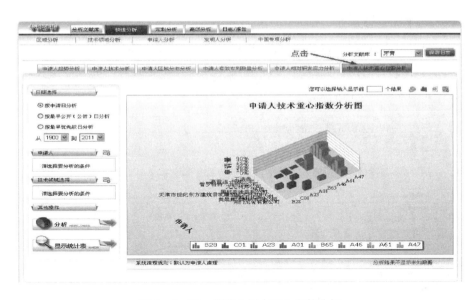

图 8 - 1 - 32 申请人技术重心指数分析

## (三)中国专项分析

### 1. 专利类型分析

通过对专利类型的统计分析,可以查看选定技术领域不同专利类型的专利申请所占比例情况,针对目前分析的主题,了解中国区域内不同的专利类型的构成情况,如图 8 - 1 - 33 所示。

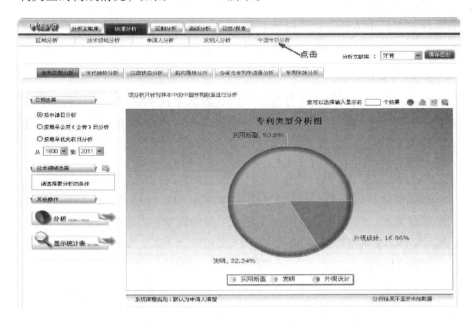

图 8 - 1 - 33 专利类型分析

2. 年代趋势分析

通过对年代趋势的统计分析，可以查看选定技术领域每年的专利申请情况，针对目前分析的主题，了解各技术领域在特定时间内的发展变化趋势，如图8-1-34所示。

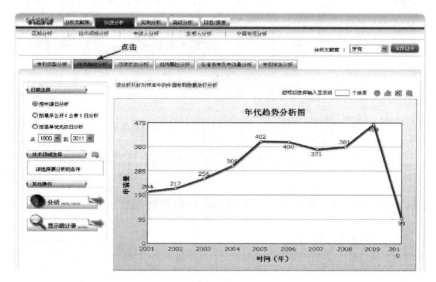

图8-1-34　年代趋势分析

3. 法律状态分析

通过对法律状态的统计分析，可以查看选定技术领域和区域处于各专利法律状态的申请量情况，针对目前分析的主题，了解不同区域中各技术领域专利申请法律状态情况，如图8-1-35所示。

4. 机构属性分析

通过对机构属性的统计分析，可以查看选定技术领域不同机构属性的专利申请所占比例情况，针对目前分析的主题，了解申请人的机构属性情况，如图8-1-36所示。

5. 各省市专利申请量分析

通过对各省市专利申请量分布情况统计分析，可以查看不同省市的专利申请量情况，针对目前分析的主题，了解中国专利在各省市的分布信息，如图8-1-37所示。

6. 专利年龄分析

通过对专利年龄的统计分析，可以查看选定技术领域和区域处于各专利年龄状态的专利申请量情况，针对目前分析的主题，了解不同区域中各技术领域的专利年龄情况，如图8-1-38所示。

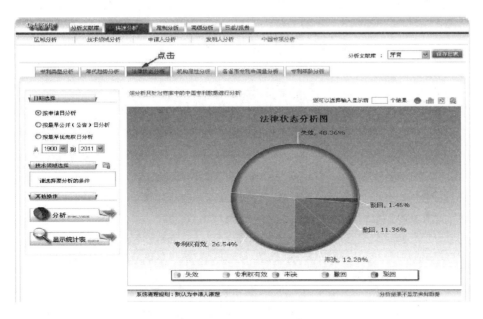

图 8 - 1 - 35  法律状态分析

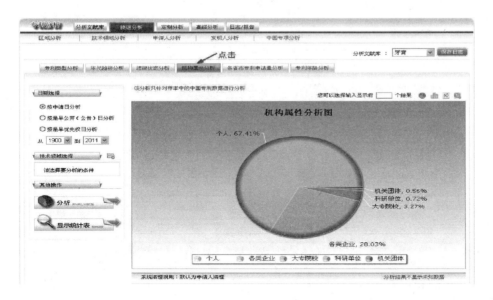

图 8 - 1 - 36  机构属性分析

## （四）区域分析

### 1. 区域构成分析

对区域构成的统计分析，可以查看不同区域专利申请的构成情况，针对目前分析的主题，了解技术的重点发展区域，如图 8 - 1 - 39 所示。

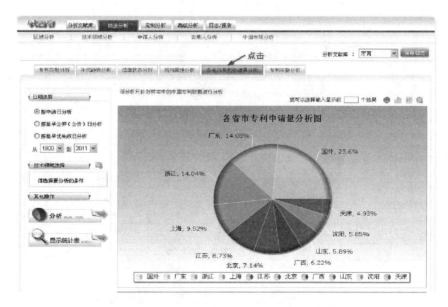

图 8 - 1 - 37　各省市专利申请量分析

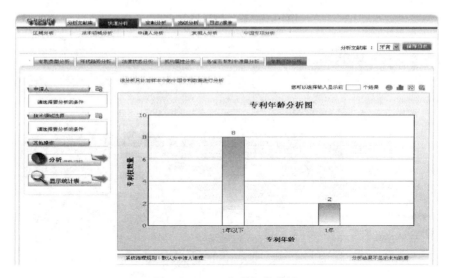

图 8 - 1 - 38　专利年龄分析

**2. 区域趋势分析**

通过对区域趋势的统计分析，可以查看各区域年专利申请量变化情况，针对目前分析的主题，了解各区域的专利申请趋势，如图 8 - 1 - 40 所示。

**3. 区域技术领域分析**

通过对区域技术领域的统计分析，可以查看各区域不同技术领域专利申请量情况，针对目前分析的主题，了解各区域的关键技术，如图 8 - 1 - 41 所示。

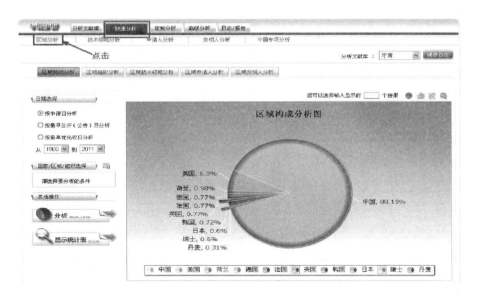

图 8 – 1 – 39　区域构成分析

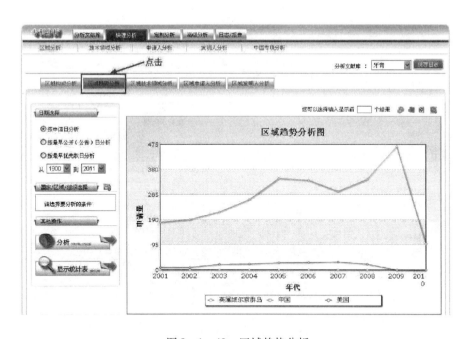

图 8 – 1 – 40　区域趋势分析

### 4. 区域申请人分析

通过对区域申请人的统计分析，可以查看各区域不同申请人专利申请量情况，针对目前分析的主题，了解各区域的主要专利申请人信息，如图 8 – 1 – 42 所示。

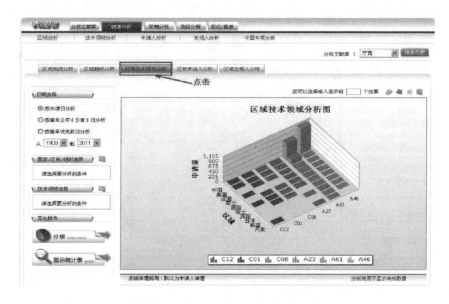

图 8 – 1 – 41　区域技术领域分析

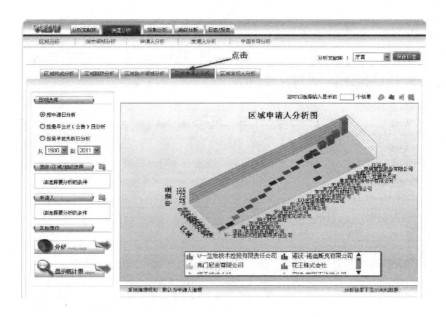

图 8 – 1 – 42　区域申请人分析

5. 区域发明人分析

通过对区域发明人的统计分析，可以查看各区域不同发明人专利申请量情况，针对目前分析的主题，了解各区域的主要专利发明人信息，如图 8 – 1 – 43 所示。

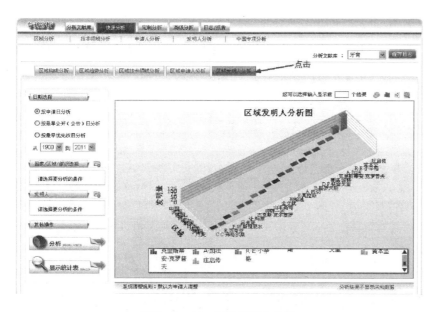

图 8 - 1 - 43  区域发明人分析

**（五）发明人分析**

1. 发明人趋势分析

通过对发明人趋势的统计分析，可以查看发明人的年专利发明情况，针对目前分析的主题，了解各发明人在特定时间内的研发技术数量变化趋势，如图 8 - 1 - 44 所示。

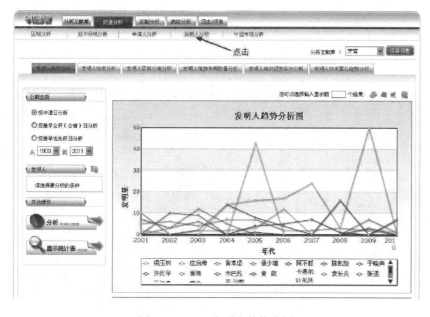

图 8 - 1 - 44  发明人趋势分析

2. 发明人技术分析

通过对发明人技术的统计分析，可以查看发明人在各技术领域的发明情况，针对目前分析的主题，了解各发明人在各技术领域中的研发情况，如图 8 – 1 – 45 所示。

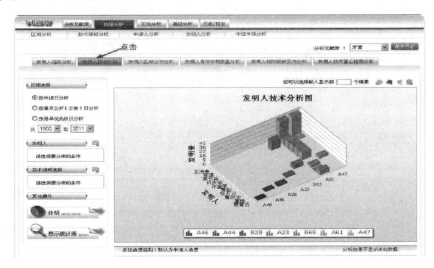

图 8 – 1 – 45　发明人技术分析

3. 发明人区域分布分析

通过对发明人区域分布的统计分析，可以查看不同发明人在不同区域的申请量情况，针对目前分析的主题，了解发明人各自关注的竞争区域，如图 8 – 1 – 46 所示。

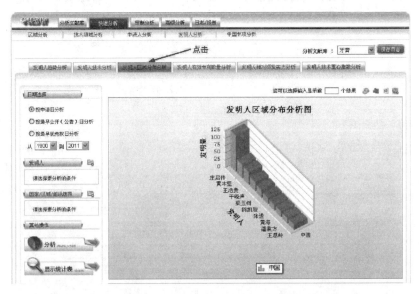

图 8 – 1 – 46　发明人区域分布分析

4. 发明人有效专利数量分析

通过对发明人有效专利数量的统计分析，可以查看发明人在某一技术领域每年的专利授权情况，针对目前分析的主题，了解各发明人研发技术获得专利权的情况，如图8-1-47所示。

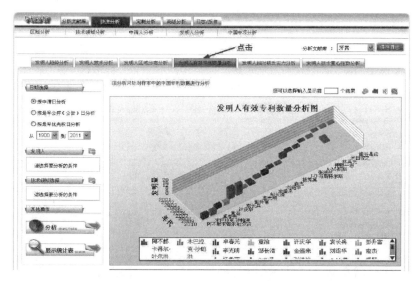

图8-1-47 发明人有效专利数量分析

5. 发明人相对研发实力分析

通过对发明人相对研发实力的统计分析，可以查看发明人在某一技术领域的专利申请量占该技术领域全部专利申请量的比例，针对目前分析的主题，了解发明人在某一技术领域的相对研发实力，如图8-1-48所示。

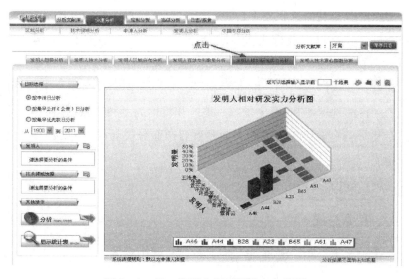

图8-1-48 发明人相对研发实力分析

6. 发明人技术重心指数分析

通过对发明人技术重心指数的统计分析，可以查看发明人某一技术领域的发明占该发明人全部发明的比例，针对目前分析的主题，了解各发明人技术研发重点，如图 8 – 1 –49 所示。

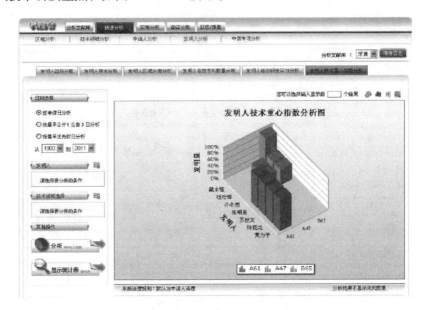

图 8 – 1 –49 发明人技术重心指数分析

## 第二节 重点产业专利信息服务平台

重点产业专利信息服务平台由国家知识产权局牵头，与国有资产监督管理委员会和重点产业行业协会联合建设，提供包括中国、美国、日本、英国、法国、德国、瑞士、韩国、俄罗斯（包括苏联）、澳大利亚、印度、巴西和世界知识产权组织、欧洲专利局、非洲知识产权组织、中国香港特区、中国台湾地区等90 多个国家、地区和机构的专利文献信息。平台除了提供专利信息检索功能，还提供十大重点产业分类导航、专利分析和自动翻译功能。

网址：http：//www. chinaip. com. cn/。

### 一、检索方式

在该服务平台中，既可以在所有专利数据中检索，也可以分别在数据库提供的 10 大特定产业数据库中进行检索。

**（一）在所有专利数据中进行检索**

在主页中点击页面左侧任一产业子平台系统链接，即可进入全领域数据库进行检索，检索界面如图 8 - 2 - 1 所示。

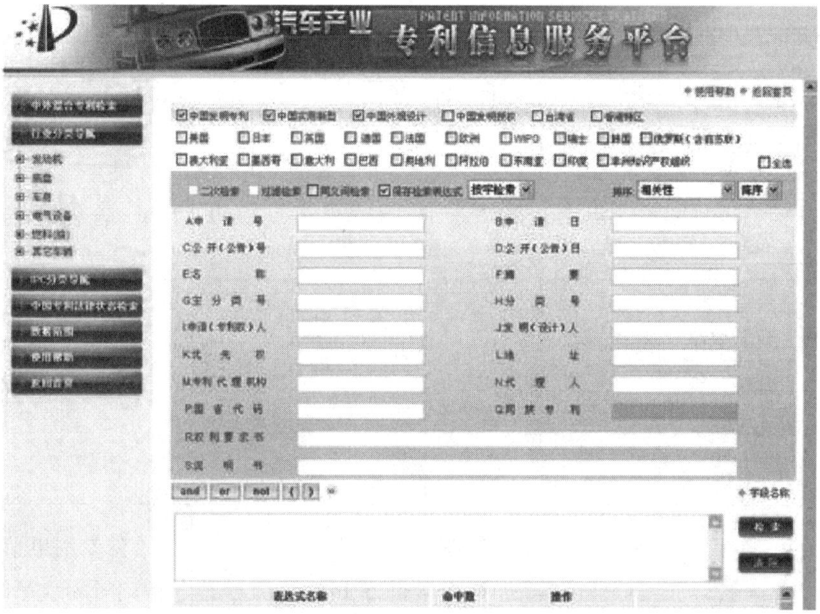

图 8 - 2 - 1　全领域数据库检索界面

通过检索界面上方的数据选择区域，可以选择专利检索的国家范围，并使用与之对应的语种输入检索条件。勾选某些数据范围时可能会使部分检索入口失效，即输入框变灰，例如勾选"法国"时，将无法进行"专利代理机构"、"国省代码"等的检索；勾选"中国发明专利"时，将无法对"同族专利"进行检索。

默认状态下，系统在中国发明、中国实用新型和中国外观设计三个数据库中检索。台湾省专利和失效专利不能与其他数据库同时选择。

1. 系统检索字段

号码类型：申请（专利）号、公开（公告）号、优先权号；

日期类型：申请日、公开（公告）日；

公司/人名类型：申请（专利权）人、发明（设计）人、代理人、代理机构、国省代码、地址；申请（专利权）人为个人或团体，模糊检索时应尽量选用关键字；

技术信息类型：名称、摘要、权利要求书、说明书、分类号和主分类号。如表 8 - 2 - 1 所示。

表 8 - 2 - 1  检索字段说明及举例

| 检索字段 | 说　明 | 举　例 | 备　注 |
|---|---|---|---|
| 申请（专利）号<br>公开（公告）号 | "?"代替单个字符，"%"代替多个字符 | % 2144% 表示申请号中间几位为 2144 | |
| 申请日<br>公开（公告）日 | 格式 yyyymmdd 或 yyyy. mm. dd，可用 to 限定范围 | | |
| 名称<br>摘要<br>独立权利要求<br>地址<br>专利代理机构<br>代理人 | "?"代替单个字符，"%"代替多个字符；字段内各检索词之间可进行 and、or、not 运算 | 计算机 or 控制表示名称中包含计算机或控制 | |
| 主分类号<br>分类号 | 使用代替多个字符的"%"可进行模糊检索，模糊字符在末尾时可省略 | % 15/16% 表示主分类号中包含 15/16 | 当一件专利申请具有若干个分类号时，第一个分类号称为主分类号 |
| 申请（专利权）人<br>发明（设计）人 | 使用"?"代替单个字符，"%"代替多个字符，位于字符串起首或末尾时模糊字符可省略。字段内各检索词之间可进行 and、or 运算 | （北京 or 上海）and（电子 or 开关）表示申请人为北京或上海的某厂，厂名中包含"电子"或"开关" | |
| 优先权 | 使用"?"代替单个字符，"%"代替多个字符，位于字符串起首或末尾时模糊字符可省略。字段内各检索词之间可进行 and、or 运算 | % 92112960 表示专利优先权编号含有 92112960 | |

| 检索字段 | 说　　明 | 举　　例 | 备　　注 |
|---|---|---|---|
| 范畴分类 | 使用"?"代替单个字符,"%"代替多个字符,位于字符串起首或末尾时模糊字符可省略。字段内各检索词之间可进行 and、or 运算 | 12A or 12 $F_1$ 表示范畴分类中包含 12A 或 12F | 范畴分类是由中国专利局给出的按文献技术应用领域的一种广域分类 |
| 全文检索 | 使用"?"代替单个字符,"%"代替多个字符,位于字符串起首或末尾时模糊字符可省略。字段内各检索词之间可进行 and、or 运算 | | 对专利申请的全文,包括权利要求书、说明书、说明书附图等进行检索 |
| 同族专利 | 使用"?"代替单个字符,"%"代替多个字符,位于字符串起首或末尾时模糊字符可省略。字段内各检索词之间可进行 and、or 运算 | | |

2. 对特定字段进行单独检索

当检索条件比较简单时,可使用检索界面的表格检索区域对特定字段进行单独检索。此时,选择所需要的检索字段,输入相应的检索条件即可。各输入字段之间默认为逻辑"与"的关系。

3. 使用复杂检索式

方式一:利用表格检索中的检索字段,组合检索式进行检索。

可以将检索表格中使用的检索项目和输入的检索条件进行布尔运算式逻辑组合,按照组合后的表达式进行检索。检索项目在使用时均使用其字母代表，字母代号是 A 到 R 的字母（为避免混淆，字母 O 除外）。检索项目之间可以使用 and、or 及改变运算顺序。检索条件必须输入字母对应的检索项目后的输入框中。

方式二：利用提供的字段名称和各种运算符进行组合

点击运算符后的"字段名称"，显示字段名称列表，用户可以利用字段名称和运算符组合书写检索式，例如：998/AN and 林/IN。

4. 系统使用的运算符

（1）xor（逻辑异或），例如，在摘要中检索含有变速或装置，但不能同时含有变速和装置的专利，应键入：（变速 xor 装置）/AB，或键入：（变速 or 装置）/AB not（变速 and 装置）/AB。

（2）adj（两者邻接，次序有关），例如，在摘要中检索含有变速和装置，且变速在装置前面的专利，应键入：（变速 adj 装置）/AB。

（3）equ/n（两者相隔 n 个字，次序有关［默认相隔 10 个字］），例如，在摘要中检索含有方法和装置，且方法在装置前面，方法和装置相隔 10 个字的专利，应键入：（方法 equ/10 装置）/AB。

（4）xor/n（两者在 n 个字之内不能同时出现［默认相隔 10 个字］），例如，在摘要中检索含有方法和装置，且方法和装置在 10 个字内不能同时出现的专利，应键入：（方法 xor/10 装置）/AB。

（5）pre/n（两者相隔至多 n 个字，次序有关［默认相隔 10 个字］），例如，在摘要中检索含有方法和装置，且方法在装置前面，方法和装置至多相隔 10 个字的专利，应键入：（方法 pre/10 装置）/AB。

**（二）在特定产业数据库检索**

在特定产业数据库中检索需要借助系统提供的行业分类导航进行。点击平台首页的行业列表中的行业名称或其子分类，如图 8-2-2 所示，页面右侧区域中将显示该行业或子分类下的专利检索结果；该状态下点击检索结果下方的"二次检索"，可以回到字段检索界面，在所选的行业或子分类中根据字段检索界面的输入条件进一步检索。

**二、检索结果的显示与处理**

本系统提供列表显示、文本显示和图像全文显示。

**（一）列表显示**

点击检索页面的"检索"按钮，检索结果以列表形式显示。系统默认

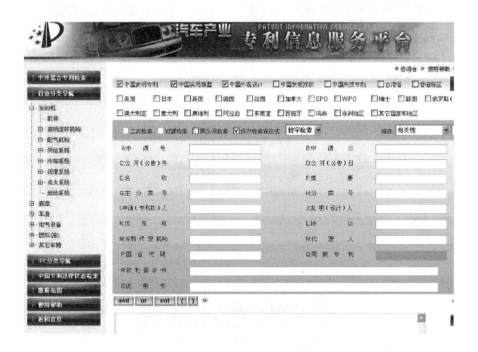

图 8 - 2 - 2　特定产业数据库检索界面

的列表显示内容包括：申请（专利）号、主分类号和名称。

1. 检索结果处理工具

检索结果处理工具栏中包括全选、打印文摘、批量下载和设定显示字段等工具。

（1）全选。选择本页所显示全部检索结果，也可以直接点击每条检索结果记录前的选择框进行选择。

（2）打印文摘。点击打印文摘后，将弹出对话框，用户可以选择需要打印的字段，系统将按照设置打印出所选专利的相应字段（见图 8 - 2 - 3）。

（3）批量下载。对于一般用户只能批量下载选择的检索结果的文摘。点击批量下载后将弹出对话框，如图 8 - 2 - 4，用户可以选择需要下载的字段和文件保存的类型，文件保存的类型包括：Excel 文件和页面文件。系统按照设置下载所选专利的字段。对于注册会员，可进行说明书图形数据的批量下载，最多一次下载 5 篇文献。

（4）设定显示字段。设定显示字段可以设置检索结果列表中所显示的字段。选择设定显示字段，将弹出对话框，如图 8 - 2 - 5，用户可根据需要添加或减少显示字段。

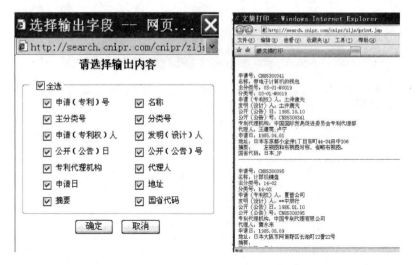

图 8 - 2 - 3　打印对话框

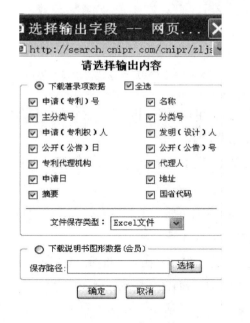

图 8 - 2 - 4　下载对话框

2. 辅助检索工具

在检索结果列表下，提供了重新检索、二次检索和过滤检索三种辅助检索工具的链接，点击后可执行相应辅助检索。

**（二）文本显示**

点击列表显示中的"申请（专利）号"可进入单篇专利文献的文本显示页面。显示的内容包括专利申请的著录项目和权利要求 1 的信息。

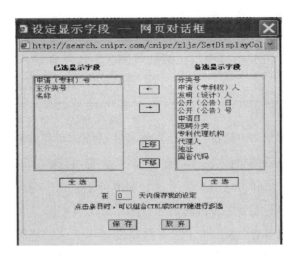

图 8 - 2 - 5　设定显示字段对话框

点击"授权信息"栏，可以查看专利授权时的著录项目信息和权利要求 1 的信息。

**（三）全文保存**

点击检索记录显示页面的"专利全文"链接，还可以打开专利申请公开说明书图像格式的全文，并可以一次下载整篇文献。

如果检索记录显示页面有"审定、授权说明书"链接，可以打开专利授权公告说明书图像格式全文，并可以一次下载整篇文献。

**（四）在线机器翻译**

系统提供了将检索出的英文专利信息自动翻译为中文的功能。翻译是由无人工介入的自动机器翻译软件完成，虽然无法与专业人员的翻译相提并论，但可以提供参考。

**（五）专利文献批量下载**

系统提供多篇专利说明书的下载功能，用户可以在列表显示中勾选所需要的专利，然后点击底端的"批量下载说明书"按钮，在弹出的对话框中选择保存的路径下载所需的文献。

**三、专利信息分析模块**

专利信息分析是将专利数据经过系统化处理后，分析整理出直观易懂的结果，并以图表的形式展现出来。本系统的专利信息分析模块提供趋势分析、国省分析、区域分析、申请人分析、发明人分析、技术分类分析、中国专项分析和自动分析报告。

分析系统的分析结果是以表格或者图形呈现出来，其中分析图形有折线图、柱状图、三维折线图、三维柱状图、雷达图和饼状图等多种显示方式。

### （一）趋势分析

趋势分析按专利申请日期或专利公开日期统计专利数量。默认显示图形为按申请年分析的折线图，如图8－2－6，也可选择以柱状图、三维折线图、三维柱状图和雷达图来表示。分别单击标签栏中的标签，可以按相应条件生成用户所需要的分析图形和数据。点击其中的"综合"标签，可以同时显示专利申请数量和专利公开数量随年份变化的趋势。单击"详细报表"链接，查看表格式的分析结果。单击"重新设置"按钮，用户可以重新设定"开始时间"和"结束时间"进行分析。还可以导出统计数据，选择"表格"或"图像"，然后点击导出，以 Excel 表或分析图保存至电脑。

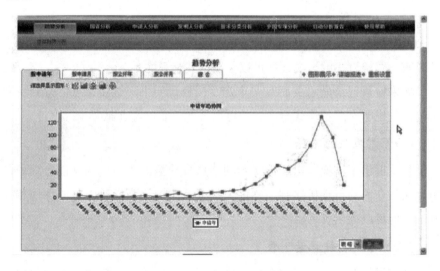

图8－2－6　趋势分析折线图

### （二）国省分析

通过专利信息的国省分析，可以了解行业发展的重点区域以及不同区域内专利研发的重点方向和各区域之间技术的差异以及不同区域内专利技术的主要竞争者（申请人）和发明人。国省分析包括国省分布状况、国省申请人分析、国省发明人分析以及国省技术分类分析。要注意国省分析仅适用于中国专利。

1. 国省分布分析

默认是对专利最多的 10 个国家和中国省份进行分析，如图 8 - 2 - 7 所示。可以对分析的国家进行选择，点击"重新设置"，选择"国家和地区"重新进行分析，将"中国"勾选上，是以国家为单位进行分析；分析图形中只显示被选的国家和地区，勾选"显示其他"复选框，会将未选中的国家或地区的专利数加到一起，显示在分析图形和分析数据列表的其他项里。

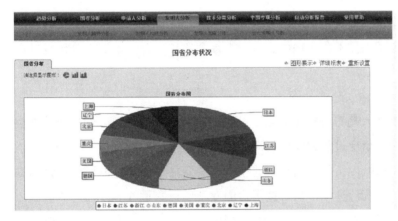

图 8 - 2 - 7　国省分布分析

2. 国省申请人分析

国省申请人分析主要用于了解关键技术掌控在哪些申请人手中，对比目标国省内申请人之间的技术差异。针对目前分析的行业主题，揭示国省内申请人在该技术领域内关键技术的专利申请发展情况。默认显示图形为三维柱形图，纵轴为专利数，横轴为国省，不同颜色代表不同的申请人。系统默认只显示专利数量最多的 10 个申请人及国省。单击"重新设置"链接，可以选择符合用户条件的"申请人"或所属的"国省"进行重新分析。如果点选了右边的"合并中国"，则中国申请人作为整体而不再分省进行统计。

3. 国省发明人分析

国省发明人分析是对重点发明人的国省分布进行分析，同样，系统默认只显示专利数量最多的 10 个发明人及国省。单击"重新设置"按钮，选择符合用户条件的"发明人"或所属的"国省"进行重新分析。如果点选了右边的"合并中国"，则中国发明人作为整体而不再分省进行统计。

4. 国省技术分类分析

国省技术分类分析可以了解目标国省内技术构成及技术的周期性变化，了解形成这种变化的主要技术因素，以便从中找出阶段性关键技术。统计按 IPC 分类和国省分布的专利数量。系统默认只显示专利数量最多的 10 个 IPC 小类及国省。单击"重新设置"按钮，选择符合用户条件的"部、大类、小类、大组或小组"或所属的"国省"进行重新分析。

**（三）申请人分析**

申请人分析包括：申请人趋势分析、申请人构成分析、申请人国省分析、申请人技术分类构成、申请人综合比较、合作申请人分析以及申请人区域构成。

1. 申请人趋势分析

申请人趋势分析主要是了解特定时期内目标申请人的申报技术类型区别、技术衍变过程和变化周期。针对目前分析的主题，揭示各个申请人在该技术领域内历年专利申请的技术发展变化趋势。可以通过选择标签栏中的标签，统计选中申请人按年份的专利申请数量或公开的专利数量。系统默认只显示专利数量最多的 10 个申请人。单击"重新设置"按钮，选择符合用户条件的"申请人"或所属的"年份"进行重新分析。

2. 申请人构成分析

了解主要申请人的总体状况。针对目前分析的行业主题，以申请人为基础，了解该技术领域内的主要申请人、各申请人的技术研发实力和重视专利申请的程度。单击"重新设置"按钮，选择符合用户条件的"申请人"或所属的"年份"进行重新分析。系统默认只显示专利数量最多的 10 个申请人。如果点选了"显示其它"复选框，没有被选中的申请人所申请的专利数量会合并在"其它"项中进行显示。

3. 申请人国省分析

了解行业内申请人各自关注的竞争国省情况。针对目前分析的行业主题，揭示不同申请人在该技术领域内专利申请的重点国省和对比情况。申请人国省分析仅适用于中国专利。"重新设置"按钮的作用与前面的分析是一致的。

4. 申请人技术分类构成

了解关键技术掌控在哪些申请人手中，对比目标区域（国省）内申请人之间的技术差异。针对目前分析的行业主题，揭示各个区域（国省）内申请人在该技术领域内关键技术的专利申请发展情况。单击"重新设置"按钮，选择符合用户条件的"申请人"或"技术类别"进行重新分析。

5. 申请人综合比较

针对目前分析的行业主题，揭示申请人专利申请情况，包括主要申请人及其专利数量，通过发明人数、平均专利年龄等指标了解申请人研发能力，系统默认显示申请量在前十位的申请人，单击"重新设置"按钮，选择其他一个或多个"申请人"，可以重新进行数据分析。

6. 合作申请人分析

了解主要申请人有哪些技术合作者，继而分析他们之间的关系，对比合作者之间的重要程度，了解合作技术领域。针对目前分析的主题，揭示申请人相互之间的合作申请情况。单击"重新设置"按钮，选择符合用户条件的"申请人"，可以重新进行数据分析。

**（四）发明人分析**

发明人是技术的来源，了解发明人对于企业技术创新特别是技术合作具有重大意义。围绕某项核心技术往往会衍生很多相关技术，这些技术表面上与核心技术之间没有直接联系，但是会对核心技术的效能产生很大的支撑作用，不同的技术往往会通过发明人产生某种关联。发明人分析包括：发明人趋势分析、发明人构成分析、发明人国省分析、合作发明人分析。

1. 发明人趋势分析

了解不同时期发明人的活动状况。针对目前分析的主题，揭示不同发明人在该技术领域历年发明情况。可以选择按专利的申请日期或公开日期进行分析。单击"重新设置"按钮，选择符合用户条件的"发明人"或所属的"起止年份"进行重新分析。

2. 发明人构成分析

了解发明人的总体状况。针对目前分析的主题，以发明人为基础，了解该技术领域的主要发明人和各发明人的主要技术领域。系统默认只显示拥有发明数量最多的 10 个发明人。单击"重新设置"按钮，选择符合用户条件的"发明人"进行重新分析。如果点选了"显示其它"复选框，没有被选中的发明人的专利数量会合并在"其它"项中进行显示。

3. 发明人国省分析

了解发明人的主要区域（国省）。针对目前分析的主题，揭示不同发明人在不同国省的申请情况。发明人国省分析仅适用于中国专利。系统默认只显示专利数量最多的 10 个发明人以及国省。单击"重新设置"按钮，选择符合用户条件的"发明人"和所属的"国省"进行重新分析。如果点选了右边的"合并中国"，则中国发明人作为整体而不再分省进行统计。

4. 合作发明人分析

了解发明人的主要技术合作者及其主要技术领域。勾选"在全部发明人中选择"复选框，系统将列出有合作者和没有合作者的所有发明人，否则只列出有合作者的发明人。勾选"分析所有合作者"复选框，会分析选中发明人以及选中发明人的所有合作者，否则只分析选中的发明人。

**（五）技术分类分析**

技术分类分析能够帮助企业了解竞争的技术环境，增强技术创新的目的性。技术分类分析包括：技术分类趋势分析、技术分类构成分析、技术分类国省分析、技术分类申请人构成、技术关联度分析以及技术分类区域构成。

1. 技术分类趋势分析

了解目标技术领域的衍变过程和变化周期，并对指定时期该技术领域的技术衍变过程进行全过程描述。针对目前分析的主题，揭示不同技术领域历年专利申请情况。可以按专利的申请日期或公开日期进行分析。系统默认显示专利数最多的 10 个 IPC 小类，单击"重新设置"按钮，选择符合用户条件的"技术分类"以及相应的"起止年份"进行重新分析。

2. 技术分类构成分析

了解目标技术领域的具体构成情况。针对目前分析的行业主题，揭示不同的目标技术领域的专利申请情况。系统默认显示专利数最多的 10 个 IPC 小类，单击"重新设置"按钮，选择符合用户条件的"技术分类"进行重新分析。如果点选了"显示其它"复选框，没有被选中的技术分类涉及的专利会合并计算，在"其它"项中进行显示。

3. 技术分类国省分析

了解不同时期各国、各地区关键技术构成的差异及其变化周期。针对目前分析的主题，揭示目标技术领域在不同国省的专利申请情况。技术分类国省分析仅适用于中国专利。系统默认显示专利数最多的 10 个 IPC 小类及国省，单击"重新设置"按钮，选择符合用户条件的"技术分类"或所属的"国省"进行重新分析。如果点选了"合并中国"，则中国申请人作为整体而不再分省进行统计。

4. 技术分类申请人构成

了解关键技术的掌控者，并进行技术差异比较。了解不同时期各国、各地区关键技术构成的差异及其变化周期。针对目前分析的主题，揭示目标技术领域内不同申请人的专利申请情况。系统默认显示专利数最多的 10 个申请人及 IPC 小类，单击"重新设置"按钮，选择符合用户条件的"申请人"或所属的"技术分类"进行重新分析。

5. 技术关联度分析

了解关键技术之间的联系，并进行技术交叉分析。针对目前分析的主题，揭示目标技术领域的技术融合状况。系统默认显示复合技术专利数最多的 10 个 IPC 小类，单击"重新设置"按钮，选择符合用户条件的"技术分类"进行重新分析。选中"在全部 IPC 中选择"会更新技术分类列表，并列出有关联技术的 IPC 分类和没有关联技术的 IPC 分类；否则仅列出有关联技术的 IPC 分类。选中"分析所有合作者"，会分析选中的 IPC 分类和与选中 IPC 分类有关联的所有 IPC 分类，否则只分析选中的 IPC 分类。

6. 技术分类区域构成

了解不同时期各国、各地区关键技术构成的差异及其变化周期。针对目前分析的主题，揭示目标技术领域在不同区域内的专利申请情况。技术分类区域构成仅适用于英文专利数据或中英文混合专利数据。系统默认显示专利数最多的 10 个 IPC 小类及区域。单击"重新设置"按钮，选择符合用户条件的"技术分类"或所属的"区域"进行重新分析。

**（六）中国专项分析**

中国专项分析是仅针对中国专利数据进行的分析，它主要包括专利类型分析、国省分布状况。

1. 专利类型分析

了解在中国区域内不同类型专利（发明、实用新型、外观设计）的构成情况。系统默认三种专利类型全选，单击"重新设置"按钮，选择符合中国专利条件的"专利类型"进行重新分析。

2. 国省分布状况

国省分布状况主要分析专利申请的地区构成比例。单击"重新设置"按钮，选择符合用户条件的"国家和地区"进行重新分析。

**（七）区域分析**

专利信息的区域分析，可以了解行业发展的重点区域、不同区域专利研发的重点方向和各区域之间技术的差异、不同区域内技术的主要竞争者（申请人）和发明人。区域分析包括：区域趋势分析、区域构成分析、区域技术分类构成、区域申请人构成。区域分析只适用于全英文专利数据或中英文混合专利数据分析，对于中国专利数据应采用前述的"国省分析"。

1. 区域趋势分析

了解一个特定时期内目标区域的技术衍变过程和变化周期。针对目前分析的主题，揭示各个区域在该技术领域内历年专利申请情况，随时间的变化趋势，主要按公开年生成分析图。单击"重新设置"按钮，选择符合用户条件的"区域"和"起始时间"进行重新分析。

2. 区域构成分析

了解区域竞争的总体状况。针对目前分析的主题，以申请人申请区域为基础，了解该技术领域的重要竞争区域、申请区域的技术研发实力和重视专利申请的程度。单击"重新设置"按钮，选择符合用户条件的"区域"进行重新分析。

3. 区域技术分类构成

了解目标区域技术构成及技术的周期性变化，了解形成这种变化的主要技术因素，以便从中找出阶段性关键技术。了解各区域重点技术研发方向和各区域之间的技术差异。针对目前分析的主题，揭示各个区域在该技术领域关键技术的专利申请情况。单击"重新设置"按钮，选择符合用户条件的"技术分类"和"区域"进行重新分析。

4. 区域申请人构成

了解关键技术掌控在哪些申请人手中，对比目标区域内申请人之间的技术差异。针对目前分析的主题，揭示各个区域内申请人在该技术领域内关键技术的专利申请情况。单击"重新设置"按钮，选择符合用户条件的"申请人"和"区域"进行重新分析。

**（八）自动分析报告**

自动分析报告中可包含前面各类分析项目，还可增加一些其他分析项目，分析结果（表格或者图形）可以导出并保存到 Word 文档中。

通过点击"导出本章报告"或"导出整体报告"将保存本章节生成的图形和表格，其中"导出本章报告"只是保存当前分析页面中勾选的分析图形和表格，"导出整体报告"将保存本章节所有分析项目下的分析图形和表格。

表 8 - 2 - 2 是自动分析报告中所有的分析项目及其显示模式。

表 8 - 2 - 2　分析项目及显示模式

| 分析项目 | 分析内容 | 显示内容 |
|---|---|---|
| 总体发展趋势 | 申请量年度趋势分析 | 申请量/年份 |
| | 公开量年度趋势分析 | 公开量/年份 |
| | 申请公开量对比分析 | 申请量、公开量/年份 |
| 专利申请区域分析 | 区域申请构成分析 | 申请量/区域 |
| | 区域申请趋势分析 | 申请量/区域/年份 |
| | 主要技术区域申请对比分析 | 申请量/领域/区域 |
| | 主要竞争者区域申请对比分析 | 申请量/竞争者/区域 |
| 主要技术领域分析 | 技术总体状况 | 申请总量/领域（大类） |
| | 技术细分状况 | 申请总量/领域（小类） |
| | 主要技术申报趋势分析 | 申请量/领域/年份 |
| | 主要技术区域申请对比分析 | 申请量/领域/区域 |
| 主要竞争者分析 | 主要竞争者专利份额 | 申请总量/申请人 |
| | 主要竞争者申报趋势分析 | 申请量/年份 |
| | 主要竞争者区域申请对比分析 | 申请量/申请人/区域 |
| | 主要竞争者技术差异分析 | 申请量/申请人/领域 |
| 主要发明人分析 | 主要发明人专利份额 | 申请总量/发明人 |
| | 主要发明人申报趋势分析 | 申请量/发明人/年份 |
| | 主要发明人区域申请对比分析 | 申请量/发明人/区域 |
| | 主要发明人技术差异分析 | 申请量/发明人/领域 |

# 第三节　专利之星专利检索系统

专利之星专利检索系统（CPRS）由中国专利信息中心开发，提供了包括中国、美国、日本、英国、法国、德国、瑞士、韩国、俄罗斯（包括苏联）、澳大利亚、印度、巴西和世界知识产权组织、欧洲专利局、非洲知识产权组织、香港特区以及台湾地区等 90 多个国家、地区和组织的专利文献信息。

网址：http：//www.cnpat.com.cn/。

### 一、检索方式

CPRS 提供了智能检索、表格检索、专家检索三种检索方式，还提供专利关注、结果统计等功能。

#### （一）智能检索

智能检索支持字、词、号码以及日期的任意组合检索，如图 8 – 3 – 1 所示。

| 智能检索 | 表格检索 | 专家检索 | ⊙ 中国专利 ○ 世界专利 |
|---|---|---|---|

检 索

图 8 – 3 – 1  智能检索界面

#### （二）表格检索

表格检索提供 18 个检索字段和 1 个逻辑检索式的输入框，如图 8 – 3 – 2 所示。

| 智能检索 | 表格检索 | 专家检索 | ⊙ 中国专利 ○ 世界专利 ≫English |
|---|---|---|---|

发明名称(TI)： 　　　　　摘要(AB)：
主权利要求(CL)： 　　　　关键词(TX)：
申请人(PA)： 　　　　　分类号(IC)：
申请号(AN)： 　　　　　申请日(AD)：
公开号(PN)： 　　　　　公开日(PD)：
公告号(GN)： 　　　　　公告日(GD)：
优先权号(PR)： 　　　　发明人(IN)：
范畴分类(CT)： 　　　　申请人地址(DZ)：
国省代码(CO)： 　　　　代理机构(AC)：

生成检索式

主办单位：国家知识产权局中国专利信息中心　技术支持：北京新发智信科技有限责任公司　联系电话：010-82102312

图 8 – 3 – 2  表格检索界面

检索字段按不同类型划分，包括：

号码类型：申请号、公开号、公告号、优先权号；

日期类型：申请日、公开日、公告日；

公司/人名类型：申请人、发明人、申请人地址、代理机构、国省代码；

技术信息类型：名称、摘要、关键词、独立权利要求、范畴分类和分类号。

通过"生成检索式"命令可以将多个检索字段的检索式在逻辑检索式输入框实现多个检索字段间的逻辑运算。

**（三）专家检索**

与表格检索比较，专家检索特有的功能是：检索运算组合自由，能保存检索历史和检索结果，从而能够进行多个检索历史记录间的再次检索逻辑运算，见图 8 - 3 - 3。

图 8 - 3 - 3　专家检索界面

专家检索界面根据功能模块的不同，将页面划分为：列表区（图 8 - 3 - 3 中 A 区），检索区（图 8 - 3 - 3 中 B 区）和工作区（图 8 - 3 - 3 中 C 区）。

（1）列表区。为方便用户使用命令行检索功能，系统提供了所有供检索的检索字段列表；单击某个检索字段将在检索式输入框出现相应的检索字段代码。

举例：单击"申请号（AN）"，在检索式输入框会出现"AN"。

（2）检索区。检索区提供了命令行输入框，可以输入检索式，并支持逻辑符运算，逻辑"与"用"＊"表示，逻辑"或"用"＋"表示，逻辑"非"用"－"表示。

（3）工作区。工作区显示检索历史表达式、各表达式检索结果的数量以及查看检索结果的链接，如图 8 - 3 - 4 所示。

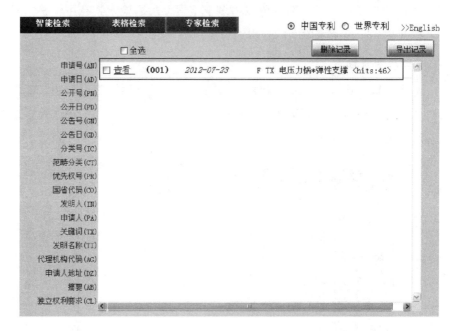

图 8 - 3 - 4　专家检索过程显示

表达式列表：用于显示所有已检索或者待检索的表达式，提交检索后，结果显示区显示全部命中条数；选择"查看"选项可打开检索结果显示页面。

## 二、检索结果显示与统计

### （一）检索结果显示

该系统提供两种检索结果显示方式：图文模式和简略模式。其中中国专利检索结果和国外专利检索结果的显示略有不同，下面将分别介绍。

1. 图文模式

列表显示界面默认显示图文模式，图文模式显示界面（图 8 - 3 - 5）的信息包括发明名称、申请号、申请日、第一位置 IPC 分类号、公告号、公告日、申请人、摘要和摘要附图（如果有）。

2. 简略模式

该方式下系统显示检索记录的发明名称、申请号、申请日及第一位置的 IPC 分类号，按照公开日/公告日由降序排列，每页显示 10 条记录，如图 8 - 3 - 6 所示。

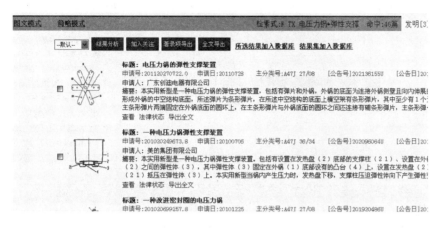

图 8 - 3 - 5 图文模式显示

图 8 - 3 - 6 简略模式显示

## （二）记录显示

### 1. 中国专利检索

在中国专利检索的检索结果列表页面选择某一条记录点击"查看"，直接浏览该文献的著录项目、文摘、权利要求 1（图 8 - 3 - 7），并通过相关链接浏览该文献的 PDF 格式全文、文本格式的说明书和权利要求、摘要附图及法律状态。系统提供自动翻译功能，点击"翻译"，系统将中文翻译成英文。

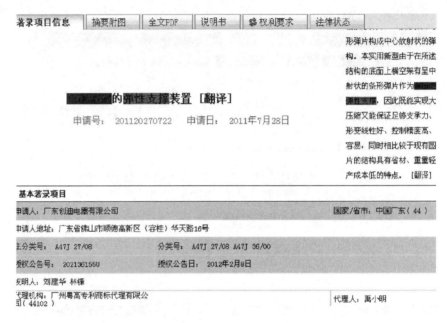

图 8 - 3 - 7 中国专利检索记录显示

（1）PDF 全文。"PDF 全文"页面显示 PDF 格式的说明书扉页、权利要求书和说明书，如图 8 - 3 - 8 所示，该项内容滞后文献公开/公告日期 2~3 周。

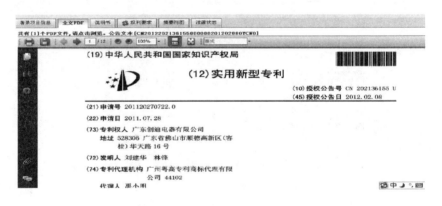

图 8 - 3 - 8 PDF 全文显示页面

（2）说明书和权利要求书。"说明书"和"权利要求书"页面均以文本形式显示说明书和权利要求书，可以复制、保存，如图 8 - 3 - 9 所示。该项内容滞后文献公开/公告日期 6~9 个月。

（3）摘要附图。"摘要附图"页面显示说明书扉页中的摘要附图。

（4）法律状态。"法律状态"页面显示专利申请的审查过程信息。

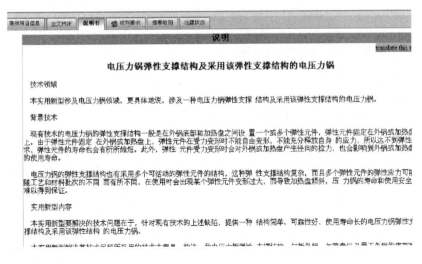

图 8 - 3 - 9 说明书显示界面

## 2. 世界专利检索

在世界专利检索结果列表页面选择某一记录前的"＋"，能够浏览该申请的同族专利。在展开显示的专利记录中，点击"查看"浏览该专利申请的著录项目，并通过相关链接浏览该文献的 PDF 格式全文，如图 8 - 3 - 10 所示。

图 8 - 3 - 10 世界专利检索显示界面

### （三）结果分析

结果分析功能位于检索结果列表显示界面中，目前仅支持对中国专利检索结果的分析。如图 8 - 3 - 11 所示。

系统提供对专利申请数量、年代、申请人、发明人、区域、IPC 分类、专利类型等进行 2 维或 3 维统计，以饼图、折线图、柱状图等多种图形展

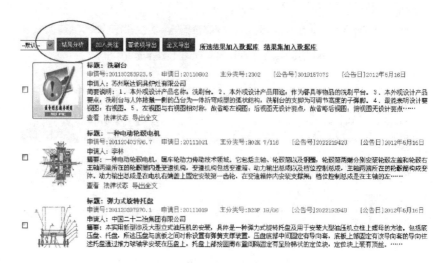

图 8 - 3 - 11　结果分析

示，支持图形 X 轴及 Y 轴的自定义功能。

1. 总体趋势分析

总体趋势分析按专利申请年统计专利数量。默认显示图形为按申请年分析的折线图，如图 8 - 3 - 12 所示。可以通过系统提供的过滤条件和数据列表，实现检索结果的二次统计，有助于快速浏览。

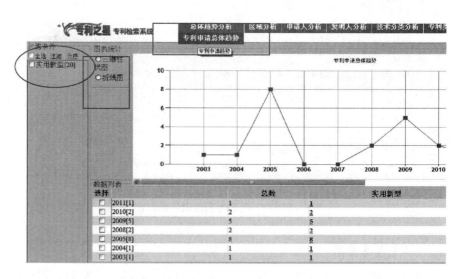

图 8 - 3 - 12　总体趋势分析

2. 区域分析

通过区域分析，可以了解技术发展的重点区域。区域分析包括区域趋势分析和区域分布状况。

（1）区域趋势分析。区域趋势分析按申请年统计各省专利数量，默认显示图形为各省年申请量变化的折线图，表示各省每年专利申请量的变化趋势。可以使用过滤条件和数据列表选择对重点关注的数据进行二次统计，默认显示折线图，如图 8 - 3 - 13 所示。

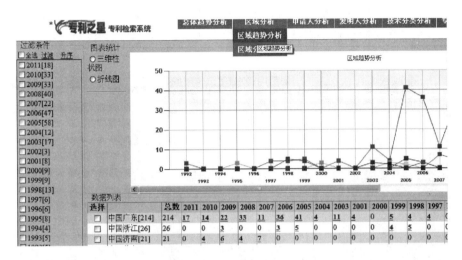

图 8 - 3 - 13 区域趋势分析

（2）区域分布状况。区域分布状况是对专利最多的 10 个省份进行分析。选择"数据列表"中的省份，用户可以实现二次统计，默认显示饼图，如图 8 - 3 - 14 所示。

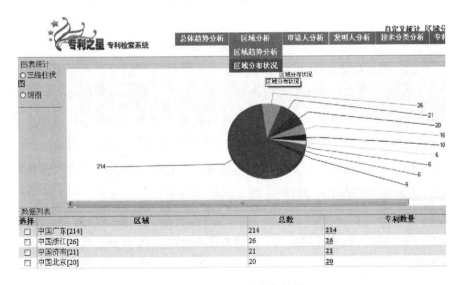

图 8 - 3 - 14 区域分布状况

3. 申请人分析

申请人分析包括申请人趋势分析、申请人构成分析、申请人区域分析和申请人技术分类分析。

（1）申请人趋势分析。申请人趋势分析主要是了解申请人的年申请变化情况。针对目前分析的主题，揭示各个申请人在该技术领域历年专利申请情况随时间的变化趋势，可以使用过滤条件和数据列表选择对重点关注的数据进行二次统计，默认显示折线图，如图 8 – 3 – 15 所示。

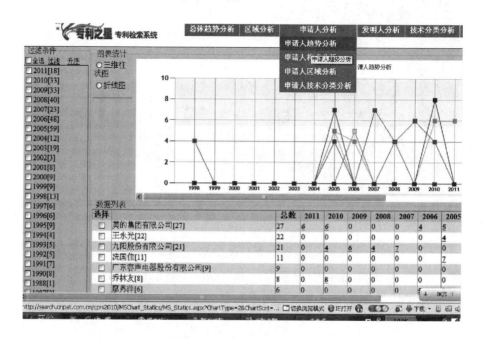

图 8 – 3 – 15　申请人趋势分析

（2）申请人构成分析。申请人构成分析主要是了解申请人竞争的总体状况。针对目前分析的主题，以申请人为基础，了解该技术领域内的主要申请人，各申请人的技术研发实力。可以使用过滤条件和数据列表选择对重点关注的数据进行二次统计，默认显示饼图，如图 8 – 3 – 16 所示。

（3）申请人区域分析。申请人区域分析主要是了解主要申请人在各省的分布情况。针对目前分析的主题，揭示不同省份在该技术领域的竞争情况。默认显示三维柱状图，如图 8 – 3 – 17 所示。

（4）申请人技术分类分析。申请人技术分类分析主要是对比各申请人之间的技术差异。针对目前分析的主题，揭示各申请人在不同技术分支的专利申请情况。默认显示三维柱状图，如图 8 – 3 – 18 所示。

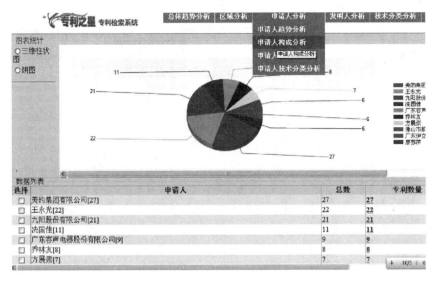

图 8 - 3 - 16 申请人构成分析

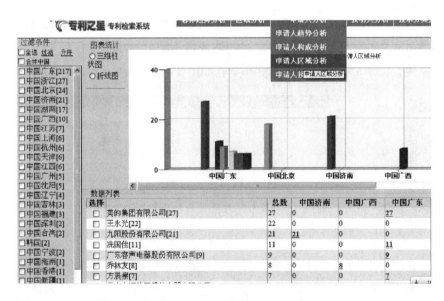

图 8 - 3 - 17 申请人区域分析

## 4. 发明人分析

发明人分析包括发明人趋势分析、发明人构成分析和发明人区域分析，图表含义及类型与申请人分析类似。

## 5. 技术分类分析

技术分类分析可以帮助企业了解竞争的技术环境，增强技术创新的目的性。技术分类分析包括技术分类趋势、技术分类构成分析和技术分类区域分析。

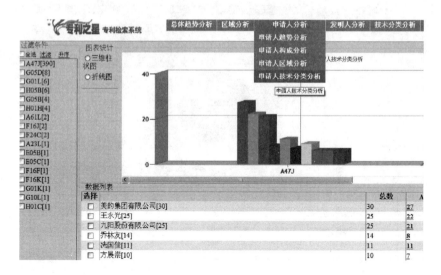

图 8 - 3 - 18　申请人技术分类分析

（1）技术分类趋势分析。技术分类趋势分析可以了解目标技术领域的衍变过程和变化周期，并对指定时期该技术领域的技术衍变过程进行全过程描述，技术分类默认分析 IPC 小类，如图 8 - 3 - 19 所示。

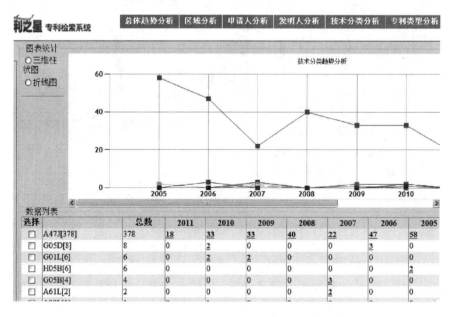

图 8 - 3 - 19　技术分类趋势分析

（2）技术分类构成分析。技术分类构成分析可以了解目标技术领域的具体构成情况。针对目前分析的主题，揭示不同的技术分支的专利申请情况。技术分类构成默认分析 IPC 小类，如图 8 - 3 - 20 所示。

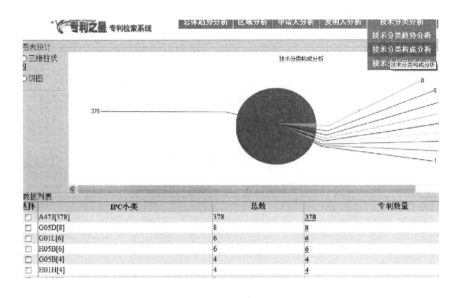

图 8 - 3 - 20  技术分类构成分析

（3）技术分类区域分析。技术分类区域分析主要了解各省技术构成的差异。针对目前分析的主题，揭示目标技术领域在不同省份的专利申请情况。如图 8 - 3 - 21 所示。

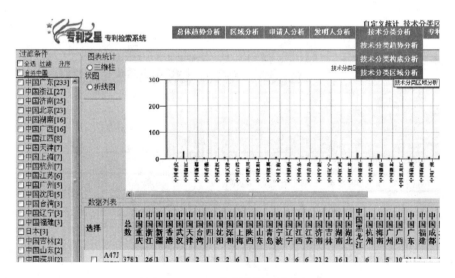

图 8 - 3 - 21  技术分类区域分析

6. 专利类型分析

专利类型分析提供中国发明、实用新型、外观设计专利申请的构成比例，如图 8 - 3 - 22 所示。

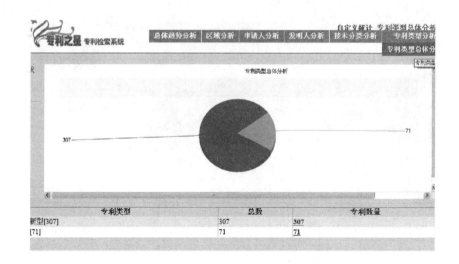

图 8 - 3 - 22　专利类型分析

### 三、专利关注

系统为注册用户提供专利关注功能，用户可以将感兴趣的检索式设定为"关注"状态，如图 8 - 3 - 23 所示。当检索结果发生变化时，系统用邮件及短信告知用户。

图 8 - 3 - 23　专利关注检索式编辑界面

用户可以进入用户中心查看关注历史以及检索结果更新历史，如果检索结果不超过 3 000，系统还提供检索式比较功能。如图 8 - 3 - 24 所示。

图 8 – 3 – 24　专利关注管理及编辑界面

## 四、我的数据库

用户在检索结果中选择某些数据，可以构建用户数据库。如图 8 – 3 – 25 所示。

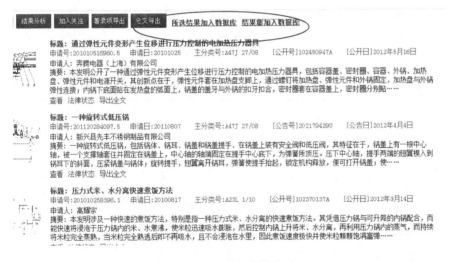

图 8 – 3 – 25　数据库构建界面

系统提供两种方式，一是所选结果加入数据库，即将检索结果中的 N 条记录手动添加到"我的数据库"中；二是结果集加入数据库，即将检索结果的全部记录添加到"我的数据库"中。形成的用户数据库不支持对记录的检索、修改等功能，仅提供浏览记录、修改数据库名称或删除数据库的功能。如图 8 – 3 – 26 所示。

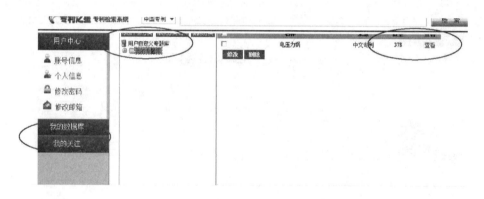

图 8 – 3 – 26　用户专题数据库使用界面

## 本章思考与练习

1. 专利检索与服务平台提供的专利数据范围是什么？
2. 专利检索与服务平台的特点是什么？
3. 重点产业专利信息服务平台提供的专利数据范围是什么？
4. 重点产业专利信息服务平台的特点是什么？
5. 专利之星专利检索系统的专利数据范围是什么？
6. 专利之星专利检索系统的特点是什么？

# 第九章　专利信息检索应用实务

## 本章学习要点

　　了解每种专利信息检索基本步骤；掌握每种专利信息检索各步骤中的相关规则和操作方法。

## 第一节　专利技术主题检索

### 一、检索基本步骤

专利技术主题检索基本步骤如下：

## 二、分析检索技术主题

### （一）分析内容

专利技术主题检索主要分析被检索的技术主题的所属技术领域，如果被检索的技术主题有进一步的限定，还应进一步分析其所属技术范围。所属技术范围可根据检索技术主题所属技术的类型、采用的手段、所用的材料、针对的对象、表现的形态、技术的应用等进行分析。

### （二）分析方法

（1）解读检索技术主题名称；

（2）确定技术主题的所属技术领域；

（3）如果有进一步限定，确定技术主题的具体技术范围。

例一：

检索的技术主题：用中草药材料制备的杀虫剂。

检索技术主题名称解读：中草药杀虫剂。

所属技术领域：杀虫剂。

具体技术范围（从材料角度限定）：中草药。

例二：

检索的技术主题：激光粒度仪。

检索技术主题名称解读：激光检测颗粒物。

所属技术领域：检测。

具体技术范围（从对象角度限定）：颗粒物。

具体技术范围（从手段角度限定）：激光。

例三：

检索的技术主题：LED 封装。

检索技术主题名称解读：发光二极管封装。

所属技术领域：发光二极管。

具体技术范围（从工艺角度限定）：封装。

## 三、提取检索要素

检索要素是指检索过程中必检索的成分。

### （一）提取内容

在提取检索要素时，根据前述分析结果，提取出能够代表被检索技术主题的所属技术领域和具体技术范围的必检索成分。

**（二）提取方法**

（1）根据检索技术主题涉及的技术领域和技术范围确定必检索成分；

（2）选择通用词汇作为各检索要素名称。

例一：

检索技术主题：用中草药材料制备杀虫剂。

必检索的成分：中草药，杀虫剂。

所属技术领域检索要素名称：杀虫剂。

具体技术范围（材料）检索要素名称：中草药。

例二：

检索技术主题：激光粒度仪。

必检索的成分：激光，检测，颗粒物。

所属技术领域检索要素名称：检测。

具体技术范围（对象）检索要素名称：颗粒物。

具体技术范围（手段）检索要素名称：激光。

例三：

检索技术主题：LED 封装。

必检索的成分：发光二极管，封装。

所属技术领域检索要素名称：发光二极管。

具体技术范围（工艺）检索要素名称：封装。

**四、找出检索要素表达**

检索要素表达是指表达检索要素的专利信息特征。

**（一）表达形式**

表达技术主题检索要素的专利信息特征主要是：主题词（包括关键词、同义词、缩略语等）和专利分类号（IPC 号等）。

**（二）表达规则**

1. 主题词

用中文关键词表达时可选用"范围最大的概念"，例如：杀虫剂，可选用"杀虫"，它可涵盖"杀虫剂、杀虫液、杀虫水、杀虫面、杀虫粉"等概念。

用英文关键词表达时可采用"词根 + 截断符"方式，例如：heat%（可涵盖"heat、heated、heater、heating"等）。

同义词表达通常选用相同词义的表达，例如：杀虫，可选用"杀虫、灭虫、除虫、驱虫"等，battery，可选用"cell"；特殊情况下可选用同类或下位类词汇表达，例如：封装，可选用"扩晶、固晶、焊线、灌胶、烘干、切脚、分光、分色"等。

英文词组复合表达可同时选用词组和词组复合表达，例如：glycidyl ether（词组），可同时选择"glycidylether（词组复合表达）"，epoxy resin（词组）可同时选择"epoxyresin（词组复合表达）"。

缩略语表达，例如：hydrogenated bisphenol A 可用"HBPA"表达，发光二极管可用"LED"表达。

2. IPC 号

IPC 表中有专门小组分类位置可直接选用该 IPC 小组号表达，例如：检索技术主题为"蘑菇栽培"，IPC 表中小组分类位置有"A01G1/04（蘑菇的栽培）"，检索要素 IPC 号表达则为"A01G1/04"。

IPC 表中有代表相同检索要素的多个小组分类位置则并列选用多个 IPC 小组号，例如：检索技术主题为"LED 封装"，IPC 表中小组分类位置有"H01L31/52（LED 封装）、H01L33/54（具有特定形状的 LED 封装）、H01L33/56（LED 封装材料，例如环氧树脂或硅树脂）"，检索要素 IPC 号表达则为"H01L33/52、H01L33/54 和 H01L33/56"。

检索技术主题被包含在 IPC 表的某个小类分类位置中直接选用该 IPC 小类号表达，例如：检索技术主题为"自行车制动装置"，IPC 表中小类分类位置有"B62L（专门适用于自行车的制动器）"，检索要素 IPC 号表达则直接用"B62L"。

检索技术主题被包含在 IPC 表的某个大组分类位置中则选用该 IPC 大组号、去除"/"后的"00"表达，例如：检索技术主题为"环氧树脂"，IPC 表中大组分类位置有 C08G 59/00（每个分子含有 1 个以上环氧基的缩聚物；环氧缩聚物与单官能团低分子量化合物反应得到的高分子；每个分子含有 1 个以上环氧基的化合物使用与该环氧基反应的固化剂或催化剂聚合得到的高分子），检索要素 IPC 号表达则为"C08G59/"。

3. IPC 号查询方法

初次检索某一特定技术主题的专利信息时，人们很难直接找到该技术主题在国际专利分类表中的位置，因此，可以按照以下步骤来查询专利分类表：

步骤一，在名称字段进行所有检索要素的名称间逻辑与初步检索；

步骤二，浏览检索结果中与检索技术主题相符的专利，提取出其 IPC 号；

步骤三，查询 IPC 分类表，了解该 IPC 号的类名及其确切含义，确定检索用 IPC 分类号。

例如：检索技术主题为"用中草药材料制备的杀虫剂"，检索要素名称有"杀虫剂（技术领域）和中草药（技术范围）"，在专利名称中进行"杀虫剂"和"中草药"逻辑与检索，结果会找到：201110096208，由中草药制成的广谱杀虫剂及其生产方法，A01N65/40、A01N65/32、A01N65/18；200710017846，一种复方中草药杀虫剂，A01N65/02；200610007594，中草药植物农药复方苦楝杀虫剂及其制备方法，A01N65/00。从中可以发现"A01N65/"出现频率很高，查询 IPC 分类表，确定检索用 IPC 号为"A01N65/"（包括大组及其下属的所有小组）。

### 五、填写检索要素表

#### （一）检索要素表

检索要素表格式如表 9 - 1 - 1 所示。

**表 9 - 1 - 1　检索要素表**

| 技术主题名称 | | | |
|---|---|---|---|
| 检索要素 | 检索要素 1 | 检索要素 2 | 检索要素 n |
| 检索要素名称 | | | …… |
| 中文主题词 | , | , | …… |
| 英文主题词 | , | , | …… |
| 缩略语 | – | | …… |
| IPC 号 | | | …… |

注："，"用于分隔同义词，"–"表示无可用检索要素表达。

#### （二）检索要素表填写规则

1. 一般检索要素表达填写规则

检索要素表填写样例一如表 9 - 1 - 2 所示。

**表 9 - 1 - 2　检索要素表填写样例一**

| ××技术主题 | | | |
|---|---|---|---|
| 检索要素 | 检索要素 1 | 检索要素 2 | 检索要素 3 |
| 检索要素名称 | Aa | Bb | Cc |
| 中文主题词 | A1，A2 | B1，B2 | C1，C2 |

续表

| 检索要素 | 检索要素 1 | 检索要素 2 | 检索要素 3 |
|---|---|---|---|
| 英文主题词 | a1，a2 | b1，b2 | c1，c2 |
| 缩略语 | AA | – | – |
| IPC 分类号 | A00A11 | – | – |

2. 跨检索要素表达填写规则

检索要素表填写样例二如表 9 – 1 – 3 所示。

**表 9 – 1 – 3　检索要素表填写样例二**

×× 技术主题

| 检索要素 | 检索要素 1 | 检索要素 2 | 检索要素 3 |
|---|---|---|---|
| 检索要素名称 | Aa | Bb | Cc |
| 中文主题词 | A1，A2 | B1，B2 | C1，C2 |
| 英文主题词 | a1，a2 | b1，b2 | c1，c2 |
| 缩略语 | – | BCBC ||
| IPC 号 | A00B11 || – |

例如，检索要素表填写样例二的实例如表 9 – 1 – 4 所示。

**表 9 – 1 – 4　检索要素表填写样例二实例**

发光二极管封装

| 检索要素 | 检索要素 1 | 检索要素 2 |
|---|---|---|
| 检索要素名称 | 发光二极管 | 封装 |
| 中文主题词 | 发光二极管 | 封装，扩晶，固晶，焊线，<br>灌胶，烘干，切脚，分光，分色 |
| 英文主题词 | light emitting diode | encapsulation，…… |
| 缩略语 | LED | – |
| IPC 号 | H01L33/ | – |
|  | H01L33/52，H01L33/54，H01L33/56 ||

## 六、选择专利检索系统

选择原则：由于专利技术主题检索要求检全，所以应选择设置了表达
式检索界面或模式的专利检索系统。

例如：选择中国专利检索系统（CPRS）专家检索（见图9-1-1）。

图9-1-1 中国专利检索系统（CPRS）专家检索

例如：选择专利检索与服务系统（PSS）（见图9-1-2）。

图9-1-2 专利检索与服务系统（PSS）

例如：选择重点产业专利信息服务平台（Chinaip）（见图9-1-3）。

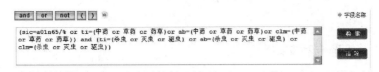

图9-1-3 重点产业专利信息服务平台（Chinaip）

例如：选择欧洲专利局ESPACENET系统SMART检索（见图9-1-4）。

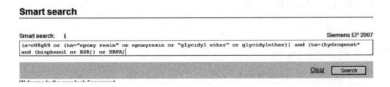

图9-1-4 欧洲专利局ESPACENET系统SMART检索

### 七、组织检索提问式

#### （一）检索提问式组织原则

将检索要素表中列出的所有检索要素表达合理组织成一个完整的检索提问式。

#### （二）运算规则

1. 相同检索要素的不同表达之间为逻辑"或"关系

例如：检索要素 1 的关键词 or 检索要素 1 的同义词 or 检索要素 1 的缩略语 or 检索要素 1 的 IPC 号。

2. 不同检索要素之间为逻辑"与"关系

即检索要素 1 的关键词 and 检索要素 2 的关键词 and 检索要素 3 的关键词；或：检索要素 1 的 IPC 分类号 and 检索要素 2 的关键词 and 检索要素 3 的同义词。

例如：检索技术主题为"发光二极管封装"，专利检索系统选择"CPRS 中国专利专家检索"，检索提问式见图 9 – 1 – 5。

```
（001）F IC H01L33/52 + H01L33/54 + H01L33/56 ＜hits：647＞
（002）F IC H01L33/ ＜hits：13052＞
（003）F TX LED + 发光二极管 ＜hits：81377＞
（005）F TX 封装 + 扩晶 + 固晶 + 焊线 + 灌胶 + 烘干 + 切脚 + 分光 + 分色 ＜hits：
98689＞
（006）J 1 + （（2 + 3）＊5）＜hits：6888＞
```

图 9 – 1 – 5　CPRS 中国专利专家检索提问式

### 八、筛选专利文献

#### （一）筛选原则

检索结果中明显不属于该检索技术主题的专利文献删除，其他保留。

#### （二）浏览专利文献方法

1. 判断是否切题

浏览专利名称和文摘。

2. 了解专利技术主题类型

浏览专利名称和权利要求书中的独立权利要求。

3. 了解专利解决的是哪些技术问题

浏览说明书中的背景技术。

### 九、相关专利文献归类

将保留的专利文献记录到二维表中，同时按照特定规律进行归类。

#### （一）建二维表

行：专利记录；

列：专利编号＋名称＋按某种分类（技术主题/组成成分/工艺过程/……）设置的分类选项。

其中设置分类选项可以按照如下方法进行：

例如，按照一般技术主题分类，可分成：产品/方法/设备/材料/用途；按照特定技术主题如"LED 封装"的工艺过程分类，可分成：封装/扩晶/固晶/焊线/灌胶/烘干/切脚/分光分色。

#### （二）填表规则

选出切题的专利，将其专利编号和专利名称填入表中相应位置；根据专利的名称和独立权利要求中的技术信息，按照特定分类选项将其分类，在表中该专利所在行的相应分类选项位置内画"√"，以表示该专利所属种类（见表 9 - 1 - 5）。

表 9 - 1 - 5　技术主题二维表示例

| 申请号 | 名　　称 | 产品 | 工艺 | 设备 | 应用 |
|---|---|---|---|---|---|
| 200310110523 | 一种利用双酚 A 和环氧氯丙烷生产环氧树脂的方法 | | √ | | |
| 200310114428 | 一种合成高纯低分子双酚 A 环氧树脂的工艺 | | √ | | |
| 200610009767 | 耐高温双酚 A 二缩水甘油醚环氧树脂体系及其制备方法 | √ | √ | | |
| 200810223689 | 一种氢化双酚 A 环氧树脂的制备方法 | | √ | | |
| 200910042492 | 一种光散射型环氧树脂组合物及其制备方法 | | | | √ |
| 201010241736 | 利用分子蒸馏技术进行提纯双酚 A 分子环氧树脂的方法和装置 | | √ | √ | |

## 十、技术主题跟踪检索

跟踪原则为定期跟踪检索。例如，每周三跟踪检索中国专利文献一次。

### （一）每周跟踪方法

步骤一：按照先期进行的专利技术信息检索的最终检索式进行检索；

步骤二：选择二次检索，限定在"公开（公告）日"字段，检索当日新公布的专利申请或专利；

步骤三：将新检索到的专利文献的信息添加到已建二维表中。

### （二）更新跟踪方法

步骤一：选择 CPRS 专利定制中的中国专利定制服务；

步骤二：编制定制检索提问式；

步骤三：定制设置，等待数据库更新后的专利定制通知；

步骤四：接到专利定制通知后，进入 CPRS，查看结果；

步骤五：选择"检索式比较"，对新出现的专利文献进行筛选；

步骤六：将新检索到的专利文献的信息添加到已建二维表中。

# 第二节　专利技术方案检索

## 一、检索基本步骤

专利技术方案检索基本步骤如下：

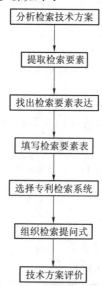

## 二、分析检索技术方案

### （一）分析的内容

专利技术方案检索主要分析被检索的技术方案的所属技术领域、解决的技术问题、采用的技术手段和达到的技术效果。

### （二）分析的依据

专利技术方案检索需按照不同检索目的依据相关文件进行分析：

如果检索的目的是为申请专利，依据准备申请专利的发明创造技术的交底书进行分析；

如果检索的目的是为产品出口、新产品上市、专利预警或对技术成果进行评价，则依据产品或成果的技术描述书进行分析；

如果检索的目的是为应对专利侵权诉讼或对实用新型或外观设计专利权进行评价，则依据被诉侵权或准备评价的专利的单行本进行分析。

### （三）分析的目的

专利技术方案检索分析的目的是：依据技术交底书或技术描述书或专利单行本相关部分，确定技术方案的所属技术领域及技术主题种类，理解技术方案解决的技术问题，概括出采用的技术手段和达到的技术效果。

### （四）分析技术交底书或技术描述书

1. 技术领域

根据技术方案名称，确定所属技术领域及技术主题种类。

2. 技术问题

根据技术背景和发明目的，理解技术方案所要解决的技术问题，以便于理解技术方案。

3. 技术手段

根据具体技术方案描述及实施例，概括技术手段中的区别技术特征。

4. 技术效果

根据有益效果，概括出技术方案能够达到的技术效果。

### （五）分析专利单行本

1. 技术领域

根据扉页中的名称/IPC 号，确定所属技术领域及技术主题种类。

2. 技术问题

根据说明书中的背景技术，理解专利技术方案要解决的技术问题，以便于理解专利技术方案。

3. 技术手段

根据权利要求书、说明书中的发明内容、具体实施方式、附图（如果有），概括专利中的区别技术特征。

4. 技术效果

根据权利要求书（如果涉及），概括技术效果要点。

### （六）技术领域分析

1. 分析方法

首先确定技术方案的所属技术领域，再确定技术主题种类。

2. 技术主题种类

技术主题种类包括：产品，方法，设备和用途。

3. 分析例

例如，被分析的技术方案名称为"一种钙酒"，经分析可认为：其所属技术领域应为"混合酒"，其技术主题种类则属于"产品"；

再如，被分析的技术方案名称为"一种氢化双酚 A 环氧树脂的制备方法"，经分析可认为：其所属技术领域为"氢化双酚 A 环氧树脂"，其技术主题种类为"方法"；

又如：被分析的技术方案名称为"一种 LED 灯珠封装模具"，经分析可认为：其所属技术领域为"LED 封装"，其技术主题种类为"设备"。

### （七）技术手段分析

1. 分析方法

先分析现有技术，然后分析技术手段构成中的区别技术特征。

2. 现有技术

现有技术是指在检索日或专利申请日以前，在国内外出版物上公开发表、在国内外公开使用或者以其他方式为公众所知的技术。

3. 技术手段构成

不同技术领域的技术手段构成如下：机械结构及关系，物质成分及配比，工艺步骤及过程，系统模块及配合，电子元件及电路，等等。

4. 区别技术特征

区别技术特征是指在技术方案中采用的区别于现有技术的技术特征。

5. 分析例

例一：分析技术描述书。

技术方案描述：一种用于高转速钻井的牙轮钻头，在牙轮与牙掌间采用滚滑复合轴承，且轴承密封采用金属材料。

现有技术：在牙轮与牙掌间通常采用滚动轴承或采用滑动轴承，轴承密封采用非金属材料。

区别技术特征：在牙轮与牙掌间采用滚滑复合轴承，轴承密封采用金属材料。

例二：分析专利单行本。

权利要求书：一种钙酒，它主要由酒和钙两种成分组成，并使酒与钙的重量份数比为 500∶0.1～500∶20。

现有技术：添加有益成分的混合酒。

区别技术特征：由酒和钙两种成分组成，并且按重量份数比混合。

### （八）完整分析案例

事件背景：企业开发出一种新型牙刷，一方面生产产品，另一方面想申请专利。

分析依据：技术交底书。

技术方案名称：可挤牙膏的牙刷——确定所属技术领域（牙刷）及技术主题种类（产品）。

技术背景和发明目的：一般牙膏管用到最后时会有牙膏残留，不易挤净，本技术方案在牙刷上做出改进，使其具有可以挤净牙膏的功能——理解技术方案所要解决的技术问题，以便于理解技术方案（理解为什么设置挤牙膏功能）。

具体技术方案：在牙刷刷把上纵向设一个槽孔——概括技术手段中的区别技术特征（刷把上设置槽孔）。

附图：见图 9-2-1。

图 9-2-1　可挤牙膏的牙刷技术方案附图

有益效果：使用时，将牙膏管后部从牙刷刷把上槽孔的上方插入，从下方拉出，即可实现把牙膏挤净的作用——概括技术方案能够达到的技术效果（可挤牙膏）。

### 三、提取检索要素

#### （一）提取内容

在提取检索要素时，根据前述分析结果，提取出能够代表被检索技术方案的技术领域、技术手段和技术效果的必检索成分。

（二）提取方法

（1）根据被检索技术方案涉及的技术领域、技术手段和技术效果确定必检索成分；

（2）选择通用词汇作为各检索要素名称。

例如：

检索技术方案名称：可挤牙膏的牙刷。

应检成分：牙刷，刷把，槽孔，挤牙膏。

技术领域检索要素名称：牙刷。

技术手段检索要素一名称：刷把。

技术手段检索要素二名称：槽孔。

技术效果检索要素名称：挤牙膏。

## 四、找出检索要素表达

### （一）表达形式

表达技术方案检索要素的专利信息特征主要是：主题词（包括关键词、同义词、缩略语等）和专利分类号（IPC 号等）。

### （二）表达规则

1. 主题词

参见本章第一节四（二）1 内容。

2. IPC 号

（1）单一检索要素的 IPC 号表达。

例如：

检索技术方案：防漏墨的圆珠笔，包括笔筒和笔芯，其特征在于：所述笔筒的顶端设置有一个海绵圈，笔芯从海绵圈中穿过。

检索要素：防漏墨圆珠笔（技术领域），笔筒（技术手段），顶端（技术手段），海绵圈（技术手段）。

IPC 表中小组分类位置：B43K7/08（防漏墨圆珠笔）。

检索要素 IPC 号表达：B43K7/08（技术领域）。

（2）跨检索要素的 IPC 表达。

例如：

检索技术方案：一种用于高转速钻井的牙轮钻头，牙轮与牙掌间采用滚滑复合轴承。

检索要素：牙轮钻头（技术领域），轴承（技术手段），滚动（技术手段），滑动（技术手段）。

IPC 表中小组分类位置：E21B10/22（以轴承、润滑或密封零件为特征的牙轮钻头）。

检索要素 IPC 号表达：E21B10/22（技术领域＋部分技术手段）。

### 五、填写检索要素表

#### （一）检索要素表

针对"技术方案检索"的检索要素表格式如表 9 – 2 – 1 所示。

表 9 – 2 – 1　检索要素表

| （技术方案名称） | | | |
| --- | --- | --- | --- |
| 检索要素 | 检索要素 1 | 检索要素 2 | 检索要素 n |
| 检索要素名称 | | | …… |
| 中文主题词 | ， | ， | …… |
| 英文主题词 | ， | ， | …… |
| 缩略语 | － | | …… |
| IPC 号 | | | …… |

注："，"用于分隔同义词，"－"表示无可用检索要素表达。

#### （二）检索要素表填写规则

1. 一般检索要素表达填写规则（见表 9 – 2 – 2）

表 9 – 2 – 2　检索要素表填写样例一

| ××技术方案 | | | |
| --- | --- | --- | --- |
| 检索要素 | 检索要素 1 | 检索要素 2 | 检索要素 3 |
| 检索要素名称 | Aa | Bb | Cc |
| 中文主题词 | A1，A2 | B1，B2 | C1，C2 |
| 英文主题词 | a1，a2 | b1，b2 | c1，c2 |
| 缩略语 | AA | － | － |
| IPC 分类号 | A00A11 | － | － |

2. 跨检索要素表达填写规则（见表9－2－3）

表9－2－3　检索要素表填写样例二

| ××技术方案 | | | |
|---|---|---|---|
| 检索要素 | 检索要素1 | 检索要素2 | 检索要素3 |
| 检索要素名称 | Aa | Bb | Cc |
| 中文主题词 | A1，A2 | B1，B2 | C1，C2 |
| 英文主题词 | a1，a2 | b1，b2 | c1，c2 |
| 缩略语 | - | BCBC | |
| IPC号 | A00B11 | | - |

例如，检索要素表填写样例二的实例见表9－2－4。

表9－2－4　检索要素表填写样例二实例

| 可挤牙膏的牙刷 | | | | |
|---|---|---|---|---|
| 检索要素 | 检索要素1 | 检索要素2 | 检索要素3 | 检索要素4 |
| 检索要素名称 | 牙刷 | 刷柄 | 槽孔 | 挤牙膏 |
| 中文主题词 | 牙刷 | 把，柄 | 槽，孔 | 挤 and 膏 |
| 英文主题词 | - | - | - | - |
| 缩略语 | - | - | - | - |
| IPC号 | A46B5/00 | | | |

## 六、选择专利检索系统

选择原则：选择设置了表达式检索界面或模式的专利检索系统。

例如，选择中国专利检索系统（CPRS）专家检索（见图9－2－2）。

例如，选择专利检索与服务系统（PSS）（见图9－2－3）。

例如，选择重点产业专利信息服务平台（Chinaip）（见图9－2－4）。

例如，选择欧洲专利局ESPACENET系统SMART检索（见图9－2－5）。

## 七、组织检索提问式

### （一）检索提问式组织原则

分步骤将检索要素表中列出的检索要素表达合理组织成检索提问式。

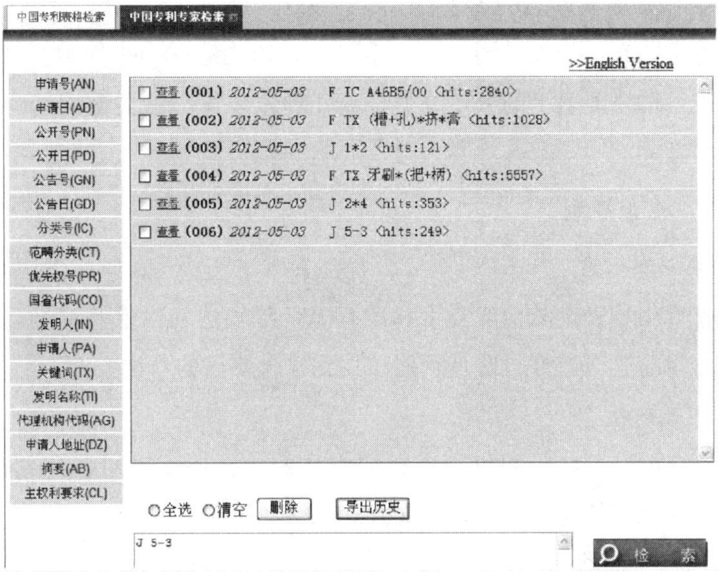

图 9 - 2 - 2　中国专利检索系统（CPRS）专家检索

图 9 - 2 - 3　专利检索与服务系统（PSS）

图 9 - 2 - 4　重点产业专利信息服务平台（Chinaip）

图 9 - 2 - 5　欧洲专利局 ESPACENET 系统 SMART 检索

## （二）运算规则

**1. 相同检索要素的不同表达之间为逻辑"或"关系**

例如：检索要素 1 的关键词 or 检索要素 1 的同义词 or 检索要素 1 的缩略语 or 检索要素 1 的 IPC 号。

2. 不同检索要素之间为逻辑"与"关系

即检索要素 1 的关键词 and 检索要素 2 的关键词 and 检索要素 3 的关键词；或：检索要素 1 的 IPC 分类号 and 检索要素 2 的关键词 and 检索要素 3 的同义词。

**（三）检索规则**

1. 第一次检索

用有 IPC 号表达的检索要素和没有 IPC 号表达的检索要素进行所有检索要素之间的逻辑运算，看是否能够找到符合要求的对比文件。

2. 第二次检索

将所有没有 IPC 号而仅用主题词表达的检索要素之间进行逻辑运算，看是否能够找到符合要求的对比文件。

3. 第三次检索

如果没有找到符合要求的对比文件，则可以从要素表的最后检索要素依次递减，进行逻辑运算，直到找到解决相同技术问题的其他技术方案对比文件再停止检索。

例如，检索技术方案名称为"可挤牙膏的牙刷"，专利检索系统选择中国专利检索系统专家检索。

第一次检索见图 9 - 2 - 6。

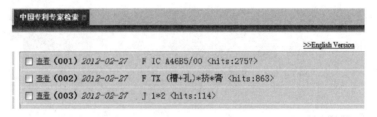

图 9 - 2 - 6　第一次检索

第一次检索结果见图 9 - 2 - 7。

第二次检索见图 9 - 2 - 8。

第二次检索结果见图 9 - 2 - 9。

## 八、技术方案评价

**（一）评价内容**

评价被检索的技术方案的新颖性和创造性。

检索式J 1*2 命中:114篇

| 牙刷 | | | |
|---|---|---|---|
| 申请号:200910250870 | 申请日:20091231 | 主IPC:A46B 11/02 | 查看 |
| 可挤压牙膏管的牙刷 | | | |
| 申请号:201020620097 | 申请日:20101123 | 主IPC:A46B 5/00 | 查看 |
| 刷头一次性使用的便携式牙刷 | | | |
| 申请号:201020618296 | 申请日:20101111 | 主IPC:A46B 11/00 | 查看 |
| 可挤牙膏的牙刷 | | | |
| 申请号:201020579181 | 申请日:20101027 | 主IPC:A46B 5/00 | 查看 |
| 可固定牙刷 | | | |
| 申请号:201020577645 | 申请日:20101027 | 主IPC:A46B 5/00 | 查看 |
| 一种方便的牙刷 | | | |
| 申请号:201020572491 | 申请日:20101022 | 主IPC:A46B 11/02 | 查看 |
| 自供牙膏牙刷 | | | |
| 申请号:201020267564 | 申请日:20100722 | 主IPC:A46B 11/02 | 查看 |
| 三合一牙刷 | | | |
| 申请号:201020265213 | 申请日:20100721 | 主IPC:A46B 11/00 | 查看 |
| 兼具挤牙膏功能的牙刷 | | | |
| 申请号:201010605022 | 申请日:20101225 | 主IPC:A46B 5/00 | 查看 |

图9-2-7 第一次检索结果

中国专利专家检索 CN003

\>>English Version

- □ 查看 (001) *2012-02-27* F IC A46B5/00 〈hits:2757〉
- □ 查看 (002) *2012-02-27* F TX (槽+孔)*挤*膏 〈hits:863〉
- □ 查看 (003) *2012-02-27* J 1*2 〈hits:114〉
- □ 查看 (004) *2012-02-27* F TX 牙刷*(把+柄) 〈hits:4588〉
- □ 查看 (005) *2012-02-27* J 2*4 〈hits:301〉
- □ 查看 (006) *2012-02-27* J 5-3 〈hits:203〉

图9-2-8 第二次检索

检索式J 5-3 命中:203篇

| 可挤牙膏的牙刷 | | | |
|---|---|---|---|
| 申请号:99229574 | 申请日:19991006 | 主IPC:A46B 11/00 | 查看 |
| 定向运动自供牙膏式牙刷 | | | |
| 申请号:99228532 | 申请日:19990601 | 主IPC:A46B 11/04 | 查看 |
| 方便牙刷 | | | |
| 申请号:98247552 | 申请日:19981205 | 主IPC:A46B 9/04 | 查看 |
| 多用节能牙刷 | | | |
| 申请号:98235562 | 申请日:19980409 | 主IPC:A46B 11/00 | 查看 |

图9-2-9 第二次检索结果

## (二)新颖性评价方法

### 1. 新颖性相关概念

新颖性:按照专利法及其实施细则规定理解,新颖性是指:不属于现有技术;也没有抵触申请。

现有技术:包括在申请日以前在国内外出版物上公开发表、在国内外公开使用或者以其他方式为公众所知的技术。

抵触申请：在申请日以前提出并且在申请日以后公布或公告的同样的发明或实用新型专利申请。

2．新颖性评价原则

同样的发明或者实用新型：被审查的发明或者实用新型与现有技术或者抵触申请相关内容相比，如果其技术领域、所解决的技术问题、技术方案和预期效果实质上相同，则认为两者为同样的发明或者实用新型。

单独对比：应当将发明或者实用新型专利申请的各项权利要求分别与每一项现有技术或抵触申请相关内容单独进行比较。

3．评价

例如：评价"可挤牙膏的牙刷"技术方案。

分析找到的最早现有技术对比文件：

申请号：98235562.9；

实用新型名称：多用节能牙刷；

申请日期：1998.4.9；

授权公告日期：1999.10.20；

独立权利要求：1．一种多用节能牙刷，包括刷体、刷柄，其特征在于刷柄（2）上有长条孔（3）。

附图：见图9-2-10。

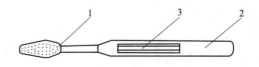

图9-2-10　多用节能牙刷附图

判断：同样的发明创造。

结论：影响新颖性。

**（三）创造性评价方法**

1．创造性相关概念

创造性：按照专利法及其实施细则规定理解，创造性是指：与现有技术相比，该发明具有突出的实质性特点和显著的进步，该实用新型具有实质性特点和进步。

突出的实质性特点：与现有技术对比，其技术方案相对于现有技术是非显而易见的，则具有突出的实质性特点；是显而易见的，则无突出的实质性特点。

显著的进步：与最接近的现有技术相比具有更好的技术效果；提供了一种技术构思不同的技术方案，其技术效果能够基本上达到现有技术的水平；解决了技术难题，克服了技术偏见，取得了预料不到的效果，在商业上获得成功。

2. 评价

例如：评价"可挤牙膏的牙刷"技术方案。

分析属于现有技术的另一篇对比文件：

申请号：200320116676.4；

实用新型名称：一种能挤净剩余牙膏的牙刷；

申请日期：2003.11.6；

授权公告日期：2004.11.24；

独立权利要求：1. 一种能挤净剩余牙膏的牙刷，其特征是在原有牙刷结构基础上，在刷柄（3）端部设置有 V 型开口通槽（4）；该槽（4）顶部有一圆孔（5）与其相连接，从圆孔（5）顶部到通槽（4）开口端部的距离是 4－5cm，通槽（4）开口端两边距离是 3－5mm；槽（4）顶部与圆孔（5）相接处两边距离是 1－2mm，圆孔（5）的直径是 $\Phi$3－5mm。

附图：见图 9－2－11。

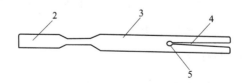

图 9－2－11　一种能挤净剩余牙膏的牙刷附图

结论：影响创造性。

判断：无突出的实质性特点，与最接近的现有技术相比没有更好的技术效果。

## 第三节　同族专利检索

### 一、检索基本步骤

同族专利检索基本步骤如下：

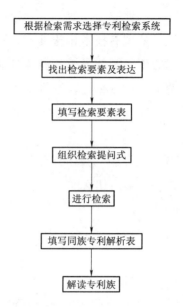

## 二、根据检索需求选择专利检索系统

### （一）检索需求

（1）检索所有专利族成员；

（2）检索相同专利；

（3）检索技术特征在新颖性方面一致的同族专利。

### （二）选择专利检索系统原则

1. 检索所有专利族成员

当检索所有专利族成员时，可选择 EPO 的 ESPACENET 检索系统 worldwide 数据库，如图 9 – 3 – 1 所示。

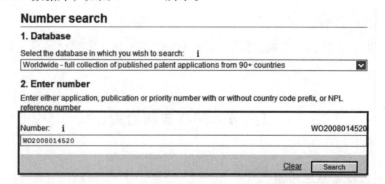

图 9 – 3 – 1 ESPACENET 检索系统 worldwide 数据库

2. 同族专利中有国际申请公布的需补充检索

当通过 EPO 的 ESPACENET 检索系统 worldwide 数据库检索同族专利，检索结果中包含有国际申请公布时，还应选择 WIPO 的 PATENTSCOPE 检索系统 PCT 数据库，查看 National Phase 选项，看是否有国际申请已进入某一国家而同族专利检索结果中却没有该国的同组专利信息，如图 9 - 3 - 2 所示。

图 9 - 3 - 2　PATENTSCOPE 检索系统 PCT 数据库

3. 同族专利中有拉丁美洲国家申请公布的需补充检索

当通过 EPO 的 ESPACENET 检索系统 worldwide 数据库检索同族专利，检索结果中包含有拉丁美洲国家的申请公布时，还应选择 WIPO 的 PATENTSCOPE 检索系统 LATIPAT 数据库，或者，EPO 的 ESPACENET 检索系统 LP-Espacenet 数据库，如图 9 - 3 - 3 和图 9 - 3 - 4 所示 。

4. 检索相同专利或技术特征在新颖性方面一致的同族专利

当检索相同专利或技术特征在新颖性方面一致的同族专利时，可选择 THOMSON INNOVATION 检索系统的 Patent Search 数据库（商业服务）。

### 三、找出检索要素及表达

### （一）检索要素

同族专利检索要素是指能够用于检索特定专利或专利申请的同族专利的必要成分。

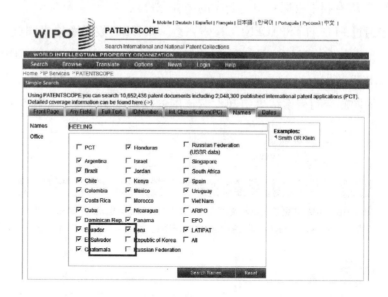

图 9 - 3 - 3　PATENTSCOPE 检索系统 LATIPAT 数据库

## Búsqueda rápida

**1. Seleccionar base de datos.**

Seleccionar la base de datos en la que desea buscar: **i**

LP - Espacenet

**2. Seleccionar tipo de búsqueda**

Seleccionar qué buscar: **i**

- Palabras en el título o resumen
- Personas u organizaciones
- Las palabras en el texto completo de la descripción y las reivindicaciones

**3. Introducir términos de búsqueda**

Introducir términos de búsqueda en inglés en mayúsculas o minúsculas indistintamente

Término(s) de búsqueda: **i**　　　　　　　　　　　　　　　　　　　rueda

HEELING

Borrar　　BUSCAR

图 9 - 3 - 4　ESPACENET 检索系统 LP-Espacenet 数据库

### (二) 表达形式

常规同族专利检索（检索有优先权的专利族）：专利编号（包括申请号或优先申请号、文献号）；

特殊同族专利检索（检索人工专利族）：专利相关人（包括发明人、申请人或专利权人），主题词。

**（三）检索要素表达规则**

1. 专利编号表达（基于 ESPACENET 检索系统）

（1）申请号或优先申请号表达。

规则：国别代码（2 位字母）＋申请年代（4 位数字，不足 4 位需补齐）＋申请种类（1 位数字，如没有，补 0）＋申请序号（6 位数字，不足 6 位需前方补 0），申请号后的计算机校验位应去除。

例一：

申请号：美国，10/040，365，2002.1.9

表达形式：US20020040365（去除循环号"10"，替换为年代，申请种类没有，补 0，申请序号不足 6 位，前方补 0）

例二：

申请号：日本，特願平 8 - 228147，1997.8.25

表达形式：JP19970228147（本国纪年改为公元纪年，申请种类没有，补 0）

例三：

申请号：中国，98801211.1，1998.8.19

表达形式：CN19988001211（0 补在第 5 位申请种类之后）

（2）文献号表达。

规则一：国别代码（2 位字母）＋文献序号（与原始公布号码位数一致）＋文献种类代码；

规则二：国别代码（2 位字母）＋公布年代（与原始公布年代位数一致）＋文献序号（与原始公布号码位数一致）＋文献种类代码。

例一：

文献号：欧洲专利申请公布，EP963989A1

表达形式：EP963989A1

例二：

文献号：中国专利申请公布，CN1237181A

表达形式：CN1237181A

例三：

文献号：PCT 专利申请公布，WO9910352A1

表达形式：WO9910352A1

例四：

文献号：日本专利申请公布（A），特开昭 61 - 198582

表达形式：JP61198582A

2. 专利相关人表达（基于 ESPACENET 检索系统）

（1）发明人表达。

规则：非西文名字需译成西文或拼音表达，名在前，姓在后；根据具体情况可选用姓名全称或姓；多个发明人时，可同时选用多个人的姓名全称或姓。

例如：

发明人：林智一

翻译或拼音：Zhiyi Lin

表达形式：zhiyi lin

（2）申请人或专利权人表达。

规则：法人名称可选用其中的关键词。

例如：

申请人：HEELING SPORTS LTD

关键词：HEELING

表达形式：HEELING

3. 主题词表达（基于 ESPACENET 检索系统）

规则：从专利名称中选择关键词。

例如：

专利名称：HEELING APPARATUS AND METHOD

关键词：HEELING

表达形式：HEELING

## 四、填写检索要素表

### （一）申请号/优先申请号检索要素表

表 9 - 3 - 1　申请号检索要素表

| 检索要素 | 国别 | 申请年代 | 申请种类 | 序号 |
|---|---|---|---|---|
| 申请号/<br>优先申请号 | | | - | |

注："-"表示无可用检索要素表达。

例如，专利申请号为 03137991.5 的申请号检索要素表填表实例见表 9 - 3 - 2。

表9-3-2 申请号检索要素表填表实例

| 检索要素 | 国别 | 申请年代 | 申请种类 | 序号 |
|---|---|---|---|---|
| 申请号/优先申请号 | CN | 2003 | 1 | 037991 |

## （二）文献号检索要素表

表9-3-3 文献号检索要素表

| 检索要素 | 国别 | 公布年代 | 公布序号 | 文献种类 |
|---|---|---|---|---|
| 文献号 | | - | | |

注："-"表示无可用检索要素表达。

## （三）特殊同族专利检索要素表

表9-3-4 特殊同族专利检索要素表

| 专利相关人检索要素 | | 专利名称主题词检索要素 | | |
|---|---|---|---|---|
| | | 检索要素1 | 检索要素2 | 检索要素n |
| 申请人/专利权人 | | , | - | - |
| 发明人 | * | | | |

注："*"表示交集，","用于分隔同义词，"-"表示无可用检索要素表达。

例如：专利申请号为03137991.5，专利名称为一种脊椎填充装置，发明人为林智一、林冠谷，就上述信息的填表实例如表9-3-5所示。

表9-3-5 特殊同族专利检索要素表填表实例

| 专利相关人检索要素 | | 专利名称主题词检索要素 | | |
|---|---|---|---|---|
| | | 检索要素1 | 检索要素2 | 检索要素n |
| 申请人/专利权人 | - | chine, spine, vertebra | filling | - |
| 发明人 | lin | | | |

## 五、组织检索提问式

### （一）专利编号检索提问式组织原则

将检索要素表中列出的所有检索要素表达组织成一个完整检索字符串。

例如：

专利申请号：03137991.5；

检索提问式：CN20031037991。

## (二) 特殊同族专利检索提问式组织原则

分步骤将检索要素表中列出的检索要素表达合理组织成检索提问式。

例如：

专利申请号：03137991.5；

专利名称：一种脊椎填充装置；

发明人：林智一，林冠谷；

检索提问式实例见图 9 – 3 – 5。

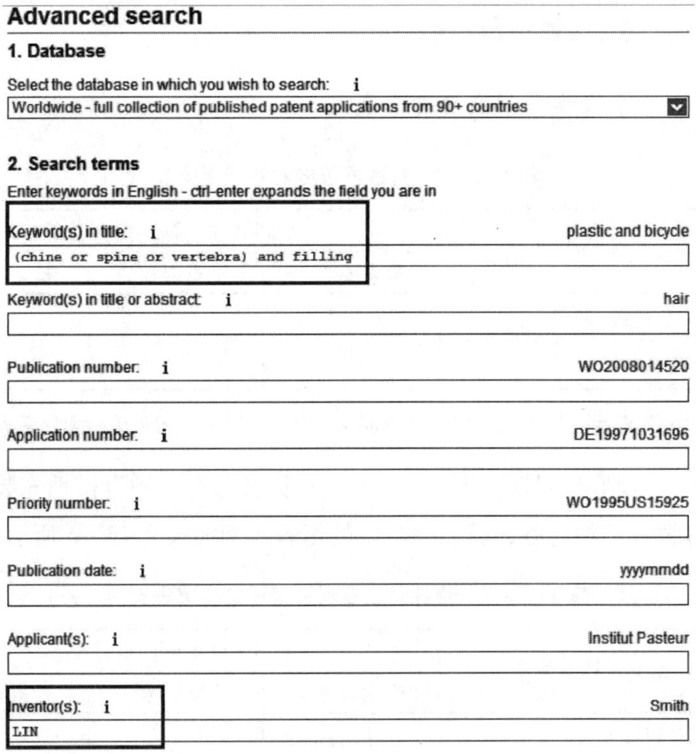

**Advanced search**

**1. Database**

Select the database in which you wish to search: i

Worldwide - full collection of published patent applications from 90+ countries

**2. Search terms**

Enter keywords in English - ctrl-enter expands the field you are in

Keyword(s) in title: i      plastic and bicycle

(chine or spine or vertebra) and filling

Keyword(s) in title or abstract: i      hair

Publication number: i      WO2008014520

Application number: i      DE19971031696

Priority number: i      WO1995US15925

Publication date: i      yyyymmdd

Applicant(s): i      Institut Pasteur

Inventor(s): i      Smith

LIN

图 9 – 3 – 5    检索提问式

## 六、检索操作

### (一) 常规同族专利检索

选择 ESPACENET 检索系统 worldwide 数据库，通过 number search 找到特定专利申请或专利，进入著录项目显示页，点击 "INPADOC patent family"，查看结果。

例如，申请号为 CN20031037991 的著录项目显示页见图 9 – 3 – 6。

图 9 - 3 - 6　著录项目显示页

## （二）同族专利中有国际申请公布的补充检索

选择 WIPO 的 PATENTSCOPE 检索系统 PCT 数据库，通过 ID/Number 找到特定国际申请，在著录项目显示页选择并进入 National Phase 显示页，查看结果。

例如，国际申请公布号为 WO19990010352 的 National Phase 显示页见图 9 - 3 - 7。

**1. (WO1999010352) CEPHALOSPORIN CRYSTALS AND PROCESS FOR PRODUCING THE SAME**

Available information on National Phase entries(more information)

| Office | Entry Date | National Number | National Status |
| --- | --- | --- | --- |
| Australia | 08.04.1999 | 87468/98 | Granted: 26.04.2001 |
| Canada | 19.04.1999 | 2269286 | |
| China | 23.04.1999 | 98801211.1 | |
| European Patent Office (EPO) | 14.04.1999 | 1998938886 | Published: 15.12.1999<br>Withdrawn: 11.12.2002 |
| Israel | 19.08.1998 | 129406 | Published: 17.02.2000<br>Granted: 05.04.2004 |
| Republic of Korea | 20.04.1999 | 1019997003429 | Published: 25.11.2000<br>Granted: 28.11.2002 |
| United States of America | 14.04.1999 | 09264505 | |

图 9 - 3 - 7　National Phase 显示页

## （三）特殊同族专利检索

选择 ESPACENET 检索系统 worldwide 数据库，在 advanced search 界面的 Keyword（s）in title 和 Inventor（s）两个字段输入检索字符串，进行检索，查看检索结果，核对找到的专利的专利名称、申请人、发明人、权利要求、附图（如果有）等是否一致。

## 七、填写同族专利解析表

### （一）解析对象

检索结果数量较大、关系较复杂的专利族。

### （二）填表目的

理清专利族成员之间的关联。

### （三）同族专利解析表

表 9 - 3 - 6　同族专利解析表

| 序号 | 专利申请项 | | | | | 专利文献公布项 | | | 专利族解析项 | | |
|---|---|---|---|---|---|---|---|---|---|---|---|
| | 国家 | 申请号 | 申请日 | 主标识 | 辅助标识 | 公布号 | 公布日 | 标识 | 优先权 | 其他关系 | 简要说明 |
| 1 | | | | | | | | | | | |
| 2 | | | | | | | | | | | |
| 3 | | | | | | | | | | | |
| 4 | | | | | | | | | | | |
| 5 | | | | | | | | | | | |
| 6 | | | | | | | | | | | |
| 7 | | | | | | | | | | | |
| 8 | | | | | | | | | | | |
| 9 | | | | | | | | | | | |
| 10 | | | | | | | | | | | |
| 结论 | 专利申请数量 | | | | | 专利族成员数量 | | | 专利族种类 | | |

注：

专利申请项　"主标识"：A——专利申请，P——优先权。

　　　　　　"辅助标识"：Div——分案申请，Con——继续申请，Cip——部分继续申请，Rei——再颁专利，Ree——再审查专利，Add——增补或补充专利，Des——指定国，Pri——临时申请，Npr——正式申请，Art——人工专利族，Ded——香港标准专利的指定局。

专利文献公布项"标识"：D——专利或专利申请公告（专利文献）。

### （四）同族专利解析表列表项

1. 专利申请项

包括：国家，申请号，申请日，主标识，辅助标识。

2. 专利文献公布项

包括：公布号，公布日，标识。

3. 专利族解析项

包括：优先权，其他关系，简要说明。

4. 结论

包括：专利申请数量，专利族成员数量，专利族种类。

## （五）专利族成员信息录入

1. 依据

公布的专利族成员的单行本扉页。

2. 录入方法

（1）每件同族专利的申请及其第一次公布记录在一行中，同一专利申请的其他公布按其公布日期顺序记录在相邻的下一行中。

（2）所有同族专利按申请日期先后顺序录入专利族解析表，申请日期相同的同族专利按第一次公布的公布日的先后顺序录入。

（3）专利申请项中的"主标识"用"A"加序号表示专利申请，按照申请日期先后顺序标识"A1、A2、A3……"；用"P"加序号表示优先权，按照优先申请日期先后顺序标识"P1、P2、P3……"。

（4）专利申请项中的"辅助标识"用"Div"表示分案申请，"Con"表示继续申请，"Cip"表示部分继续申请，"Rei"表示再颁专利申请，"Ree"表示再审查专利申请，"Add"表示增补或补充专利申请，"Des"表示指定国申请，"Pri"表示临时申请，"Npr"表示正式申请，"Ded"表示香港标准专利的指定局。

（5）专利文献公布项中的"标识"用字母"D"加序号表示：所有被公布的文献按其在表中的排列顺序不分国家和种类混合排序，如"D1、D2、D3……"。

（6）专利族解析项中的"优先权"直接引用专利申请项中的"主标识"，如"P1"；如有多项优先权，应表示为"P1 + P2"。

（7）专利族解析项中的"其他关系"直接引用专利申请项中的"主标识"加"辅助标识"，如"A3 – Cip"；基于同一项专利申请的多次分案申请、继续申请、部分继续申请、再颁专利申请、再审查专利申请、增补或补充专利申请，则在"辅助标识"后加注序号，如"A3 – Div1"、"A3 – Div2"、"A3 – Con1"、"A3 – Con2"、"A3 – Cip1"、"A3 – Cip2"。

（8）专利族解析项中的"简要说明"则直接指出该件专利或专利申请与其他同族专利的关系，如"基于 P1 + P2 优先权的国际申请，指定 CA、CN，JP，US，EP（AT，BE，DE，FR，IT，SE）"，"进入国家阶段的 A3 专利申请"，"A5 的继续申请"，"A1 的分案申请"等。

（9）结论中的"专利申请数量"取专利申请项中"主标识"的"A"排位最大的数字；"同族专利数量"取专利文献公布项中"主标识"的

"D"排位最大的数字;"专利族种类"则根据专利族解析项中"优先权"列出的数据判断该专利族属于"简单专利族"、"复杂专利族"、"扩展专利族"、"本国专利族"、"内部专利族"和/或"人工专利族"。

实例见表 9 − 3 − 7。

## 八、解读专利族

解读方法:首先将同族专利解析表中的信息用文字描述出来,然后归纳解析结果。

例如,解读文字描述如下:

根据"德国 DE19930877.2 专利族解析表",可以对该专利族的产生及发展有一个清晰的轮廓:

1999 年 7 月 5 日,德国西门子公司和伊密泰克放射技术有限责任公司将发明人曼弗雷德·巴尔多夫、里特马·冯赫尔莫尔特等 11 人发明的"燃料电池系统和驱动该燃料电池系统的方法"联合向德国专利局递交了一份专利申请,其申请号为 19930877.2(A1,P1),2001 年 1 月 18 日公开,公开号为 DE19930877A1,2003 年 5 月 15 日授权,专利号为 DE19930877C2。

1999 年 12 月 23 日,该两公司又向德国专利局再次提出相同名称的专利申请,其申请号为 19962681.2(A1,P1),2001 年 6 月 28 日公开,公开号为 DE19962681A1。

2000 年 7 月 4 日该两公司以上述两项德国专利申请为优先权,合案向德国专利局提出国际申请,其申请号为 PCT/DE00/02169,指定 CA,CN,JP,US,EP(AT,BE,CH,CY,DE,DK,ES,FI,FR,GB,GR,IE,IT,LU,MC,NL,PT,SE)等为其指定国或地区,2001 年 1 月 11 日公开,公开号为 WO01/03223A1。

……(略)

2002 年 1 月 7 日该两公司对进入美国国家阶段的国际申请进行修改,向美国专利商标局提出继续申请,申请号为 10/042057,2002 年 12 月 12 日申请公布,申请公布号为 US2002/0187375A1。

归纳解析结果如下:

根据简单专利族定义:"在同一个专利族中,专利族成员以共同的一个或共同的几个专利申请为优先权,这样的专利族为简单专利族",德国 DE19930877.2 专利族符合其特征——以共同的两项德国专利申请为优先权,属于简单专利族。该专利族有 8 项申请,10 件专利族成员。

表 9 - 3 - 7　同族专利解析表填表实例

| 序号 | 专利申请项 | | | | | 专利文献公布项 | | | 专利族解析项 | | |
|---|---|---|---|---|---|---|---|---|---|---|---|
| | 国家 | 申请号 | 申请日 | 主标识 | 辅助标识 | 公布号 | 公布日 | 标识 | 优先权 | 其他关系 | 简要说明 |
| 1 | DE | 19930877.2 | 1999-7-5 | P1+A1 | | DE19930877A1 | 2001-1-18 | D1 | | | 优先申请 |
| 2 | | | 同上 | | | DE19930877C2 | 2003-5-15 | D2 | | 同上 | D1 的二次公布（授权） |
| 3 | DE | 19962681.2 | 1999-12-23 | P2+A2 | | DE19962681A1 | 2001-6-28 | D3 | | | 优先申请 |
| 4 | WO | PCT/DE 00//02169 | 2000-7-4 | A3 | | WO01/03223A1 | 2001-1-11 | D4 | P1+P2 | | 基于 P1+P2 的国际申请，指定：CA, CN, JP, US, EP（AT, BE, CH, DK, ES, FI, FR, GB, GR, IE, IT, LU, MC, NL, PT, SE） |
| 5 | CA | 2378242 | 2000-7-4 | A4 | Des | CA2378242A1 | 2001-1-11 | D5 | P1+P2 | A3-Des | 进入国家阶段的 A3 专利申请 |
| 6 | EP | 00952898.5 | 2000-7-4 | A5 | Des | EP1194974A1 | 2002-4-10 | D6 | P1+P2 | A3-Des | 进入欧洲阶段的 A3 专利申请，指定：AT, BE, CH, CY, DE, DK, ES, FI, FR, GB, GR, IE, IT, LU, MC, NL, PT, SE |

续表

| 序号 | 国家 | 专利申请项 | | | | 专利文献公布项 | | | 专利族解析项 | | |
|---|---|---|---|---|---|---|---|---|---|---|---|
| | | 申请号 | 申请日 | 主标识 | 辅助标识 | 公布号 | 公布日 | 标识 | 优先权 | 其他关系 | 简要说明 |
| 7 | CN | 00811229.0 | 2000 – 7 – 4 | A6 | Des | CN1384984A | 2002 – 12 – 11 | D7 | P1 + P2 | A3 – Des | 进入国家阶段的 A3 专利申请 |
| 8 | | 同上 | | | | CN1222069C | 2005 – 10 – 05 | D8 | 同上 | | D7 的二次公布（授权） |
| 9 | JP | 2001 – 508532 | 2000 – 7 – 4 | A7 | Des | JP2003 – 520390A | 2003 – 7 – 2 | D9 | P1 + P2 | A3 – Des | 进入国家阶段的 A3 专利申请 |
| 10 | US | 10/042057 | 2002 – 1 – 7 | A8 | Des + Con | US2002/ 0187375A1 | 2002 – 12 – 12 | D10 | P1 + P2 | A3 – Des + Con | 进入国家阶段的 A3 专利申请的继续申请 |
| 结论 | | 专利申请数量 | | 8 项 | | 同族专利数量 | 10 件 | | 专利族种类 | | 简单专利族 |

注：

"主标识"：A——专利申请，P——优先权。

"辅助标识"：Div——分案申请，Con——继续申请，Cip——部分继续申请，Rei——再颁专利，Ree——再审查专利，Add——增补或补充专利，Des——指定国。

"标识"：D——专利或专利申请公告（专利文献）。

## 第四节　专利法律状态检索

### 一、基本检索步骤

专利法律状态检索基本步骤如下：

### 二、确定检索要素

#### （一）检索要素

专利法律状态检索要素是指能够用于检索特定专利或专利申请的法律
状态的可检索成分。

#### （二）表达形式

表达形式为专利编号（包括申请号或优先申请号、文献号等）。

#### （三）表达规则

依各国专利法律状态检索系统要求而定。

### 三、选择专利检索系统

#### （一）检索中国专利法律状态信息

1. 网址

http：//search. sipo. gov. cn/sipo/zljs/searchflzt. jsp（见图 9 - 4 - 1）。

图 9 - 4 - 1　中国专利法律状态检索系统

2. 检索要素

检索要素为申请号。

3. 表达形式

申请号表达形式：年代（2 位或 4 位）＋申请种类（1 位）＋申请序号（5 位或 7 位），小数点和校验位去掉。

**（二）检索中国专利复审无效宣告文件**

1. 网址

http：//www. sipo-reexam. gov. cn/reexam＿out/searchdoc/search. jsp （见图 9 – 4 – 2）。

图 9 – 4 – 2　中国专利复审无效宣告检索系统

2. 检索要素

检索要素为：申请号，复审决定号，无效决定号。

3. 表达形式

申请号表达形式：年代（2 位或 4 位）＋申请种类（1 位）＋申请序号（5 位或 7 位），小数点和校验位去掉。

复审决定号表达形式：复审代码（FS）＋序号（4 位）。

无效决定号表达形式：无效代码（WX）＋序号（4 位）。

**（三）检索国际申请已公告的进入国家阶段信息和初审报告文件**

1. 网址

http：//www. wipo. int/pctdb/en/ （见图 9 – 4 – 3）。

图 9 - 4 - 3 WIPO 国际申请检索系统

2. 检索要素

检索要素为：文献号，申请号。

3. 表达形式

文献号表达形式：年代（4 位）＋公布序号（6 位），国别代码（WO）和文献种类代码去掉。

申请号表达形式：受理国国别代码＋年代（4 位）＋申请序号（6 位），组织名称缩写（PCT）去掉。

**（四）检索欧洲专利已公告的法律状态信息和审查过程文件**

1. 网址

https：//register. epo. org/espacenet/regviewer（见图 9 - 4 - 4）。

图 9 - 4 - 4 欧洲专利法律状态检索系统

2. 检索要素

检索要素为：文献号，申请号。

3. 表达形式

文献号表达形式：国别代码＋公布序号（7位），文献种类代码去掉。

申请号表达形式：国别代码＋年代（4位）＋申请序号（7位）。

**（五）检索美国专利的法律状态信息和审查过程文件**

1. 网址

http：//portal. uspto. gov/external/portal/pair（见图9－4－5）。

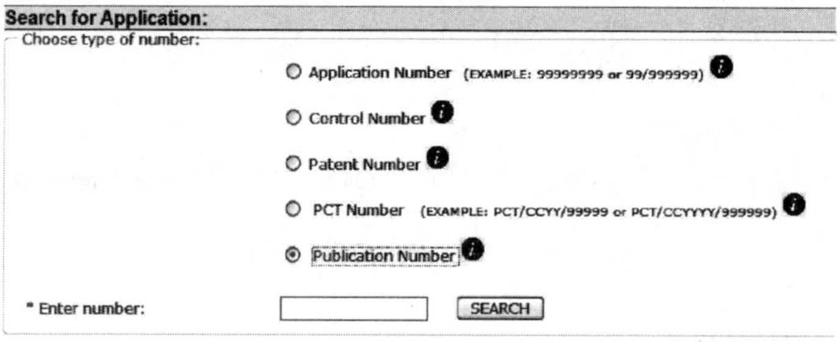

图9－4－5 美国专利法律状态检索系统

2. 检索要素

检索要素为：专利号，申请号，申请公布号，PCT申请号，再审查请求号。

3. 表达形式

专利号（Patent Number）表达形式：专利序号（7位），国家代码（US）和文献种类代码去掉。

申请号（Application Number）表达形式：系列号（2位）＋申请序号（6位）。

申请公布号（Publication Number）表达形式：年代（4位）＋申请公布序号（7位），国家代码（US）和文献种类代码去掉。

PCT申请号（PCT Number）表达形式：组织名称缩写（PCT）＋/＋受理国国别代码＋年代（2位或4位）＋/＋申请公布序号（5位或6位）。

再审查请求号（Control Number）表达形式：系列号（2位）＋申请序号（6位）。

**（六）检索日本专利的法律状态信息**

1. 网址

http：//www1. ipdl. inpit. go. jp/IPDL/keika. htm（见图9－4－6）。

图 9 - 4 - 6　日本专利法律状态检索系统

2. 检索要素

检索要素为：专利号，申请号，公开号，公告号。

3. 表达形式

专利号（登録番号）表达形式：专利序号（7 位）。

申请号（出願番号）表达形式：本国纪年代码 + 本国纪年年代（2 位）+ 申请序号（6 位）。

公开号（公開番号）表达形式：本国纪年代码 + 本国纪年年代（2 位）+ 申请序号（6 位）。

公告号（公告番号）表达形式：本国纪年代码 + 本国纪年年代（2 位）+ 申请序号（6 位）。

**（七）检索加拿大专利的法律状态信息**

1. 网址

http：//brevets-patents. ic. gc. ca/opic-cipo/cpd/eng/search/number. html （见图 9 - 4 - 7）。

2. 检索要素

检索要素为文献号。

3. 表达形式

表达形式为 7 位序号。

**（八）检索德国专利的法律状态信息和审查过程文件**

1. 网址

https：//register. dpma. de/DPMAregister/pat/einsteiger （见图 9 - 4 - 8）。

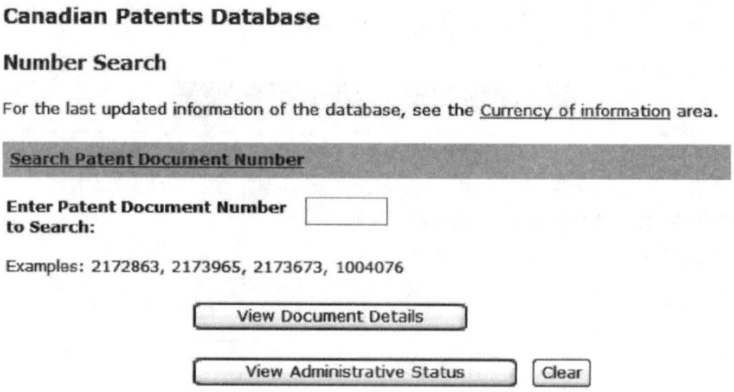

**Canadian Patents Database**

**Number Search**

For the last updated information of the database, see the Currency of information area.

**Search Patent Document Number**

**Enter Patent Document Number to Search:**

Examples: 2172863, 2173965, 2173673, 1004076

View Document Details

View Administrative Status    Clear

图 9 - 4 - 7　加拿大专利法律状态检索系统

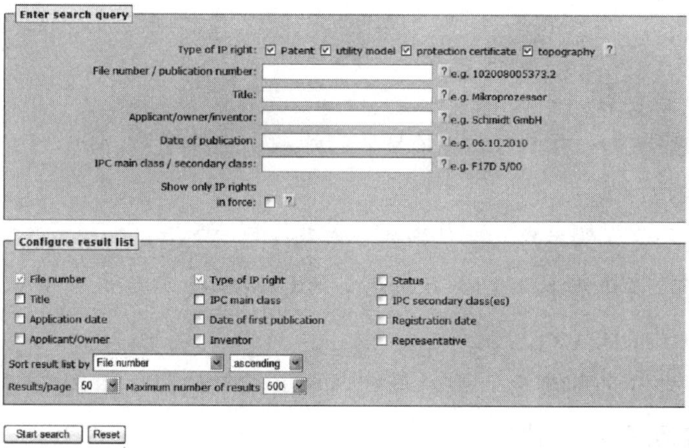

Enter search query

Type of IP right: ☑ Patent ☑ utility model ☑ protection certificate ☑ topography  ?

File number / publication number: _____ ? e.g. 102008005373.2

Title: _____ ? e.g. Mikroprozessor

Applicant/owner/inventor: _____ ? e.g. Schmidt GmbH

Date of publication: _____ ? e.g. 06.10.2010

IPC main class / secondary class: _____ ? e.g. F17D 3/00

Show only IP rights in force: ☐ ?

Configure result list

☑ File number　　☑ Type of IP right　　☐ Status
☐ Title　　☐ IPC main class　　☐ IPC secondary class(es)
☐ Application date　　☐ Date of first publication　　☐ Registration date
☐ Applicant/Owner　　☐ Inventor　　☐ Representative

Sort result list by  File number ▾  ascending ▾
Results/page 50 ▾  Maximum number of results 500 ▾

Start search    Reset

图 9 - 4 - 8　德国专利法律状态检索系统

2. 检索要素

检索要素为申请/文献号。

3. 表达形式

7 位申请号表达形式：序号。

8 位申请号表达形式：申请种类代码（1 位）＋年代（2 位）＋序号（5 位）。

12 位申请号表达形式：申请种类代码（2 位）＋年代（4 位）＋序号（6 位）。

**（九）检索英国专利的法律状态信息**

1. 网址

http：//www. ipo. gov. uk/types/patent/p-os/p-find/p-find-number. htm（见图 9 - 4 - 9）。

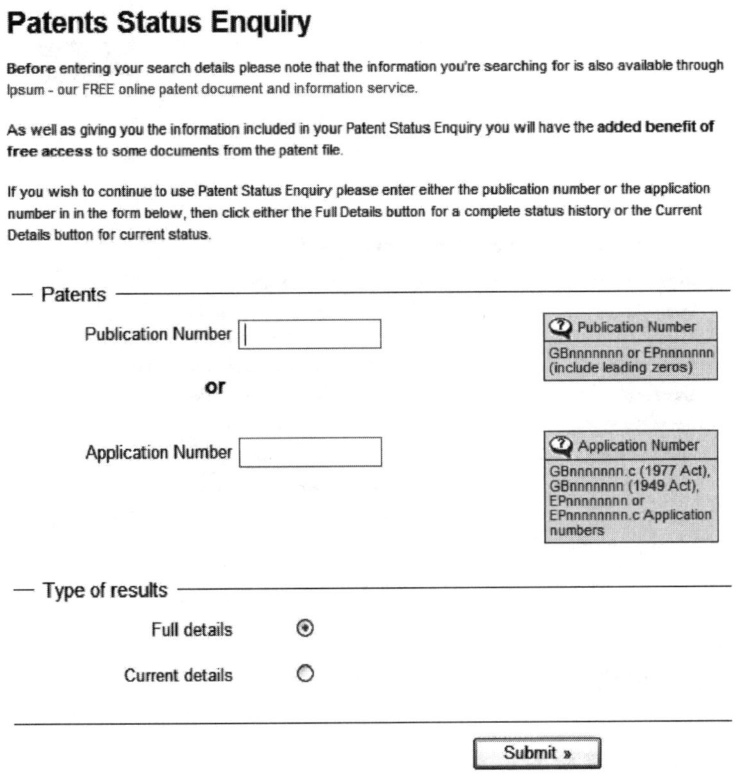

图 9 - 4 - 9　英国专利法律状态检索系统

**2. 检索要素**

检索要素为：文献号，申请号。

**3. 表达形式**

文献号表达形式：国家代码 + 专利序号（7 位）。

英国申请号表达形式：国家代码 + 年代（2 位）+ 申请序号（5 位）。

欧洲申请号表达形式：国家代码 + 年代（2 位）+ 申请序号（6 位）。

**（十）检索澳大利亚专利的法律状态信息**

**1. 网址**

http：//www. ipaustralia. gov. au/auspat/index. htm（见图 9 - 4 - 10）。

**2. 检索要素**

检索要素为专利/申请号。

**3. 表达形式**

专利/申请号表达形式：年代（4 位）+ 序号（6 位）。

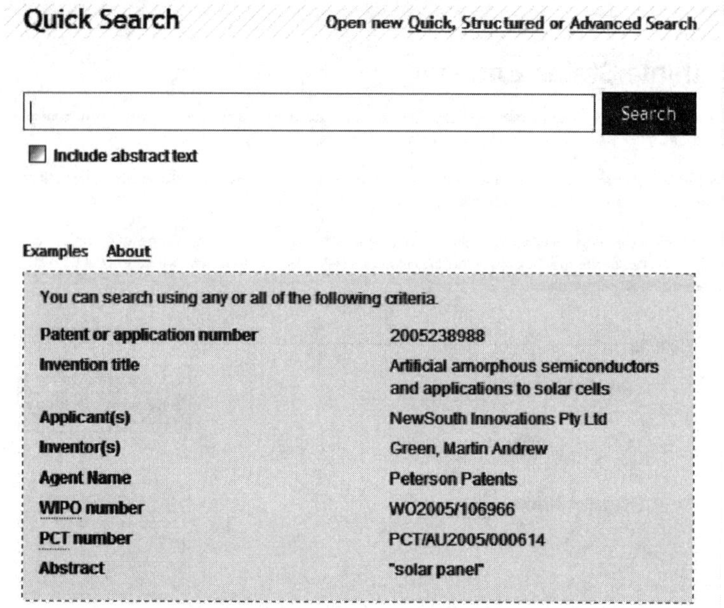


图 9－4－10　澳大利亚专利法律状态检索系统

## 四、执行检索

### （一）查找法律状态信息

根据检索对象的国家，选择好检索系统，将检索要素表达组成正确的检索式，进行检索，找到准确的法律状态信息。

例一：

检索目的：中国专利 01118900. 2 法律状态信息。

检索要素表达：01118900。

检索结果：如图 9－4－11 所示。

| | | | |
|---|---|---|---|
| 申请（专利）号 | 01118900.2 | 授权公告号 | |
| 法律状态公告日 | 2012.04.04 | 法律状态类型 | 专利权的无效宣告 |
| 专利权全部无效<br>IPC(主分类):H04Q 7/22<br>授权公告日:20031126<br>无效宣告决定日:20101229<br>无效宣告决定号:15880 | | | |

图 9－4－11　中国专利法律状态检索结果

检索结果解读：2012. 04. 04，专利权的无效宣告。

例二：

检索目的：欧洲专利 EP0963989 法律状态。

检索要素表达：EP0963989。

检索结果：如图 9－4－12 和图 9－4－13 所示。

EP0963989 - CEPHALOSPORIN CRYSTALS AND PROCESS FOR PRODUCING THE SAME [Right-click to bookmark this link]

| | |
|---|---|
| Status | The application is deemed to be withdrawn<br>*Database last updated on 23.06.2012* |

图 9－4－12　欧洲专利法律状态检索结果 About this file：EP0963989

| | | |
|---|---|---|
| 10.01.2003 | Application deemed to be withdrawn | |
| 02.05.2003 | Application deemed to be withdrawn | published on 18.06.2003 [2003/25] |

图 9－4－13　欧洲专利法律状态检索结果 Event history：EP0963989

检索结果解读：Application deemed to be withdrawn，published on 18.06.2003 [2003/25]（申请被视为撤回，2003 年 6 月 18 日在第 2003/25 期公报公告）。

例三：

检索目的：美国专利 US6420602B1 法律状态。

检索要素表达：6420602。

检索结果：如图 9－4－14 所示。

09/890,398　METHOD FOR THE PRODUCTION OF TETRAMETHYLTHIURAM DISULFIDE

Application Data | Transaction History | Patent Term Adjustments | Foreign Priority | Published Documents | Fees | Address & Attorney/Agent

**Bibliographic Data**

| | | | |
|---|---|---|---|
| Application Number: | 09/890,398 | Customer Number: | - |
| Filing or 371 (c) Date: | 10-26-2001 | Status: | Patent Expired Due to NonPayment of Maintenance Fees Under 37 CFR 1.362 |
| Application Type: | Utility | Status Date: | 08-16-2006 |
| Examiner Name: | O SULLIVAN, PETER G | Location: | PUBS - CERTIFICATES OF CORRECTION BRANCH, PK3-922 |
| Group Art Unit: | 1621 | Location Date: | 08-04-2006 |
| Confirmation Number: | 1580 | Earliest Publication No: | - |
| Attorney Docket Number: | 2001-1044A | Earliest Publication Date: | - |
| Class / Subclass: | 564/076 | Patent Number: | 6,420,602 |
| First Named Inventor: | Guido Matthijs , Gent, (BE) | Issue Date of Patent: | 07-16-2002 |

图 9－4－14　美国专利法律状态检索结果

检索结果解读：Patent Expired Due to NonPayment of Maintenance Fees Under 37 CFR 1.362，08－16－2006（2006 年 8 月 16 日，专利因未按 37 CFR 1.362 缴纳维持费而终止）。

例四：

检索目的：日本专利 JP03－225650A 法律状态。

检索要素表达：H03－225650。

检索结果：如图 9－4－15 和图 9－4－16 所示。

检索结果解读：查定種別（拒絶查定），查定発送日（平 11.11.30）；查定不服審判，平 11－20343，請求日（平 11.12.29）；審判（判定含む）請求不成立，最終処分日（平 16.11.11）（1999 年 11 月 30 日审查驳回，1999 年 12 月 29 日提出复审请求，2004 年 11 月 11 日驳回复审请求，此

| | |
|---|---|
| 出願記事 | 特許 平02-021210 (平2.1.31) 出願種別(通常) |
| 公開記事 | 平03-225650 (平3.10.4) |
| 発明の名称 | 光ディスクシステム |
| 出願人 | ソニー株式会社 |
| 発明・考案・創作者 | 渡辺 哲、青木 芳夫 |
| 公開・公表IPC | 国際分類 第5版<br>G11B 11/10 Z<br>G11B 7/00 X<br>G11B 7/135 Z<br>G11B 7/24 B |
| 出願細項目記事 | 査定種別(拒絶査定) |
| 審判記事登録記録 | 査定不服審判 平11-20343 請求日(平11.12.29) 審判(判定含む) 請求不成立 最終処分日(平16.11.1 |

图 9-4-15 日本专利法律状态检索结果［基本項目］

<table>
<tr><th>指定番号</th><th>1世代</th><th>2世代</th><th>3世代</th><th>4世代</th><th>5世代</th></tr>
<tr><td rowspan="5">特許<br>出願 平02-021210</td><td>出願 平09-033010<br>登録 3104201</td><td rowspan="3"></td><td rowspan="4"></td><td rowspan="4"></td><td rowspan="4"></td></tr>
<tr><td>出願 平09-033011<br>登録 3022375</td></tr>
<tr><td>出願 平09-033012<br>登録 3104202</td></tr>
<tr><td rowspan="2">出願 2000-020060</td><td>出願 2003-147152</td></tr>
<tr><td>出願 2003-434845</td><td>出願 2004-348755</td><td>出願 2005-335670</td><td>出願 2006-238835</td></tr>
</table>

图 9-4-16 日本专利法律状态检索结果［分割出願情報］

外，本件专利申请还有 9 件分案申请）。

### （二）查找审查过程文件

例一：

检索目的：中国专利 90226942.9 无效决定文件。

检索要素表达：90226942。

检索结果：找到 90226942.9 无效决定文件（见图 9-4-17）。

| | | | |
|---|---|---|---|
| 发明创造名称 | 公路客车卧铺车厢 | 外观设计名称 | |
| 决定号 | WX1838 | 决定日 | 2000-02-25 00:00:00.0 |
| 委内编号 | 5W01401,5W09421,5W01510 | 优先权日 | |
| 申请（专利）号 | 90226942.9 | 申请日 | 1990-12-26 00:00:00.0 |
| 复审请求人 | | 无效请求人 | 郑州宇通客车股份有限公司 |
| 授权公告日 | 1991-12-04 00:00:00.0 | 审定公告日 | |
| 专利权人 | 昆明汽车运输总站 | 主审员 | 徐嫒嫒 |
| 合议组组长 | 陈海平 | 参审员 | 王雁琴 |
| 国际分类号 | B60P3/32 | 外观设计分类号 | |
| 法律依据 | 中国专利法第22条第2、3款 | | |
| 决定要点 | 1.权利要求1—3所述的全部技术特征已被请求人提供的本专利申请日前的一公开出版物所公开，故权利要求1—3无新颖性。<br><br>2.权利要求4是所属技术领域公知常识，权利要求5是本领域的普通技术人员结合该领域的技术常识并根据具体需要可以实现的，不需再进行任何创造性的劳动，故权利要求4及5无创造性。 | | |

图 9-4-17 中国专利 90226942.9 无效决定

例二：

检索目的：欧洲专利 EP1495730B1 审查意见通知书。

检索要素表达：EP1495730。

检索结果：找到 EP1495730B1 审查部通知及附件（见图 9-4-18 至图 9-4-20）。

| 29.08.2005 | Annex to the communication | Search / examination |
| 29.08.2005 | Communication from the Examining Division | Search / examination |
| 13.06.2005 | Letter concerning fees and payments | Search / examination |

图 9 − 4 − 18　All documents：EP1495730（审查过程文件目录）

| Application No. 03 015 391.0 - 2318 | Ref. EP28003-011/Peu | Date 29.08.2005 |
| Applicant Lin, Kwan-Ku | | |

**Communication pursuant to Article 96(2) EPC**

The examination of the above-identified application has revealed that it does not meet the requirements of the European Patent Convention for the reasons enclosed herewith. If the deficiencies indicated are not rectified the application may be refused pursuant to Article 97(1) EPC.

You are invited to file your observations and insofar as the deficiencies are such as to be rectifiable, to correct the indicated deficiencies within a period

of　4　months

from the notification of this communication, this period being computed in accordance with Rules 78(2) and 83(2) and (4) EPC.

One set of amendments to the description, claims and drawings is to be filed within the said period on separate sheets (Rule 36(1) EPC).

**Failure to comply with this invitation in due time will result in the application being deemed to be withdrawn (Article 96(3) EPC).**

图 9 − 4 − 19　Communication from the Examining Division（审查部通知）

The examination is being carried out on the **following application documents**:

Text for the Contracting States:
AT BE BG CH CY CZ DE DK EE ES FI FR GB GR HU IE IT LU MC NL PT RO SE SI SK TR LI

**Description, pages:**

1-10　　　　　　as originally filed

**Claims, No.:**

1-9　　　　　　as originally filed

**Drawings, No.:**

1/6-6/6　　　　as originally filed

1　The following documents (D) are referred to in this communication; the numbering will be adhered to in the rest of the procedure:

D1: US-A-6 402 784
D2: US-A-6 017 366
D3: US2002/0068974

2　The application does not meet the requirements of Article 84 EPC, because claims 1, 2, 5, 6, 8, and 9 are not clear.

图 9 − 4 − 20　Annex to the communication（通知附件）

例三：

检索目的：美国专利 US20040210297A1 审查意见通知书。

检索要素表达：20040210297。

检索结果：找到 US20040210297A1 非最终驳回决定和最终驳回决定（见图 9－4－21 至图 9－4－23）。

| | | | | | |
|---|---|---|---|---|---|
| 12-13-2005 | CTNF | Non-Final Rejection | PROSECUTION | 5 | ☐ |
| 12-13-2005 | 892 | List of references cited by examiner | PROSECUTION | 1 | ☐ |
| 12-13-2005 | SRFW | Search information including classification, databases and other search related notes | PROSECUTION | 1 | ☐ |
| 12-13-2005 | FWCLM | Index of Claims | PROSECUTION | 1 | ☐ |
| 12-12-2005 | SRNT | Examiner's search strategy and results | PROSECUTION | 6 | ☐ |

图 9－4－21　Available Documents（审查过程文件目录）

| *Office Action Summary* | Application No. 10/611,998 | Applicant(s) LIN ET AL. |
|---|---|---|
| | Examiner D. Jacob Davis | Art Unit 3733 |

*-- The MAILING DATE of this communication appears on the cover sheet with the correspondence address --*

**Period for Reply**

A SHORTENED STATUTORY PERIOD FOR REPLY IS SET TO EXPIRE 3 MONTH(S) OR THIRTY (30) DAYS, WHICHEVER IS LONGER, FROM THE MAILING DATE OF THIS COMMUNICATION.

- Extensions of time may be available under the provisions of 37 CFR 1.136(a). In no event, however, may a reply be timely filed after SIX (6) MONTHS from the mailing date of this communication.
- If NO period for reply is specified above, the maximum statutory period will apply and will expire SIX (6) MONTHS from the mailing date of this communication.
- Failure to reply within the set or extended period for reply will, by statute, cause the application to become ABANDONED (35 U.S.C. § 133). Any reply received by the Office later than three months after the mailing date of this communication, even if timely filed, may reduce any earned patent term adjustment. See 37 CFR 1.704(b).

**Status**

1)☐ Responsive to communication(s) filed on ____.

2a)☐ This action is **FINAL**.　　2b)☒ This action is non-final.

3)☐ Since this application is in condition for allowance except for formal matters, prosecution as to the merits is closed in accordance with the practice under *Ex parte Quayle*, 1935 C.D. 11, 453 O.G. 213.

**Disposition of Claims**

4)☒ Claim(s) *1-16* is/are pending in the application.

4a) Of the above claim(s) ____ is/are withdrawn from consideration.

5)☒ Claim(s) *2 and 10-16* is/are allowed.

6)☒ Claim(s) *1 and 3-9* is/are rejected.

7)☐ Claim(s) ____ is/are objected to.

8)☐ Claim(s) ____ are subject to restriction and/or election requirement.

图 9－4－22　Non-Final Rejection（非最终驳回决定）

| *Office Action Summary* | Application No. 10/611,998 | Applicant(s) LIN ET AL. |
|---|---|---|
| | Examiner D. Jacob Davis | Art Unit 3733 |

*-- The MAILING DATE of this communication appears on the cover sheet with the correspondence address --*

**Period for Reply**

A SHORTENED STATUTORY PERIOD FOR REPLY IS SET TO EXPIRE 3 MONTH(S) OR THIRTY (30) DAYS, WHICHEVER IS LONGER, FROM THE MAILING DATE OF THIS COMMUNICATION.

- Extensions of time may be available under the provisions of 37 CFR 1.136(a). In no event, however, may a reply be timely filed after SIX (6) MONTHS from the mailing date of this communication.
- If NO period for reply is specified above, the maximum statutory period will apply and will expire SIX (6) MONTHS from the mailing date of this communication.
- Failure to reply within the set or extended period for reply will, by statute, cause the application to become ABANDONED (35 U.S.C. § 133). Any reply received by the Office later than three months after the mailing date of this communication, even if timely filed, may reduce any earned patent term adjustment. See 37 CFR 1.704(b).

**Status**

1)☒ Responsive to communication(s) filed on *08 March 2005*.

2a)☐ This action is **FINAL**.　　2b)☒ This action is non-final.

3)☐ Since this application is in condition for allowance except for formal matters, prosecution as to the merits is closed in accordance with the practice under *Ex parte Quayle*, 1935 C.D. 11, 453 O.G. 213.

**Disposition of Claims**

4)☒ Claim(s) *2 and 10-16* is/are pending in the application.

4a) Of the above claim(s) ____ is/are withdrawn from consideration.

5)☐ Claim(s) ____ is/are allowed.

6)☒ Claim(s) *2 and 10-16* is/are rejected.

7)☐ Claim(s) ____ is/are objected to.

8)☐ Claim(s) ____ are subject to restriction and/or election requirement.

图 9－4－23　Final Rejection（最终驳回决定）

## 第五节　专利引文检索

### 一、检索基本步骤

专利引文检索基本步骤如下：

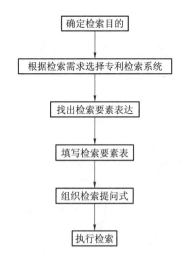

### 二、确定检索目的

在此，将以对照表形式展示专利引文检索的目的与检索对象之间的关系（见表 9 - 5 - 1）。

表 9 - 5 - 1　检索目的与检索对象关系

| 检 索 目 的 | 检 索 对 象 |
|---|---|
| 了解尚未授权专利的授权前景 | 检索报告中的审查对比文件 |
| 扩大专利技术主题检索结果命中范围 | 引用参考文献； |
| 特定专利技术生命周期分析 | 审查对比文件 |
| 比较美、日、欧专利审查员审批同族专利申请的依据及结果的异同 | 同族专利单行本扉页上的审查对比文件；同族专利审查意见通知书中的对比文件 |
| 技术发展轨迹分析 | 被引用情况 |
| 核心专利分析 | |

### 三、根据检索需求选择专利检索系统

#### (一) 专利单行本

浏览专利单行本，可从扉页和检索报告中提取审查对比文件，可从说明书背景技术部分中提取引用参考文献

#### (二) 专利检索系统

1. 欧洲专利局 "Espacenet"

利用欧洲专利局 "Espacenet" 可检索欧洲专利文献和国际申请文献的引用文献和引用了欧洲专利文献和国际申请文献的其他国家的文献信息（见图 9 - 5 - 1）。

**Number search**

**1. Database**

Select the database you want to search in from the drop-down list.　**i**

Worldwide - collection of published applications from 90+ countries

**2. Enter number**

Enter either application, publication or priority number with or without country code prefix, or NPL reference number

Number:　**i**　　　　　　　　　　　　　　　　　　　　　　WO2008014520

　　　　　　　　　　　　　　　　　　　　　　　　　　Clear　　Search

图 9 - 5 - 1　"Espacenet" 号码检索界面

2. 美国专利商标局 "PatFT：Patents"

利用美国专利商标局 "PatFT：Patents" 可检索引用了某专利（世界范围）的美国专利文献（见图 9 - 5 - 2）。

Query [Help]

Term 1: [　　　　　　　　]　in Field 1: Referenced By

　　　　　　　　　　AND

Term 2: [　　　　　　　　]　in Field 2: Foreign References

Select years [Help]

1976 to present [full-text]　　　　　　　　　　　　　　　Search

图 9 - 5 - 2　"PatFT：Patents" 检索界面

#### (三) 专利法律状态检索系统

检索审查意见通知书或复审无效公告文件，之后可从审查意见通知书

或复审无效公告文件中提取审查或复审无效对比文件信息。

1. 中国国家知识产权局专利复审委员会"审查决定检索"

利用中国国家知识产权局专利复审委员会"审查决定检索"检索无效决定，之后可从无效决定中提取由无效请求人提供的无效对比文件信息（见图9－5－3）。

图9－5－3　"审查决定检索"检索界面

2. 欧洲专利局"European Patent Register"

利用欧洲专利局"European Patent Register"检索被驳回的欧洲专利申请的审查过程文件，之后可从审查意见通知书中提取作为驳回专利申请理由的对比文件信息（见图9－5－4）。

图9－5－4　"European Patent Register"检索界面

3. 美国专利商标局"Public PAIR"

检索被驳回美国专利申请的审查过程文件，之后可从审查意见通知书中提取作为驳回专利申请理由的对比文件信息（见图9－5－5）。

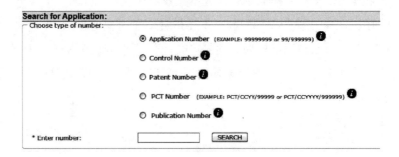

图 9 – 5 – 5    "Public PAIR" 检索界面

### （四）专利引文检索系统

利用印度国家信息中心 "US Patents Citation" 仅可检索 US5500000 号以后的美国专利文献中引用的美国专利和被其他美国专利文献引用的信息（见图 9 – 5 – 6）。

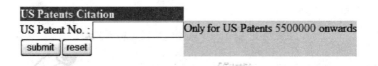

图 9 – 5 – 6    "US Patents Citation" 检索界面

### 四、找出检索要素表达

#### （一）检索要素

专利引文检索要素是指能够用于检索特定专利或专利申请的引文的必检索成分。

#### （二）表达形式

专利引文检索要素的表达形式主要是专利编号，包括申请号或优先申请号、文献号等。

#### （三）表达规则

参见本章第三节三（三）1 相关内容。

### 五、填写检索要素表

基于 Espacenet 检索系统。

## （一）申请号/优先申请号检索要素表

**表 9 - 5 - 2   申请号检索要素**

| 检索要素 | 国别 | 申请年代 | 申请种类 | 序号 |
|---|---|---|---|---|
| 申请号/<br>优先申请号 | | | – | |

注："–"表示无可用检索要素表达。

例如，专利申请号为 03137991.5 的填写实例见表 9 - 5 - 3。

**表 9 - 5 - 3   中国 03137991.5 申请号填写实例**

| 检索要素 | 国别 | 申请年代 | 申请种类 | 序号 |
|---|---|---|---|---|
| 申请号/<br>优先申请号 | CN | 2003 | 1 | 037991 |

## （二）文献号检索要素表

**表 9 - 5 - 4   文献号检索要素**

| 检索要素 | 国别 | 公布年代 | 公布序号 | 文献种类 |
|---|---|---|---|---|
| 文献号 | | | – | |

注："–"表示无可用检索要素表达。

## 六、组织检索提问式

基于 Espacenet 检索系统。

检索提问式组织原则：将检索要素表中列出的所有检索要素表达组织成一个完整检索字符串。

例如：

专利申请号：03137991.5

检索提问式：CN20031037991

## 七、执行检索

### （一）利用欧洲专利局"Espacenet"检索

例如，利用欧洲专利局"Espacenet"检索"EP1495730"的专利引文。

首先根据检索要素表组织检索式，输入正确的检索字符串，如图9－5－7。

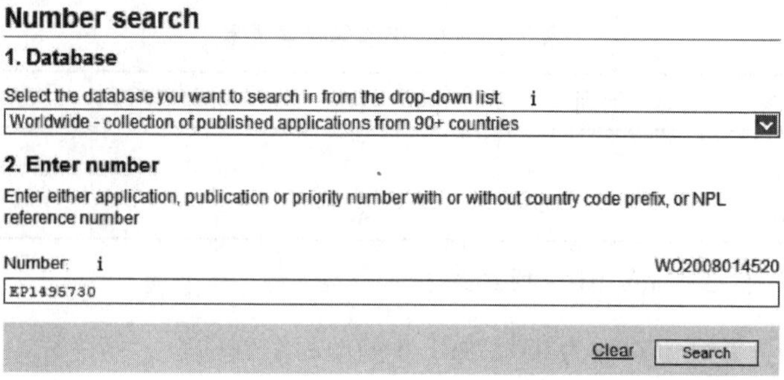

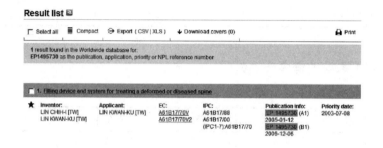

图9－5－7 "Espacenet" 检索输入

执行检索，检索到该专利信息，如图9－5－8。

图9－5－8 EP1495730检索结果

双击专利名称，进入著录项目显示页，如图9－5－9。

图9－5－9 著录项目显示

选择 "Cited documents"，检索该专利所引用的专利文献，见图9－5－10。

选择 "Citing documents"，检索引用该专利的专利文献，见图9－5－11。

**（二）利用美国专利商标局 "PatFT：Patents" 检索**

例如，利用美国专利商标局 "PatFT：Patents" 检索引用了 "US6017366"

图 9 - 5 - 10 引用的专利文献检索

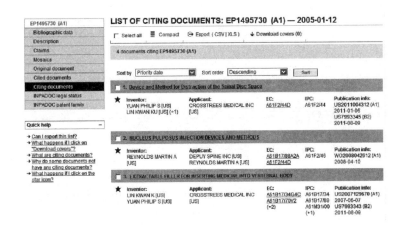

图 9 - 5 - 11 被引用的专利文献检索

的美国专利文献。

　　首先根据检索要素表组织检索式，输入正确的检索字符串，如图 9 - 5 - 12。

図 9 - 5 - 12　"PatFT：Patents" 检索输入

执行检索，检索到引用该美国专利的其他美国专利信息，如图 9 - 5 - 13。

```
Results of Search in US Patent Collection db for:
REF/6017366: 18 patents.
Hits 1 through 18 out of 18
```

Jump To [        ]

Refine Search [ REF/6017366                           ]

```
PAT. NO.     Title
1 D655,008 T Trapezium prosthesis
2 D642,689 T Trapezium prosthesis
3 7,828,845 T Laterally expanding intervertebral fusion device
4 D619,718 T Trapezium prosthesis
5 7,699,879 T Apparatus and method for providing dynamizable translations to orthopedic implants
6 7,674,296 T Expandable vertebral prosthesis
7 7,261,741 T Prosthesis with resorbable collar
```

图 9 - 5 - 13    检索结果

### （三）利用美国专利商标局"Public PAIR"检索

例如，利用美国专利商标局"Public PAIR"检索"US20040210297A1"审查报告中的引用文献。

首先根据检索要素表组织检索式，输入正确的检索字符串，如图9-5-14。

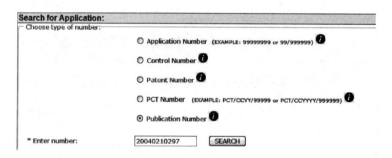

图 9 - 5 - 14    "Public PAIR"输入

执行检索，检索到该号码专利法律状态信息，选择"Image File Wrapper"选项并进入，如图9-5-15。

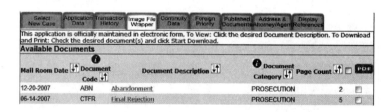

图 9 - 5 - 15    "Image File Wrapper"选项界面

在列表中选择"List of references cited by examiner"目录，打开该文件，即可找到审查员在审查该专利申请时引用的专利目录，如图9-5-16。

| Notice of References Cited | Application/Control No. 10/611,998 | Applicant(s)/Patent Under Reexamination LIN ET AL. | |
|---|---|---|---|
| | Examiner D. Jacob Davis | Art Unit 3733 | Page 1 of 1 |

U.S. PATENT DOCUMENTS

| * | | Document Number Country Code-Number-Kind Code | Date MM-YYYY | Name | Classification |
|---|---|---|---|---|---|
| * | A | US-5,514,137 | 05-1996 | Coutts, Richard D. | 606/62 |
| * | B | US-5,549,679 | 08-1996 | Kuslich, Stephen D. | 623/17.12 |
| * | C | US-6,248,110 | 06-2001 | Reiley et al. | 606/93 |
| | D | US- | | | |

图 9－5－16　“List of references cited by examiner”文件

**（四）利用中国国家知识产权局专利复审委员会“审查决定检索”**

例如，利用中国国家知识产权局专利复审委员会“审查决定检索”检索“CN200420109370.0”无效决定公告中的引用文献。

首先根据检索要素表组织检索式，输入正确的检索字符串，如图 9－5－17。

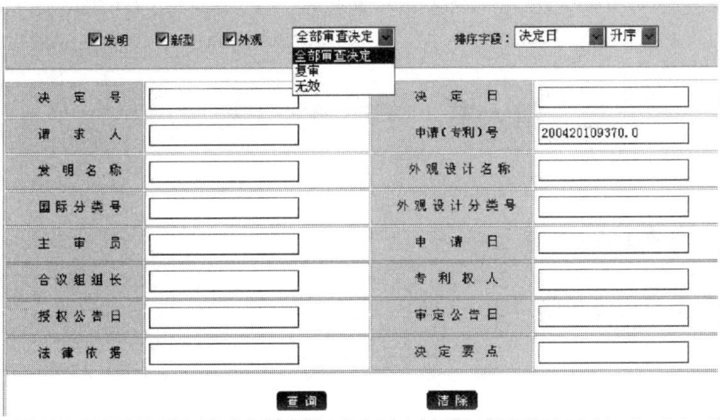


图 9－5－17　“审查决定检索”检索输入

检索到该专利申请的无效决定，如图 9－5－18。

| 发明（0） | 实用新型（1） | 外观设计（0） | | |
|---|---|---|---|---|
| | 决定号 | 申请（专利）号 | 决定日 | 名称 |
| 1 | WX12035 | 200420109370.0 | 2008-07-18 00:00:00.0 | 永磁直流电机 |

［首页］　［上一页］　［下一页］　［尾页］　第 1 页/共1页　共有 1 件审查决定　转到第 1 页

图 9－5－18　检索结果

点击“决定号”打开无效决定公告文件，如图 9－5－19。

浏览无效决定公告文件的“全文”部分，找到无效请求人提供的对比文件，如图 9－5－20。

| 发明创造名称 | 永磁直流电机 | 外观设计名称 | |
|---|---|---|---|
| 决定号 | WX12035 | 决定日 | 2008-07-18 00:00:00.0 |
| 案内编号 | | 优先权日 | |
| 申请（专利）号 | 200420109370.0 | 申请日 | 2004-12-03 00:00:00.0 |
| 复审请求人 | | 无效请求人 | 王佩佩 |
| 授权公告日 | 2006-07-05 00:00:00.0 | 审定公告日 | |
| 专利权人 | 常州亚美柯宝马电机有限公司 | 主审员 | 孙学锋 |
| 合议组组长 | 钱芸 | 参审员 | 王金珠 |
| 国际分类号 | H02K 11/00,H02K 11/02 | 外观设计分类号 | |
| 法律依据 | 专利法第22条第2款，第22条第3款 | | |

图 9 – 5 – 19　无效决定公告

对比文件1：授权公告号为CN2471012Y的中国实用新型专利说明书复印件，其公告日为2002年1月9日；
对比文件2：授权公告号为CN2382607Y的中国实用新型专利说明书复印件，其公告日为2000年6月14日；
对比文件3：申请号为03148391.7的中国发明专利申请公开说明书复印件，其公开日为2003年12月10日；
对比文件4：申请号为200410008059.1的中国发明专利申请公开说明书复印件，其申请日为2004年3月9日，公开日为2005年1月5日。

图 9 – 5 – 20　无效决定公告文件的"全文"部分

# 第六节　专利相关人检索

## 一、基本检索步骤

专利相关人检索基本步骤如下：

## 二、确定检索要素表达

### （一）检索要素

专利相关人检索要素是指能够用于检索特定专利相关人的专利或专利申请的可检索成分。

### （二）表达形式

表达形式为法人名称；自然人名字。

**（三）检索要素表达规则**

1. 法人名称表达

（1）选用名称中的关键词。选用关键词的优点是可降低漏检；选用关键词的缺点是会造成误检。

例一：

申请人：HEELING SPORTS LTD

关键词：HEELING

表达形式：HEELING

会误检到：HEELING HEINRICH

例二：

申请人：佳能株式会社

关键词：佳能

表达形式：佳能

会误检到：佳能星公司

（2）选用名称全称。选用全称的优点是检索较准确；选用全称的缺点是可能漏检。

例一：

申请人：HEELING SPORTS LTD

表达形式：HEELING SPORTS LTD

会漏检：HEELING SPORTS

例二：

申请人：佳能株式会社

表达形式：佳能株式会社

会漏检：佳能公司

（3）选择外国法人中文译名时需考虑译名多样性因素。

例如：

申请人全称：Services Petroliers Schlumberger

关键词：Schlumberger

关键词中文译名：斯伦贝谢，施卢默格，施蓝姆伯格，施鲁博格，施伦贝格尔，史伦伯格，施产默格，施卢墨格，施伦伯格，施卢姆贝格尔，施鲁姆伯格，施蓝伯格

表达形式：斯伦贝谢，施卢默格，施蓝姆伯格，施鲁博格，施伦贝格

尔，史伦伯格，施产默格，施卢墨格，施伦伯格，施卢姆贝格尔，施鲁姆伯格，施蓝伯格

（4）选择外国法人名称时还需考虑 PCT 申请各指定国申请人名称的不一致性因素。

例如，WO2006089618A1 国际申请上的申请人名称见图 9 – 6 – 1。

(19) World Intellectual Property Organization
International Bureau

(43) International Publication Date
31 August 2006 (31.08.2006)
PCT
(10) International Publication Number
**WO 2006/089618 A1**

(51) International Patent Classification:
*G01V 3/30* (2006.01)

(21) International Application Number:
PCT/EP2006/000776

(22) International Filing Date: 27 January 2006 (27.01.2006)

(25) Filing Language: English

(26) Publication Language: English

(30) Priority Data:
05290389.5  22 February 2005 (22.02.2005)  EP

(71) Applicant *(for FR only)*: SERVICES PETROLIERS SCHLUMBERGER [FR/FR]; 42, rue Saint Dominique, F-75007 Paris (FR).

(71) Applicant *(for AE, AL, AU, AZ, BG, CO, CZ, DE, DK, GR, HU, ID, IE, IL, IT, KP, KR, KZ, LT, MX, NO, NZ, OM, PL, RO, RU, SI, SK, TM, TN, TR, TT, UA, UZ, ZA only)*: SCHLUMBERGER TECHNOLOGY B.V. [NL/NL]; Parkstraat 83-89, 2514 JG The Hague (NL).

(71) Applicant *(for CA only)*: SCHLUMBERGER CANADA LIMITED [CA/CA]; 525-3rd Avenue S.W., Calgary, Alberta T2P 0G4 (CA).

(71) Applicant *(for GB, JP, NL only)*: SCHLUMBERGER HOLDINGS LIMITED; P.O. Box 71, Craigmuir Chambers, Road Twon, Tortola (VG).

(71) Applicant *(for AG, AM, AT, BA, BB, BE, BF, BJ, BR, BW, BY, BZ, CF, CG, CH, CI, CM, CN, CR, CU, CY, DM, DZ, EC, EE, EG, ES, FI, GA, GD, GE, GH, GM, GN, GQ, GW, HR, IN, IS, KE, KG, KM, KN, LC, LK, LR, LS, LU, LV, LY, MA, MC, MD, MG, MK, ML, MN, MR, MW, MZ, NA, NE, NG, NI, PG, PH, PT, SC, SD, SE, SG, SL, SM, SN, SY, SZ, TD, TG, TJ, TZ, UG, VC, VN, YU, ZM, ZW only)*: **PRAD RESEARCH AND DEVELOPMENT NV** [NL/NL]; De Ruyterkade 62, Willemstad-Curacao (NL).

(72) Inventors; and
(75) Inventors/Applicants *(for US only)*: SIMON, Matthieu [FR/FR]; Etudes et Productions Schlumberger, 1, rue Henri Becquerel, F-92142 Clamart Cedex (FR). BUDAN, Henri [FR/FR]; Etudes et Productions Schlumberger, 1, rue Henri Becquerel, F-92142 Clamart Cedex (FR). MOSSE, Laurent [FR/FR]; Etudes et Productions Schlumberger, 1, rue Henri Becquerel, F-92142 Clamart Cedex (FR). HIZEM, Mehdi [FR/FR]; Etudes et Productions Schlumberger, 1, rue Henri Becquerel, F-92142 Clamart Cedex (FR).

图 9 – 6 – 1  国际申请单行本扉页

关键词：SCHLUMBERGER（用于一些指定国），PRAD（用于另外一些指定国）

表达形式：SCHLUMBERGER，PRAD

中文译名关键词表达形式：斯伦贝谢，施卢默格，施蓝姆伯格，施鲁博格，施伦贝格尔，史伦伯格，施产默格，施卢墨格，施伦伯格，施卢姆贝格尔，施鲁姆伯格，施蓝伯格，普拉多

（5）选择代理机构名称代码。

例如：

代理机构：北京三聚阳光知识产权代理有限公司

机构代码：11250

表达形式：11250

2. 自然人名字表达

（1）中国人名字全称。

例如：

发明人：丘则有

表达形式：丘则有

（2）外国人西文名字。基于 ESPACENENT 检索：原名名在前，姓在后；表达时姓在前，名在后。

例如：

发明人：ANDREW SIMON

表达形式：SIMON ANDREW

（3）中国人西文译名。基于 ESPACENENT 检索：原名姓在前，名在后；表达时名在前，姓在后。

例如：

发明人：林智一

拼音：Lin Zhiyi

表达形式：zhiyi lin

（4）外国人中文译名。基于 CPRS 检索：中文译名的名和姓按原顺序排列，之间用分隔符"·"分开；表达时名和姓用逻辑"与"连接进行组配检索。

例如：

发明人：ANDREW SIMON

中文译名：安德鲁·西蒙

表达形式：安德鲁 * 西蒙

## 三、选择专利检索系统

### （一）检索外国法人拥有的中国专利

利用英文版中国专利检索系统检索外国法人西文名称。

网址：http：//59. 151. 93. 237/sipo_ EN/search/tabSearch. do？method =init（见图 9 - 6 - 2）。

### （二）检索受让人的美国专利

美国专利申请公布和授权公告被分别收录在"AppFT：Applications"和"PatFT：Patents"两个系统中，当专利权发生转移时则被收录到"Assignment Database"系统中，因此检索受让人拥有的美国专利时，需同时在三个系统中检索。

"AppFT：Applications" 网址：http：//patft. uspto. gov/netahtml/PTO/

search-adv. htm（见图 9 - 6 - 3）。

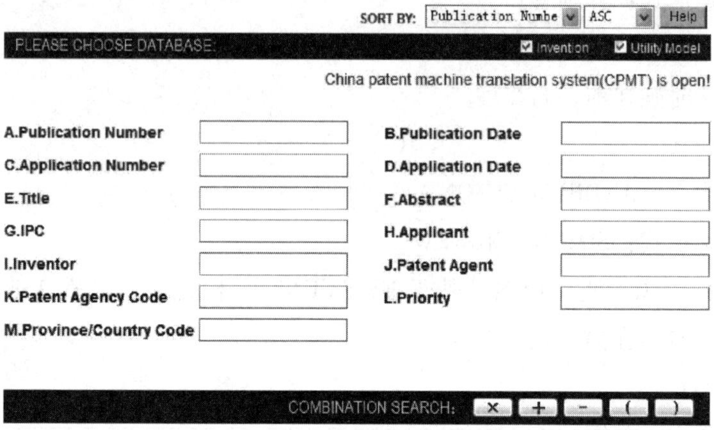

图 9 - 6 - 2　英文版中国专利检索系统检索界面

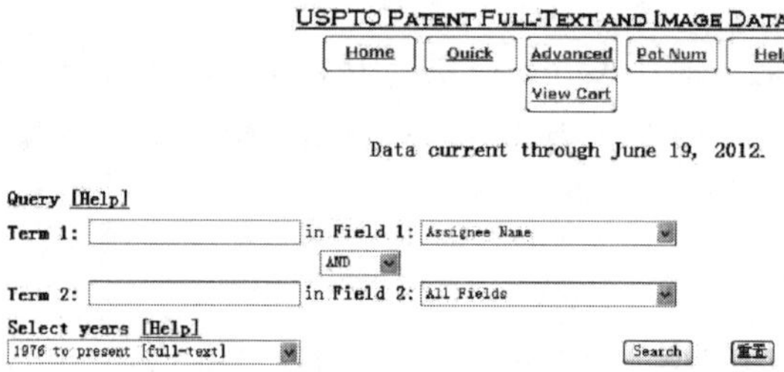

图 9 - 6 - 3　"AppFT：Applications" 检索界面

"PatFT：Patents" 网址：http：//appft. uspto. gov/netahtml/PTO/search-bool. html （见图 9 - 6 - 4）。

图 9 - 6 - 4　"PatFT：Patents" 检索界面

"Assignment Database" 网址：http：//assignments. uspto. gov/assignments/？db = pat（见图 9 - 6 - 5）。

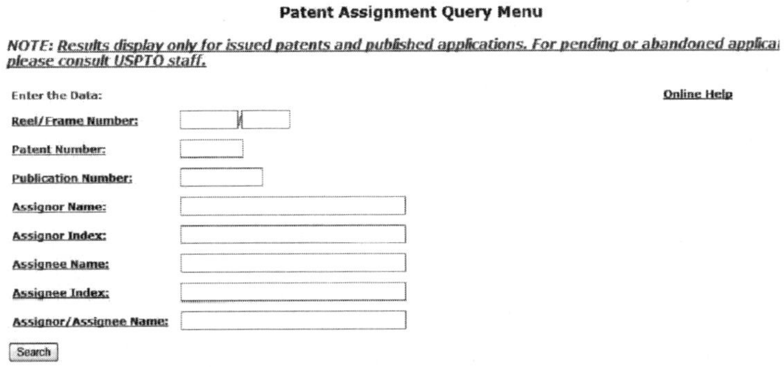


图 9－6－5　“Assignment Database”检索界面

## 四、执行检索

### （一）检索外国法人拥有的中国专利

例如：

申请人全称：Services Petroliers Schlumberger

PCT 指定中国申请人全称：PRAD RESEARCH AND DEVELOPMENT NV

关键词：Schlumberger，Prad

表达：Schlumberger + Prad

在英文版中国专利检索系统检索结果见图 9－6－6。

All 794　Invention 781　Utility Model 13

| SN | Application Number | Title |
|---|---|---|
| 1 | 85108384 | Method of olserving the pumping characteristics of a positive displacement pump, and a pump enabling the method to be implemented |
| 2 | 85108416 | Electro magnetic logging apparatus with slot antennas |
| 3 | 85109403 | Method and apparatus for acoustic dipole shear wave well logging |
| 4 | 85108418 | Entropy guided deconvolution of seismic signals |
| 5 | 85109033 | Method and apparatus for detecting and evaluating borehole wall fractures |
| 6 | 85107897 | Firing system for tubing conveyed perforating gun |
| 7 | 86102218 | Method and apparatus for displacing logging tools in deviated wells |
| 8 | 85103932 | Induction logging sonde with metallic support |
| 9 | 85104108 | Apparatus for microinductive investigation of earth formations |
| 10 | 86102661 | Machine for mixing solid pqrticles with a fluid composition |
| 11 | 85105022 | Electrohotographic recorder controller |
| 12 | 86104444 | Stress and temp. compensated surface acoustic wave devices |
| 13 | 85105548 | Methods and apparatus for measuring thermal neutron decay characteristics of earth formations |
| 14 | 86106827 | Quantitative determination by elemental logging of subsurface formation properties |
| 15 | 200580024112 | Methods for processing dispersive acoustic waveforms |

图 9－6－6　英文版中国专利检索系统检索结果

## （二）检索受让人的美国专利

例如：

受让人：LEAPFROG ENERPRISES, INC.

关键词：LEAPFROG

表达：

在"AppFT: Applications"系统检索结果见图9-6-7。

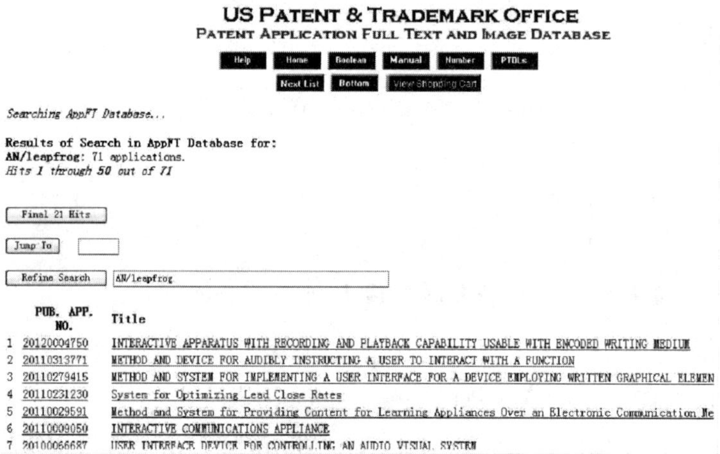

图9-6-7　"AppFT: Applications"检索结果

在"PatFT: Patents"系统检索结果见图9-6-8。

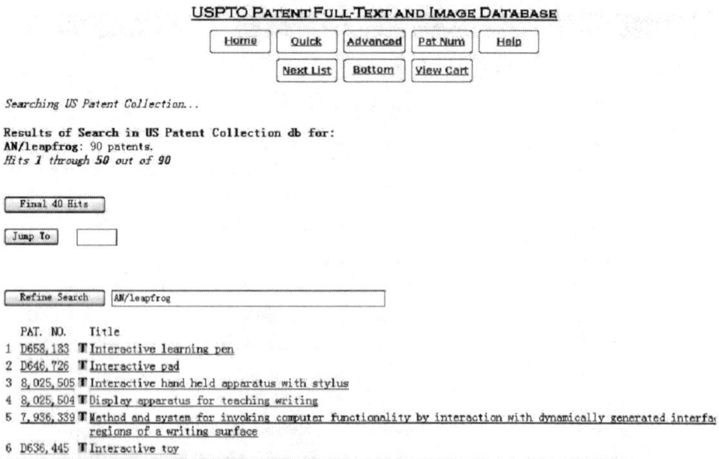

图9-6-8　"PatFT: Patents"检索结果

在"Assignment Database"系统检索如图9-6-9所示。

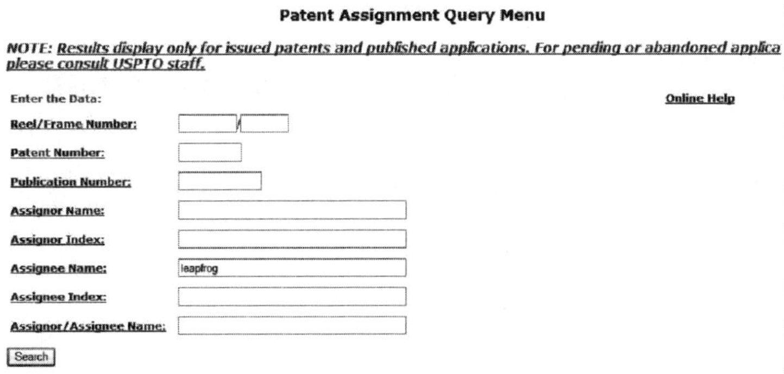

图 9 – 6 – 9　"Assignment Database" 检索式输入

检索结果见图 9 – 6 – 10。

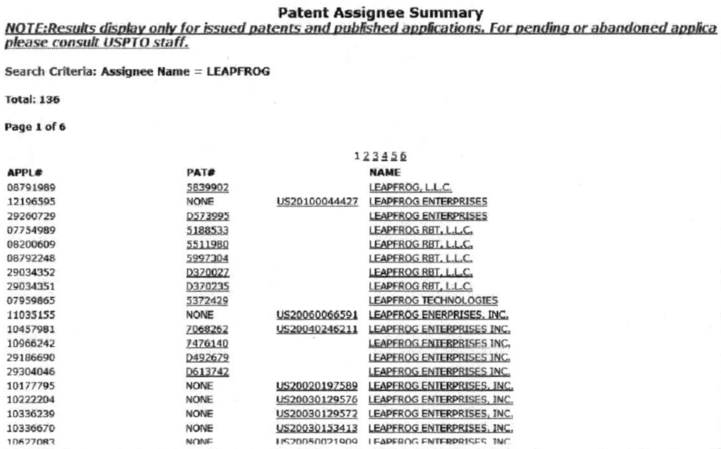

图 9 – 6 – 10　"Assignment Database" 检索结果

## 本章思考与练习

1. 什么是专利技术主题检索，有哪些检索步骤，各步骤中有哪些规则和方法？

2. 什么是专利技术方案检索，有哪些检索步骤，各步骤中有哪些规则和方法？

3. 什么是同族专利检索，有哪些检索步骤，各步骤中有哪些规则和方法？

4. 什么是专利法律状态检索，有哪些检索步骤，各步骤中有哪些规则和方法？

5. 什么是专利引文检索，有哪些检索步骤，各步骤中有哪些规则和方法？

6. 什么是专利相关人检索，有哪些检索步骤，各步骤中有哪些规则和方法？